彩图1

彩图2

彩图3

彩图4

彩图5

彩图 6

彩图 7

彩图 8

彩图 9

彩图 10

彩图 11

彩图 12

彩图 13

彩图 14

彩图 15

彩图 16

彩图 17

彩图 18

彩图 19

彩图 20

彩图 21

彩图 22

彩图 23

彩图 24

彩图 25

彩图 27

彩图 26

彩图 28

彩图 29

彩图 30

彩图 31

彩图 32

彩图33

彩图34

彩图 35

彩图 36

彩图 37

彩图 38

彩图 39

彩图 40

彩图 41

彩图 42

彩图 43

彩图 44

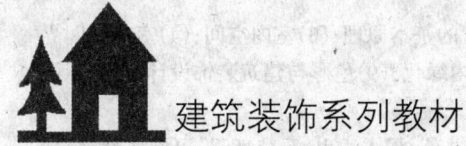

建筑装饰系列教材

建筑装饰设计

吴骥良　主编

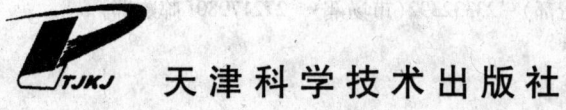

天津科学技术出版社

内容提要

本书系"建筑装饰系列教材"之一。

本书共计11章:(1)建筑装饰设计概述;(2)建筑装饰设计的基本原理;(3)室内空间;(4)室内空间界面装饰设计;(5)家具;(6)室内照明设计;(7)室内陈设;(8)室内绿化;(9)色彩与建筑装饰设计;(10)不同类型的建筑室内装饰设计;(11)建筑室外装饰设计。

本书具有体系完备、结构新颖、语言精练、内容翔实、图文并茂、深入浅出、系统性强、可操作性强、适用面广等特点。

本书系高等院校和高等职业技术学院艺术设计专业、建筑装饰专业通用教材,同时亦适用于室内装饰、室内设计、装饰装潢、广告装潢、美术装潢等专业。此外,还可作为建筑装饰企业岗位培训教材和有关人员的自学用书。

图书在版编目(CIP)数据

建筑装饰设计/吴骥良主编. —天津:天津科学技术出版社,2012
(建筑装饰系列教材)
ISBN 978-7-5308-3857-1

Ⅰ.建⋯ Ⅱ.吴⋯ Ⅲ.建筑装饰-建筑设计-教材 Ⅳ.TU238

中国版本图书馆CIP数据核字(2005)第019138号

责任编辑:王定一 刘丽燕
版式设计:雏桂芬
责任印制:兰 毅

天津科学技术出版社出版
出版人:蔡 颢
天津市西康路35号 邮编300051
电话(022)23332393(发行部) 23332392(市场部) 27217980(邮购部)
网址 www.tjkjcbs.com.cn
新华书店经销
天津新华印刷三厂印刷

开本787×1092 1/16 印张12.25 插页10 字数257 000
2012年2月第1版第4次印刷
定价:30.00元

建筑装饰系列教材编委会

主　编　　　吴骥良

编　委　　　马宝康　王东春　冯　阳　朱治安

　　　　　　刘建峰　刘　强　孙文全　杜　咏

　　　　　　吴骥良　张国华　林晓东　郑曦阳

　　　　　　赵　斌　赵慧宁　顾建平　龚延风

　　　　　　彭克伟　童　艳　曾　波

本书主编　　吴骥良

本书编者　　吴骥良

序

随着城市化进程加速期的到来,我国城乡建设速度日益迅猛。建筑装饰作为建筑业的重要组成也正面临着巨大的挑战;同时,经济全球化进程的加快也给我国建筑装饰业提出了新问题。如何适应时代发展的要求,应对新的变化,知识的更新和人才的培养便成了当务之急。建筑装饰系列教材的编写,正是为了改善和提高建筑装饰从业人员的知识结构和水平,培养更多的建筑装饰专业合格的技术人才。

建筑装饰专业与诸多学科密切相关,且以艺术和工程技术为基础,专业面较宽。本套教材选取了其中核心的十二门课程:(1)《美术》;(2)《构成》;(3)《建筑环境设计表现》;(4)《建筑装饰与物理环境》;(5)《建筑设备》;(6)《建筑力学与结构》;(7)《建筑装饰材料》;(8)《建筑装饰构造》;(9)《建筑装饰设计》;(10)《建筑装饰施工技术》;(11)《建筑装饰工程定额与预算》;(12)《建筑装饰施工组织与管理》。其中,前六本为专业基础课教材,后六本为专业课教材。

本套教材的编写注重理论与实践相结合,坚持高等院校与高等职业技术学院两个层次相兼顾的原则,融建筑装饰新材料、新技术、新工艺、新规范、新成果于一体,具有体系完整、结构新颖、语言精练、内容翔实、图文并茂、深入浅出、系统性强、可操作性强、适用面广等特点。本套教材可作为高等院校和高等职业技术学院艺术设计专业、建筑装饰专业通用教材,亦可作为室内装饰、室内设计、装饰装潢、广告装潢、美术装潢等专业的通用教材。同时,它也是一套建筑装饰专业方向的系统性丛书,可作为相关专业人员的自学参考书。

在本套教材的编写过程中,承蒙南京工业大学、天津科学技术出版社及各兄弟院校的大力支持。书中参考了大量的国内外专家、学者的著作,吸收和借鉴了许多最新科研成果,限于篇幅,恕未能一一标注。各书作者、审稿、编辑及相关人员付出了大量的辛勤劳动,在此,我们一并深表衷心的感谢!

本套教材的作者均是南京工业大学等高校的一批从事多年建筑装饰专业及相关专业教学的学术骨干,他们除了具有多年教学经验外,还都拥有丰富的工程实践经验,这对保证本套教材理论的体系性和实践的可操作性层面无疑是积极的。但是由于水平所限,本套系列教材还会存有一些错误和不足之处,敬请有关专家、学者和广大读者予以批评指正,以便再版时修订完善。

建筑装饰系列教材编委会

2004年12月

前　言

随着我国改革开放和市场经济的迅猛发展,人民生活水平日益提高,人们的观念和审美情趣也正在悄然变化。特别是近年来城市化水平的迅速提升,使得人们对建筑有了较为全面的了解,建筑的社会性、艺术性和实用性正为大多数人所认知。建筑装饰作为建筑内、外部的直观表现,是建立建筑形象的重要因素,因而备受人们关注;同时,越来越多的人们也希望通过工作、学习、生活和休息场所环境质量的改善,来提高生活质量、陶冶情操。这些都对建筑装饰设计提出了更高的要求。

建筑装饰设计的综合性很强,它与诸多学科密切相关,且以艺术和工程技术为基础,因此对设计者的知识面和素养有较高的要求。

本书作为"建筑装饰系列教材"之一,是为《建筑装饰设计》课程的教学需要编写的。全书从建筑装饰设计的原理入手,重点就建筑装饰设计的各个要素和设计方法进行了系统的阐述,并且还分别介绍了居住、商业、旅游、餐饮、娱乐等不同类型的建筑室内装饰设计,力图使读者在设计理论和设计能力方面都能有所提高。此外,本书还结合有关章节内容,精选了一批建筑装饰设计的实例彩图,以便加深读者对设计意图、设计手法和设计效果的理解。

本书在编写过程中,参考了有关专家、学者的相关论著,吸取了一些最新科研成果,详见参考文献,限于篇幅,恕不能逐一加注。在本书编写过程中,还得到了许多从事建筑装饰设计及教学工作的专家、同行的大力协助和支持;此外,张怡、费志宏、许艳也为本书付出了许多辛劳,在此一并表示衷心感谢!

由于作者水平及时间仓促等原因,书中的疏漏或不足之处,恳请读者予以批评指正,以便进一步完善。

吴骥良
2005 年 3 月于南京工业大学

目 录
CONTENTS

第一章 建筑装饰设计概述 ……………………………………（1）

 第一节 建筑装饰的概念和作用 …………………………（1）

  一、建筑装饰的概念 ………………………………………（1）

  二、建筑装饰的作用 ………………………………………（2）

 第二节 建筑装饰设计的目的和分类 ……………………（3）

  一、建筑装饰设计的概念 …………………………………（3）

  二、建筑装饰设计的目的和任务 …………………………（3）

  三、建筑装饰设计的分类 …………………………………（3）

 第三节 建筑装饰设计的功能体现 ………………………（4）

  一、使用功能 ………………………………………………（4）

  二、精神功能 ………………………………………………（4）

 第四节 建筑装饰设计的内容 ……………………………（7）

  一、室外环境设计 …………………………………………（7）

  二、室内空间设计 …………………………………………（7）

  三、室内空间界面设计 ……………………………………（7）

  四、家具设计 ………………………………………………（7）

  五、建筑装饰效果设计 ……………………………………（8）

  六、技术要素设计 …………………………………………（8）

 第五节 建筑装饰设计的程序 ……………………………（8）

  一、设计前期阶段 …………………………………………（8）

  二、方案设计阶段 …………………………………………（8）

  三、施工图设计阶段 ………………………………………（9）

  四、施工监理阶段 …………………………………………（9）

 第六节 建筑装饰设计的发展与流派 ……………………（9）

  一、建筑装饰设计的发展 …………………………………（9）

  二、建筑装饰设计的流派 …………………………………（11）

 复习思考题 …………………………………………………（12）

第二章　建筑装饰设计的基本原理 …………………………（13）

第一节　视觉原理 ………………………………………（13）
一、视知觉的概念 …………………………………………（13）
二、视错觉的概念 …………………………………………（13）
三、视错觉的常见类型及其影响 …………………………（14）

第二节　装饰设计语法 …………………………………（16）
一、装饰语法的基本手法 …………………………………（16）
二、装饰语法的综合手法 …………………………………（17）
三、装饰语法的运用 ………………………………………（17）

第三节　空间构图的基本法则 …………………………（17）
一、统一 ……………………………………………………（18）
二、比例 ……………………………………………………（19）
三、尺度 ……………………………………………………（20）
四、平衡 ……………………………………………………（21）
五、韵律 ……………………………………………………（22）
六、重点突出 ………………………………………………（23）

第四节　建筑装饰材料与装饰效果 ……………………（23）
一、建筑装饰材料的装饰特征 ……………………………（24）
二、建筑装饰材料的组合与协调 …………………………（25）
三、建筑装饰材料的组合方式 ……………………………（25）
四、建筑装饰材料的使用 …………………………………（26）
五、建筑装饰材料及其装饰效果 …………………………（27）

第五节　人体工程学 ……………………………………（28）
一、人体尺度 ………………………………………………（28）
二、人体尺度与空间关系 …………………………………（30）
三、人体尺度与家具 ………………………………………（31）

第六节　室内装饰设计的基本要素 ……………………（33）
一、空间 ……………………………………………………（33）
二、色彩 ……………………………………………………（33）
三、光影 ……………………………………………………（34）
四、空间界面 ………………………………………………（34）
五、家具 ……………………………………………………（35）
六、陈设 ……………………………………………………（35）
七、绿化 ……………………………………………………（35）
复习思考题 …………………………………………………（35）

第三章　室内空间 …………………………………………（36）

第一节　室内空间的组成 …………………………………（36）
　　一、基面 ……………………………………………………（36）
　　二、顶面 ……………………………………………………（37）
　　三、垂直面 …………………………………………………（37）
第二节　室内空间的类型 …………………………………（38）
　　一、结构空间 ………………………………………………（38）
　　二、封闭空间 ………………………………………………（38）
　　三、开敞空间 ………………………………………………（39）
　　四、固定空间 ………………………………………………（39）
　　五、可变空间 ………………………………………………（39）
　　六、静态空间 ………………………………………………（39）
　　七、动态空间 ………………………………………………（39）
　　八、虚拟空间 ………………………………………………（40）
　　九、母子空间 ………………………………………………（40）
　　十、共享空间 ………………………………………………（40）
　　十一、虚幻空间 ……………………………………………（40）
　　十二、迷幻空间 ……………………………………………（40）
　　十三、凹入空间 ……………………………………………（41）
　　十四、外凸空间 ……………………………………………（41）
　　十五、地台空间 ……………………………………………（41）
　　十六、下沉空间 ……………………………………………（41）
第三节　室内空间的感受 …………………………………（42）
　　一、室内空间界面处理给人的感受 ………………………（42）
　　二、室内空间形态给人的感受 ……………………………（43）
第四节　室内空间的关系 …………………………………（44）
　　一、包含的空间 ……………………………………………（44）
　　二、相邻的空间 ……………………………………………（45）
　　三、交错、穿插空间 ………………………………………（46）
　　四、过渡空间 ………………………………………………（46）
　　五、组合空间 ………………………………………………（47）
第五节　室内空间的序列 …………………………………（48）
　　一、室内空间序列的全过程 ………………………………（48）
　　二、不同类型的建筑对室内空间序列的要求 ……………（50）
　　三、室内空间序列的设计手法 ……………………………（51）
　复习思考题 …………………………………………………（52）

第四章　室内空间界面装饰设计 …………………………（53）
第一节　室内空间界面及其装饰材料的选择 ……………（53）

一、室内空间界面的要求和功能特点……………………（53）
　　二、室内空间界面装饰材料的选用…………………………（54）
　第二节　室内空间界面装饰设计的原则与要点……………（54）
　　一、室内空间界面装饰设计的原则…………………………（54）
　　二、室内空间界面装饰设计的要点…………………………（55）
　第三节　楼地面装饰设计………………………………………（58）
　　一、楼地面的装饰类型及效果………………………………（58）
　　二、楼地面的图案……………………………………………（60）
　第四节　墙面装饰设计…………………………………………（61）
　　一、墙面装饰的作用…………………………………………（61）
　　二、墙面装饰的类型及效果…………………………………（61）
　第五节　壁画装饰设计…………………………………………（64）
　　一、壁画与室内空间…………………………………………（64）
　　二、壁画与室内环境…………………………………………（65）
　　三、壁画的配置………………………………………………（65）
　　四、实例分析…………………………………………………（66）
　第六节　顶棚装饰设计…………………………………………（67）
　　一、顶棚装饰设计的要求……………………………………（67）
　　二、顶棚的形式及特征………………………………………（67）
　复习思考题…………………………………………………………（68）

第五章　家具………………………………………………………（69）
　第一节　家具的风格演化………………………………………（69）
　　一、中国传统家具……………………………………………（69）
　　二、国外传统家具……………………………………………（70）
　　三、现代家具…………………………………………………（71）
　第二节　家具的类型……………………………………………（71）
　　一、根据功能分类……………………………………………（71）
　　二、根据使用材料分类………………………………………（72）
　　三、根据结构形式分类………………………………………（73）
　　四、根据制作、使用特征分类………………………………（73）
　第三节　家具的功能……………………………………………（74）
　　一、家具的使用功能…………………………………………（74）
　　二、家具在室内空间中的作用………………………………（75）
　　三、家具在精神方面的作用…………………………………（75）
　第四节　家具设计………………………………………………（76）
　　一、家具设计的要求…………………………………………（76）
　　二、家具设计的过程…………………………………………（77）

第五节　家具的配置 …………………………………………（78）
　　　　一、家具配置的原则 ………………………………………（78）
　　　　二、家具的选用与配置 ……………………………………（80）
　　复习思考题 ………………………………………………………（81）

第六章　室内照明设计 …………………………………………（82）

　　第一节　光现象及其应用 ………………………………………（82）
　　　　一、自然光 …………………………………………………（82）
　　　　二、人工光 …………………………………………………（83）
　　第二节　照明质量 ………………………………………………（83）
　　　　一、照度 ……………………………………………………（84）
　　　　二、亮度 ……………………………………………………（84）
　　　　三、眩光 ……………………………………………………（86）
　　　　四、光源的显色性 …………………………………………（87）
　　　　五、阴影 ……………………………………………………（89）
　　　　六、照明的稳定性 …………………………………………（89）
　　　　七、频闪效应的消除 ………………………………………（89）
　　第三节　室内照明的作用、方式和种类 ………………………（90）
　　　　一、室内照明的作用 ………………………………………（90）
　　　　二、室内照明的方式 ………………………………………（90）
　　　　三、室内照明的种类 ………………………………………（91）
　　第四节　室内照明设计 …………………………………………（92）
　　　　一、室内照明设计的基本原则 ……………………………（92）
　　　　二、室内照明设计的要求 …………………………………（92）
　　　　三、建筑化照明 ……………………………………………（94）
　　第五节　建筑室外照明 …………………………………………（95）
　　　　一、建筑物夜景照明 ………………………………………（96）
　　　　二、常用建筑夜景照明的方式 ……………………………（97）
　　　　三、建筑夜景照明的技巧 …………………………………（100）
　　复习思考题 ………………………………………………………（101）

第七章　室内陈设 …………………………………………………（102）

　　第一节　室内陈设的概念、作用和分类 ………………………（102）
　　　　一、室内陈设的概念和作用 ………………………………（102）
　　　　二、室内陈设的分类 ………………………………………（102）
　　　　三、陈设品的特点 …………………………………………（102）
　　第二节　织物 ……………………………………………………（103）
　　　　一、窗帘 ……………………………………………………（103）

  二、地毯 (106)
  三、床罩与桌布 (107)
  四、沙发蒙面、靠垫 (108)
 第三节 艺术品与工艺品 (108)
  一、艺术品 (108)
  二、工艺品 (109)
 第四节 日用品 (110)
  一、器具 (110)
  二、家电 (111)
  三、音乐、体育运动器材 (112)
 第五节 室内陈设的选择 (112)
  一、陈设品风格的选择 (112)
  二、陈设品形式的选择 (113)
 第六节 室内陈设品的陈列方式 (114)
  一、墙面陈列 (114)
  二、台面陈列 (114)
  三、橱架陈列 (116)
  四、其他陈列方式 (116)
  五、室内陈设品的布置原则 (117)
 第七节 几种常见空间的陈设品应用 (117)
  一、宾馆(饭店)建筑中的陈设品应用 (117)
  二、商业建筑中的陈设品应用 (118)
  三、办公建筑中的陈设品应用 (118)
  四、居住建筑中的陈设品应用 (119)
 复习思考题 (120)

第八章 室内绿化 (121)

 第一节 室内绿化的概念、内容和发展 (121)
  一、室内绿化的概念和内容 (121)
  二、室内绿化的发展 (121)
 第二节 室内绿化的作用 (122)
  一、美化环境 (122)
  二、净化环境 (123)
  三、陶冶情操 (123)
  四、抒发情怀 (124)
  五、方便游憩 (124)
  六、组织室内空间 (124)
 第三节 室内植物 (125)

一、室内植物的种类 …………………………………………（125）
　　二、室内植物的选择 …………………………………………（126）
　　三、室内植物的配置 …………………………………………（126）
　　四、室内植物的布局方式 ……………………………………（127）
　第四节　室内水体 ………………………………………………（127）
　　一、室内水体的形式 …………………………………………（127）
　　二、水体在室内的作用 ………………………………………（128）
　第五节　室内山石 ………………………………………………（128）
　　一、室内山石的种类 …………………………………………（129）
　　二、室内山石的配置 …………………………………………（129）
　第六节　室内小品 ………………………………………………（129）
　　一、亭 …………………………………………………………（129）
　　二、桥 …………………………………………………………（130）
　　三、雕塑 ………………………………………………………（130）
　复习思考题 ………………………………………………………（131）

第九章　色彩与建筑装饰设计 ……………………………………（132）

　第一节　色彩的基本概念 ………………………………………（132）
　　一、色彩的来源 ………………………………………………（132）
　　二、色彩的三要素 ……………………………………………（133）
　　三、调色与色调 ………………………………………………（134）
　第二节　色彩在建筑装饰设计中的作用 ………………………（135）
　　一、色彩的物理作用 …………………………………………（135）
　　二、色彩的心理作用 …………………………………………（136）
　　三、色彩的生理作用 …………………………………………（137）
　　四、色彩的光线调节作用 ……………………………………（138）
　第三节　建筑装饰设计中色彩的设计 …………………………（138）
　　一、色彩设计的基本原则 ……………………………………（138）
　　二、色彩设计的步骤 …………………………………………（141）
　　三、色彩设计的方法 …………………………………………（141）
　　四、色彩的界面处理 …………………………………………（143）
　复习思考题 ………………………………………………………（144）

第十章　不同类型的建筑室内装饰设计 …………………………（145）

　第一节　居住建筑室内装饰设计 ………………………………（145）
　　一、起居室设计 ………………………………………………（146）
　　二、卧室设计 …………………………………………………（147）
　　三、餐厅的环境设计 …………………………………………（148）

四、厨房的环境设计……………………………………………………（149）
　　五、卫生间的环境设计…………………………………………………（150）
第二节　商业建筑室内装饰设计……………………………………………（150）
　　一、功能组织……………………………………………………………（151）
　　二、商店的照明设计……………………………………………………（151）
　　三、商店的空间界面设计………………………………………………（152）
第三节　旅游建筑室内装饰设计……………………………………………（153）
　　一、酒店室内装饰设计的基本特点……………………………………（153）
　　二、酒店大堂的室内装饰设计…………………………………………（154）
　　三、酒店客房的室内装饰设计…………………………………………（155）
　　四、酒店餐饮、娱乐场所的室内装饰设计……………………………（156）
第四节　餐饮类建筑室内装饰设计…………………………………………（156）
　　一、酒吧间与咖啡厅设计………………………………………………（157）
　　二、餐馆与餐厅设计……………………………………………………（157）
　　三、快餐厅设计…………………………………………………………（159）
　　四、宴会厅设计…………………………………………………………（159）
第五节　娱乐性建筑室内装饰设计…………………………………………（159）
　　一、舞厅设计……………………………………………………………（160）
　　二、卡拉OK厅、KTV包房设计 ………………………………………（161）
　　三、台球厅室内设计……………………………………………………（161）
第六节　办公建筑室内装饰设计……………………………………………（161）
　　一、各类用房的组成与总体设计要求…………………………………（161）
　　二、办公室室内设计……………………………………………………（162）
　　三、会议室、经理或主管室室内设计…………………………………（166）
复习思考题……………………………………………………………………（166）

第十一章　建筑室外装饰设计……………………………………………（167）

第一节　建筑室外装饰设计概述……………………………………………（167）
　　一、建筑室外装饰设计的目的和任务…………………………………（167）
　　二、建筑室外装饰设计的原则…………………………………………（168）
第二节　建筑造型和装饰……………………………………………………（169）
　　一、建筑造型和装饰的构图规律………………………………………（169）
　　二、不同类型建筑的室外装饰设计手法………………………………（169）
第三节　建筑局部装饰设计…………………………………………………（171）
　　一、入口装饰设计………………………………………………………（171）
　　二、墙、柱面装饰设计…………………………………………………（172）
第四节　商业店面装饰设计…………………………………………………（173）
　　一、商业店面装饰设计的原则…………………………………………（174）

二、入口、橱窗装饰设计 …………………………………… (174)
　三、装饰构配件与店面装饰设计 ………………………… (176)
　复习思考题 ……………………………………………………… (177)

参考文献 ……………………………………………………………… (178)

建筑装饰设计概述

建筑是对"建筑物"的简称,它是人类社会文明进步的产物。早在原始社会,人们就在为寻找、建造能够遮风避雨的生存空间——建筑而辛劳。当人们拥有了这种最基本的生存空间后,合理、舒适、美观的目标要求就自然而然地被提了出来,并且围绕该目标的实现而在一直进行不懈的努力,这种努力也使得建筑学学科本身得到了较大的发展。

今天,人们对建筑的理解早已突破了实用性的概念,建筑的艺术性和文化性已被愈来愈多的人们所接受。建筑具有物质和精神双重功能。建筑装饰作为建筑中的一个十分重要而又独立的组成部分,是建筑的物质功能和精神功能得以实现的关键。通过建筑装饰设计各要素的合理组织和运用,使实用性的建筑具备了审美观赏价值和某种性格,同时也表达了人们的思想、愿望和情感。

第一节 建筑装饰的概念和作用

一、建筑装饰的概念

建筑装饰,是指以美化建筑及建筑空间为目的的行为。它使建筑的物质功能和精神功能得以实现。

建筑装饰具有保护建筑结构构件,美化建筑及建筑空间,改善建筑室内外环境,创造建筑及建筑空间风格,满足人们的物质需要、精神需要或者生理需要和心理需要等诸多功能。建筑装饰的效果,是通过建筑室内外固定的表面装饰和可以移动的布置,与空间视觉共同创造的一种整体效果。它将建筑要素与色彩、质感、光影、陈设等设计要素有机地结合起来,创造出科学、美观、舒适、实用和具有个性化的艺术效果。

在《简明不列颠百科全书》中,关于建筑表现有这样一段叙述:"建筑中的表现即性质与意义的表达,建筑物的功能与技术通过表现而转化为艺术,表现的种类因不同时代、不同地点的文化特征而异,形成明显的方式或语言,称为风格。表现的组成部分为内容和形式。"这段话虽然是针对"建筑表现"而说的,但是对于正确认识、理解和把握建筑装饰的概念,还是有益的。建筑装饰实质上就是建筑师对功能与技术通过科学的艺术手段进行美化,使建筑物具有实用、舒适、识别和艺术享受的功能。

要正确认识、理解和把握建筑装饰这一概念,还需要注意以下几个方面的问题。

(1)建筑装饰兼备物质和精神两方面的含义。片面地认识建筑装饰是不正确的。把建筑装饰简单地看做是建筑的美化或者满足视觉要求的艺术加工,显然会招致类似"装饰就是罪恶"般的批判。因为它割断了装饰与建筑的关系,忽视了建筑的物质性;而建筑的物质性,正是建筑装饰的基本要求。只有把它与色彩、图案、家具、陈设等要素有机地结合起来,才能获得美观、舒适、实用并具感染力的效果。

(2)建筑装饰既不是单纯的艺术,也不是单纯的技术,而是艺术和技术的结合体。建筑装饰具有与绘画等艺术相同的美学原理。例如,统一和变化、均衡和重点、韵律和节奏,以及色彩和光线等。但是,建筑装饰的效果,在很大程度上却要依靠一定的技术手段来实现,同时所采用的材料也会直接影响建筑装饰的效果。因此,建筑装饰与绘画等艺术所不同的是,其创作过程较多地受到技术、材料等方面的影响和制约。

被称为"混凝土诗人"的意大利建筑师奈尔维曾经说过:"无论何时何地,一个建筑物的普通规律,它所必须满足的功能要求、建筑技术、建筑结构和决定建筑细部的艺术处理,所有这一切,都构成一个统一的整体。只有对复杂的建筑问题持肤浅的观点,才会把这个整体划分为相互分离的技术方面和艺术方面。建筑是,而且必须是一个技术和艺术的综合体,而并非是技术加艺术。"这对于全面、正确地认识、理解和把握艺术和技术,是很有意义的。

(3)建筑装饰包括室内外环境的创造。其要素包括空间、色彩、光线和材质以及声响、气味、触觉等,这些可感要素的共同组合,构成了建筑室内外环境的整体效果。

(4)建筑装饰受社会制度、生活方式、价值观念、文化思想、风俗习惯、宗教信仰、经济条件,以及气候条件、地理位置、时间和空间等多种因素的影响和制约。不同民族、不同地区、不同时代乃至不同单位、不同家庭、不同类型的建筑等,都有各自不同的取向和要求。这也就形成了所谓的建筑装饰个性与风格。

(5)建筑装饰贯穿于建筑整体环境设计全过程,不是与建筑主体分离的、事后的附加点缀。

二、建筑装饰的作用

建筑装饰在建筑中的作用,主要体现在以下几个方面。
(1)强化建筑及建筑空间的性格,使不同类型的建筑各具性格特征。
(2)强化建筑及建筑空间的意境和气氛,使建筑及建筑空间更具情感和艺术感染力。
(3)弥补结构空间的缺陷和不足,强化建筑的空间秩序。
(4)美化建筑的视觉效果,给人以直观的视觉美的享受。
(5)保护建筑主体结构的牢固性,延长建筑的使用寿命。
(6)增强建筑的物理性能和设备的使用效果,提高建筑的综合使用效果。

第二节　建筑装饰设计的目的和分类

建筑装饰设计是一门十分复杂的综合性学科。它涉及社会学、民俗学、心理学、美学、构成学、环境学、人体工程学、建筑学、结构工程学、建筑物理学和建筑材料学等诸多学科。因此，建筑装饰设计就是运用多学科的知识，进行多层次、全方位的综合设计。

一、建筑装饰设计的概念

所谓建筑装饰设计，就是根据建筑物的使用性质、所处环境和相应标准，综合运用现代物质手段、科技手段和艺术手段，创造出功能合理，舒适优美，性格明显，符合人的生理要求和心理要求，使使用者心情愉快，便于工作、学习、生活和休息的室内外环境设计。其中，物质手段是指各种装饰材料和设施设备；技术手段是指各种施工工艺和操作技术；室内外环境是指客观存在于室内外，并且密切影响人们的工作、学习、生活和休息的各种条件和场所。

在建筑装饰设计中，从总体上把握设计对象的主要依据有三个：

(1) 使用性质　即建筑物和使用空间的功能是什么；

(2) 所处环境　即建筑物和所处环境状况，包括物质环境和人文环境怎样；

(3) 相应标准　即建筑物的级别或规格，以及工程项目的总投资和单方造价标准的控制是怎样的。

二、建筑装饰设计的目的和任务

（一）建筑装饰设计的主要目的

建筑装饰设计的主要目的就是为人们工作、学习、生活和休息创造出优美的室内外环境，满足人们的物质需要和精神需要。

（二）建筑装饰设计的基本任务

建筑装饰设计的基本任务，就是根据建筑物的使用性质和所处环境，综合运用现代物质手段、科技手段和艺术手段，充分考虑自然环境的影响；利用各种有利条件，排除不利因素，把功能和艺术有机地结合起来，创造出符合人们使用功能要求和精神功能要求的室内外环境，并使这个环境舒适化、科学化、艺术化和个性化。

三、建筑装饰设计的分类

根据建筑空间关系的不同，建筑装饰设计可分为建筑室外装饰设计和建筑室内装饰设计两大部分。建筑室外装饰设计又可分为建筑外部装饰设计和建筑外部环境设计。建筑室内装饰设计，根据建筑的使用功能的不同，又可分为居住建筑室内装饰设计和公共建筑室内装饰设计两大部分，尽管它们的室内构成各不相同，但各自的使用空间则大致类似。因此，建筑室内装饰设计有时也直接按空间使用性质的不同进行分类。建筑装饰设计的分类与构成，可参见表 1-1。

表 1-1　建筑装饰设计分类表

建筑装饰设计				
建筑室外装饰设计		建筑室内装饰设计		
		建筑类型		使用空间
建筑外部装饰设计	建筑外部环境设计	居住建筑室内装饰设计	集合式	门厅设计
			公寓式	起居室设计
			院落式	卧室设计
			别墅式	书房设计
			集体宿舍	餐厅设计
				厨房设计
				卫生间设计
		公共建筑室内装饰设计	商业建筑	门厅设计
			餐饮建筑	营业厅设计
			娱乐建筑	餐饮厅设计
			观演建筑	娱乐厅设计
			展览馆	休息室设计
			图书馆	展览厅设计
			办公楼	训练厅设计
			文教建筑	多功能厅设计
			体育建筑	中庭设计
			医疗建筑	廊道设计
			交通建筑	办公室设计
			综合商业设施	会议室设计
				其他设计

第三节　建筑装饰设计的功能体现

一、使用功能

如前所述,建筑装饰设计的主要目的就是为人们的工作、学习、生活和休息创造出优美的室内外环境,满足人们的物质需要和精神需要。因此,建筑装饰设计的首要功能就是使用功能,又称"实用功能"。换言之,建筑装饰设计要以创造优美的室内外环境为宗旨,把满足人们在室内外进行工作、学习、生活和休息的要求即物质需要,放在首位。

建筑装饰设计的使用功能就是要使室内外环境舒适化与科学化。为此,在考虑建筑装饰设计的功能问题时,首先要明确建筑的性质、使用对象、特定用途和要求。对于不同使用功能、不同使用空间的建筑应该分别采取不同的组织设计,最大可能地满足使用要求。

二、精神功能

建筑装饰既有使用功能上的要求,又有造型艺术上的要求;既受工程技术的制约,又受意识形态的影响。建筑装饰工程一旦完成，反过来就会影响人们的精神生活。因此，建筑装饰设计在考虑使用功能要求的同时，还必须考虑精神功能要求。

建筑装饰设计的精神功能要求，主要表现在以下四个方面。

(一)产生美感等感受

感受是室内外环境对人的感觉器官所产生的心理反应。人们通过视、听、嗅、触觉和记忆、印象、联想，对室内外环境进行整体的感知评价——美感、厌恶感、恐惧感、新奇感、舒适感等。

建筑装饰设计的精神功能就是要影响人们的情感，乃至影响人们的意志和行动。所以要研究人的认识特征和规律，研究人的情感和意志，研究人和环境的相互作用。设计者要运用各种理论和手段去冲击、影响人的情感，使其升华，以达到某种预期的设计效果。

建筑装饰设计必须符合人的认识特征和规律。从心理学角度来看，如果对象和背景的差别越大，人的感知力就越强。因此，设计中的重点景物、重点装饰和背景的关系，应当是相互衬托、主次分明。新异的或动态的对象容易被人所感知。例如，宾馆或酒店中庭的瀑布、喷泉、上下穿梭的观光电梯、跳跃式的灯光、客厅的金鱼缸等，很容易被人所感知；新异的顶面装饰同样会引起人们的极大兴趣。那些相互套用的、公式化、概念化的布置和处理手法显然不会具有强烈的艺术感染力。

为了使建筑装饰设计更加丰富、更为理想，设计中常常采用联想的手法，来影响人们的情感思潮。人的联想和个人的生活经验、文化素养、审美情趣有着密切的关系。设计时可通过形体、图案、文字、景物、色彩等方法，诱发人们去联想，使人透过知觉直接把握其深刻的内涵，从而产生认识与情感的统一。设计者应力图使装饰有引人联想之处，给人以启示、诱导，增强环境的感染力。例如，北京人民大会堂的顶棚，以红色五星灯具为中心，围绕五星灯具周围布置"满天星"灯光，很容易使人联想到在中国共产党的领导下，全国各族人民大团结的主题思想。再如，广州白天鹅宾馆中庭的"故乡水"景点，山水瀑布与小亭，能使踏入中庭的海外赤子倍增热爱家乡的深厚感情，动态景点起到了画龙点睛之功效。

建筑装饰设计的关键是室内外环境要切合室内外空间的性质和用途，并给人以美感、舒适感。各种不同性质和用途的空间，可以给人以不同的感受。要达到预期的目的，首先，要注意室内外空间的设计，即空间尺度、比例是否恰当，是否符合构图原则，空间分隔、变化是否有序等，从空间的处理上给人以宜人的美感。其次，要注意色彩关系和灯具的光影效果。色彩对整个环境的渲染具有很大的作用，处理好顶面、墙面和地面的基调色彩是非常重要的。大空间或大面积的色彩，要强调统一、和谐；小体量或小面积的色彩，要强调对比、突出，轻松活泼，富有生气。室内外光影也是一个不可忽视的因素，窗子的大小和位置、灯光的强度和色调、灯具的形式和位置，都会使室内外产生美的感受。第三，在选择和布置室内外陈设时，要使陈设有序、体量适度、配置得体、色彩协调、品种精练，力求做到有主有次、有合有分、有层次。只有注意到以上几个方面，才会给人以整体的美的享受。

人的感知是多元性的，室内外环境除了在视觉上能给人以美感外，还有听觉、嗅觉和触觉，所以在建筑装饰设计中应当综合地加以考虑。例如，室内音响对情感的刺激较大，一些宾馆(酒店)在公共活动休息场所，播放一些轻松愉快的背景音乐，会给人以安定幽静之感；反之，过大的音量则会令人烦躁不安、情绪激动。嗅觉在室内环境中也逐渐被人重视,清新的空气、淡雅的香味,使人清醒愉快,情绪松弛。例如,大型公共建筑的室内,如观众厅、营业厅、门厅等,在夏日喷洒一些带有微香的空气清洁剂,可以增强室内环境的舒适感和清新感。在室内环境中,人和墙面、地面的接触较多,根据空间使用功能要求和空间的大小,在墙面处理和选材上应考虑触觉感受。例如,墙面的粗糙度、栏杆扶手的手感等。

感受是精神功能要求的主体。它影响人们在室内外环境中活动的情感反应,乃至直接影响对室内外空间的使用效果。

(二)形成某种特定气氛

气氛,是指室内外环境给人的总印象。美观固然是一个总印象,但这里所说的总印象则更近似于个性,是能够多少体现这个环境与别的环境具有不同性格的东西。通常所说的轻松活泼、庄严肃穆、安静亲切、欢快热烈、朴实无华、富丽堂皇、古朴典雅、新颖时髦等,就是用来表示气氛的。室内外环境需要一种什么样的气氛,主要是由空间的用途和性质决定的。

从概念上讲,室内外环境应该呈现什么样的气氛是容易决定的。例如,起居室和会客室应该呈现亲切、和谐的气氛;卧室应该具有安静平和的气氛;宴会厅应给人以热烈、欢快的感觉;会议厅应该有一个庄重、严肃的环境等等。但是,设计实践中遇到的问题要复杂得多。例如,餐厅、大型宴会厅需要一种热烈欢快的气氛,而举行私人便宴的小餐厅则应成为亲切平和、陈设典雅的处所,使主客之间的关系显得更加融洽与和谐。再如,不同的纪念堂(馆),由于纪念对象的不同,内外部环境的气氛往往也是不同的。总之,室内外环境的气氛,一定要与空间的用途和性质相适应;而要做到这一点,绝不能只从概念出发,还需要进行认真的思考和分析。

(三)体现某种意境或思想

所谓意境,就是内部环境要集中体现的某种意图、思想和主题。与气氛相比,意境不仅能够被人所感受,还能引人联想、发人深思,给人以启示或教益。室内外环境的意境,就是建筑装饰设计精神功能的高度概括。例如,北京故宫太和殿,中间的高台上陈设着雕龙画凤的宝座,宝座的后面竖立着镏金镶银的大屏风,整个宫殿金碧辉煌、华贵无比。其意图就是以此来显示皇帝的无上权力与地位。

美感、气氛和意境都是精神功能的表现,但是它们给人的感受是不同的。从认识论的角度看,美感的产生偏重于感性阶段,气氛和意境特别是意境的体验则近于理性阶段。对于一座建筑,看到它的体量、形状、比例、色彩、装饰和陈设等,感觉美或不美,这种感觉就是一个初步的印象,偏重于感性认识。如果进而领略到空间环境总的气氛,觉得这个环境非常豪华或朴素,这在认识上就前进了一步,因为豪华或朴素的印象是综合了许多感觉之后进一步抽象出来的结论。上升到意境,需要经过联想和想像,因此属于理性认识的阶段。如果室内外环境能够突出地表现出某种意境,那么就会产生强烈的艺术感染力,也就能更好地发挥它在精神方面的作用。

建筑的类型、用途、性质是多种多样的。有些建筑,如住宅、学校、车间等,使用功能很明确,精神功能不突出,室内外环境只要美观或呈现出一种与用途性质相应的气氛就可以了。至于一些精神功能比较突出的建筑,如纪念性建筑等,由于它们本来就是要表现某种意图和思想的,所以内部环境不仅要给人以美感,呈现出某种气氛,还要集中地表现出主题,给人以启发。

(四)反映时代感与历史文脉

所谓时代感,就是室内外环境要从一个侧面反映社会物质生活和精神生活的特征,铭记时代的烙印,具有时代精神的价值观和审美观,满足人们在社会生活中的物质需要和精神需要。所谓历史文脉,就要充分考虑历史文化的延续和发展,因地制宜地采用具有民族特点、地方风格和乡土气息的设计手法。建筑装饰设计要充分体现既有时代感,又尊重历史文脉的整体风格。

第四节 建筑装饰设计的内容

建筑装饰设计的内容,可以概括为六个方面:室外环境设计、室内空间设计、室内空间界面设计、家具设计、建筑装饰效果设计和技术要素设计。

一、室外环境设计

室外环境设计包括建筑外部和建筑外部空间环境设计。它通过对建筑外部形体的再创作,以及室外环境小品的处理,使该建筑能更好地体现建筑功能的特征,并能与外部空间场所的气氛相协调。

二、室内空间设计

室内空间设计是在建筑提供的室内空间基础上的重新组织。它紧紧围绕室内空间的使用要求,对室内的实用空间、视觉空间、心理空间、流通空间、封闭空间等做出合理的安排,确定空间的形态和序列,解决好各个空间之间的衔接、过渡、分隔等问题。

三、室内空间界面设计

室内空间界面设计是根据空间设计的要求,对室内空间的围护界面(即室内地、墙、顶棚)做相应的处理。它包括确定分隔空间的处理手段,明确各界面的造型、质地、色彩、图案和做法等。

四、家具设计

家具是人们工作、学习、生活的必需品。室内功能的组织,在某种程度上也可以理解为如何合理配置和安排室内家具。家具设计在建筑装饰设计中,包括家具自身的设计和家具在室内的组织与布置两个方面。家具自身的设计,必须以满足使用、提供舒适性为目标,同时由于家具在室内空间所占的视感比例较高,因此它的造型、风格在很大程度上影响着空间环境的气氛。家具在室内的组织与布置,对室内使用的空间效果起着实质性的作用。

五、建筑装饰效果设计

建筑装饰效果设计，包括色彩设计、照明设计和陈设设计三个方面。色彩设计，是对整体环境色彩的综合考虑，包括整体色彩的基调、明度、冷暖色、对比色的运用等。照明设计，包括确定照明的方式、照度的分配、光色、灯具的选用等。陈设设计，包括确定室内工艺品、艺术品以及相关的陈设品、装饰织物、绿化小品和水体、山石等的选用与布置。

六、技术要素设计

所谓技术要素设计，就是在建筑装饰设计中要处理好通风、采暖、温湿调节、通讯、消防、隔噪、视听等诸多技术要素。随着科技的发展，建筑装饰设计中的技术要素所占的比重已经越来越大，它们在多方面影响着建筑环境的安全性和舒适性。

第五节 建筑装饰设计的程序

建筑装饰设计的过程一般分为四个阶段：设计前期、方案设计、施工图设计和施工监理。

一、设计前期阶段

设计前期的工作主要包括了解建设方（业主）的意向，收集设计的基础资料，确定设计的思路。

首先，必须详细了解建设方（业主）对设计的要求，包括设计的功能要求、使用对象、级别档次、投入资金、风格、形式、设计期限等。

其次，设计基础资料的收集，包括项目所处的环境、自然条件、场地关系、土建施工图纸、土建施工情况（在没有图纸的情况下，必须深入了解该建筑的修建年代、结构方式、局部构造等）。同时，必须对当地建筑装饰材料的品种、质量和价格有所了解。

在对建设方（业主）意向及设计基础资料做了全面的了解、分析之后，应确定设计的计划，明确设计的任务、目标及要求，并对设计时间和人员做出安排。

二、方案设计阶段

方案设计包括方案构思、方案深化、绘制图纸、方案比较等过程。

方案构思是在设计前期工作基础上的创作过程。方案构思是通过不同设计手法的运用，以期达到某种效果或目标，它是设计最关键的部分。

在明确的方案构思基础上，具体就平面布置的关系，空间的处理以及材料的选用，家具、照明和色彩等，做出进一步的考虑，以深化设计构思。

绘制图纸即绘制设计图纸，向人们展示设计方案的内容。这主要包括平面布置图、立面图、室内墙面展开图、顶棚平面以及建筑装饰设计效果图。同时，对建筑装饰总费用做出估算。

方案比较是对不同构思的几个方案进行功能、艺术效果以及经济等方面的比较，以确定正式实施的设计方案。

三、施工图设计阶段

施工图设计阶段包括深化完善设计方案、与各相关专业的协调以及完成建筑装饰设计施工图三个部分的工作。

方案设计完成后,应与水、电、暖、通等专业共同协调,确定相关专业的平面布置位置、尺寸、标高及做法要求,使之成为施工图设计的依据。

建筑装饰设计施工图包括建筑装饰施工图(相关的平面图、立面图、剖面图),家具陈设及设备(给排水、电气照明、采暖、通风与空调、烟感、喷淋、通讯、音响、电视、消防、警铃等设备)的布置及做法详图。选用家具除平面布置图外,还应注明家具的形式、油漆或面料的颜色、尺寸等。对于需要单独加工的家具,还应绘制加工制作的大样图。

建筑装饰设计施工图完成后,各专业须相互校对,经审核无误后,才能作为正式施工的依据。根据施工设计图,参照预算定额来编制施工图预算。项目开工前,在建设单位的组织下,须向施工方进行技术交底,对设计意图、特殊做法做出说明,对材料选用和施工质量等方面提出要求。

四、施工监理阶段

在建筑装饰工程整个施工过程中,设计人员应与建设单位代表一起做好施工监理工作。

施工监理工作的主要内容包括对施工方在用材、设备选订、施工质量等方面做出监督,完善设计图纸中未完成部分的构造做法,处理各专业设计在施工过程中产生的矛盾,完成局部设计的变更或修改,按阶段检查工程质量,并参加工程竣工验收工作。

第六节 建筑装饰设计的发展与流派

一、建筑装饰设计的发展

建筑装饰行为是伴随着人类的建筑行为出现的。即当人类有了建筑活动后,也就开始有了建筑装饰。建筑装饰的发展与社会历史的发展有着密切的关系。

从原始社会的西安半坡村遗址中发现,在这组最原始的建筑中,已采用了美化的手段做装饰。后来,随着生产力水平的提高,人们的生活水平和审美能力也有所提高,建筑装饰的图案发生了变化,即由动物转向植物。那时的建筑装饰,已发展成有意图的美化行为。在古希腊、古罗马的石砌建筑上,在古印度石窟和中国的木构架建筑中,装饰的手法与结构构件紧密结合,使建筑与装饰极为自然地融为一体,建筑与建筑装饰艺术都达到了相当高的水平。我国的木构架建筑创造了自由灵活的大空间,通过隔栅、屏风、博古架划分空间,运用雕梁、画柱、斗拱、彩画、天花藻井加以修饰,并巧妙地运用家具、字画、玩器等陈设,创造了高雅、含蓄的气氛;西方古典手法,则更多地着力表现典雅、优美和雄壮、稳健。

15世纪初,以意大利为中心而开展的强调以人权代替神权的文艺复兴运动,使建筑、雕刻、绘画等艺术得到了极大的发展。那时的建筑装饰,吸取了古希腊、古罗马建筑的精华,以新的手法赋予建筑纤细和华丽的风格,并将雕刻、绘画与建筑有机地结合起来,使建筑装饰的手法更为丰富。文艺复兴后期,巴洛克风格形成,并在17世纪盛行于整个欧洲。其特征是以浪漫主义精神为形式表现的基础,以富丽、柔婉的造型刻意表现一种动态的抒情效果。它坚持对称、平衡、富于节奏的装饰风格,常以大理石、华丽多彩的织物、华贵的地毯、曲线多变的家具及精美的艺术作品做装饰,豪华、富丽中不失庄重的气氛,很快受到了上、中阶层人士的青睐。

洛可可风格传承了巴洛克风格,并将巴洛克风格的刻意美化的趋向推向了极点。洛可可风格以华丽、花哨、活泼作为追求的目标,从根本上打破了平衡对称的古典装饰风格。在建筑和家具上采用各种繁复多变的曲线,尤其是在局部装饰以外的"圆角"的运用和左右不均衡的装饰构成手法,形成了生动活泼的特点,赋予室内空间以动感。这种风格很快就被追求新奇和崇尚华丽的人们(以宫廷为主)所接受,但它所体现的放纵与享乐主义趋向使之日益虚假媚俗。过分追求精巧雕琢,色彩的过度浓艳,使其成为繁琐堆砌、充满脂粉气息的装饰风格的代名词。

19世纪,工业革命带来了大工业的生产方式,传统的手工生产方式逐渐被淘汰,整个社会引发了一场革命,建筑装饰也同样面临着包括传统审美观念、价值观念的变更。在这一时期,工艺美术运动具有较大影响。19世纪末至20世纪初,以格罗皮乌斯为代表的一批现代建筑艺术大师在德国开办了"包豪斯学院",宣扬理性主义,强调实用功能要素;另一位建筑大师勒·柯布西埃也积极推崇"机械美学"。在他们的努力下,冲破了传统装饰观念上的制约和约束,建构了现代建筑装饰的基础,形成了国际式风格,即充分利用现代机械技术和现代工业原材料,外观形式上不带任何附加的装饰。

由于过分机械化、单调化,使人感到缺乏精神。人们开始认识到,现代化的纯机械美学,不但没有美化人性和改造自然,相反还对此构成了威胁。于是,人们开始怀疑机器是一种"精神"力量。20世纪50年代末期,出现了修复古建筑的热潮,被保留的古建筑装饰占有极为重要的地位。这些被拂去岁月尘埃的建筑,一方面展现在人们面前的是千姿百态的装饰细部,精美的装饰线条反衬出现代建筑的平庸和呆板;另一方面,由于科学技术水平的进一步提高,过去那种不利生产、阻碍发展的装饰材料和施工方式,再也不是工业技术无法解决的难题。这两个原因很自然地激发起人们的装饰热情。这样,一股"装饰热"从20世纪60年代就已开始形成。被称为"后现代派"的装饰关系,打破了历史上各种不同风格的基本装饰原则,它既可以是平面装饰,又可以是主体装饰;既可以是室内装饰,又可以是室外装饰。在最初的墙面创作手法上,赋予单调的白墙以错综复杂的色块组合,更多地采用了一种夸张的手法;将圆形花饰和假柱大量运用于建筑物内外;将传统的习惯做法进行变形、夸大。这个阶段追求的是一种崭新的感觉。20世纪60年代以后,建筑装饰强调的是人与自然的关系。在室外装饰上,强调与周围环境的有机结合;在室内装饰上,更强调空间的视觉效果。同时,还认为装饰设计不仅是一种表面化妆,更应是质的完善,因此必须在满足使用功能的前提下,组织好美的生活环境。

从建筑装饰设计的发展过程中不难发现,随着社会文明程度和科技水平的提高,建筑装饰设计的地位和作用也在不断地提高,建筑装饰设计的内涵也不断得到了充实和完善。可以预测,未来的建筑装饰设计将会朝着综合化、多元化、公众化等方向发展。所谓综合化,就是建筑装饰设计手法将更多地运用多种艺术和技术手段,创造出更为理想的室内外环境。同时,在由追求装饰的形式美转向更高层次的过程中,装饰设计风格的多元化格局必将形成。并且,未来的建筑装饰设计,公众参与的份额将越来越高,使建筑装饰设计更能表达人们的主观愿望、审美情趣、精神思想和情感等。这一切都必将促使建筑装饰步入一个崭新的历史阶段。

二、建筑装饰设计的流派

建筑装饰设计与建筑设计有着不可分割的关系,所以在设计风格、流派上也有着相承与相互影响的情况。建筑装饰设计作为现代文化思潮的反映之一,其流派的艺术形态和取向,真是多姿多彩,各有特色。其中,具有代表性的流派有以下几种。

(一)平淡派

平淡派,亦称"国际式风格派",它是现代建筑中功能主义和机器美学理论的产物。平淡派注重建筑的功能及空间的分隔与联系,重视材料的质感和本色,强调造型简洁、工艺精致,并且注重标准构件和工业化产品的应用;反对虚伪的装饰,在色彩的运用上趋向清新、淡雅。平淡派给人的印象是纯净、统一,同时也会使人产生表情冷漠、欠人情味、单调、呆板和缺乏生气的感觉。

(二)繁琐派

与平淡派相反,繁琐派竭力追求豪华、富丽的装饰效果,故又称之为"新洛可可派"。其特点是积极利用现代科技条件和表面光滑、反光性能极强的新材料进行装饰。常用的材料有抛光不锈钢、铝合金、玻璃镜面、磨光大理石、花岗石等。此外,繁琐派还注重光影效果,喜欢用发光顶棚和反射灯,并且常常采用新颖的家具和艳丽的地毯,追求一种光彩夺目、绚丽多彩、夸张而又富于戏剧性的效果,因而具有较为强烈的浪漫主义色彩。彩图1为某室内的不锈钢拉面的光亮效果和几何抽象图案地毯的运用,突出表现了这一浪漫主义情调。

(三)重技派

重技派一反传统的审美观,强调设计的媒介信息功能和交际功能,设计中体现出重理性、追求技术精美的倾向。重技派设计的特殊表现为:喜欢显露结构形式和各种设备管道,并且在管道上涂以鲜艳的色彩加以突出强调;对电梯、自动扶梯的传送装置做透明处理,让人能看到机械运行状况和传送装置的程序;积极探索新型高质材料的轻巧、灵活及可装配性。

(四)新古典主义派

新古典主义派,又称"历史主义派",它致力于在设计中运用传统美学法则,并且使用现代材料和技术,以便创造出典雅、端庄、富有传统气息的设计潮流,反映出现代人的怀旧情绪。其设计特征表现为:追求风格,在造型中不仿古,而是对传统式样的简化,追求神似;注重装饰性,照搬古代陈设、艺术品乃至家具等设施,增强历史的文脉特色,烘托环境气氛。新古典主义派是诸多设计流派中深受大多数人肯定和欢迎的流派,它的应用较为广泛,但是在设计中应注意把握住风格,以免出现不伦不类的作品。

(五)超现实派

超现实派追求所谓的超现实的纯艺术,通过别出心裁的设计,力求在有限的空间内,运用不同的表现手法来扩大空间感觉,从而创造出一个"虚幻的、无限的空间"。超现实派的设计特征表现为:奇形怪状、令人难以捉摸的室内空间;五光十色、变幻莫测的灯光效果;浓重、强烈的色彩;流动、抽象的线条和图案;陈设、家具造型奇异,喜欢用现代派绘画、雕塑等陈设艺术品来渲染室内气氛,也常用兽皮、树皮等做点缀品。彩图2就展示了超现实派的构图特征及变幻效果。由于超现实派刻意追求造型奇特,并且忽略了室内功能的要求,因此很少被人们所接受。

除此之外,还有孟菲斯派、新地方主义派、解构派等,他们都对建筑装饰设计的新理念、新思想进行了不懈的探索。

复习思考题

1. 什么是建筑装饰?它有何重要作用?
2. 什么是建筑装饰设计?其目的和任务是什么?
3. 建筑装饰设计的功能有哪些?
4. 建筑装饰设计主要包括哪些内容?
5. 建筑装饰设计一般分哪几个阶段?各个阶段的任务是什么?
6. 建筑装饰设计的主要流派有哪些?各流派分别具有哪些特点?
7. 你打算怎样学好《建筑装饰设计》这门课程?

第二章

建筑装饰设计的基本原理

第一节 视觉原理

视觉是感觉中最发达的。在人们所得到的各种信息中,大约有 80% 的信息是由视觉得来的。掌握视觉的器官是眼睛。

眼睛的视觉原理是:从光源发生的光或者由物体反射的光,从眼睛的角膜、瞳孔进入眼球,穿过如放大镜的水晶体,使光线聚集在眼底的视网膜上,形成清晰的图像;图像刺激视网膜上的感光细胞,产生神经冲动,沿着视神经传到大脑的视觉中枢,并在视觉中枢中进行分析和整理,继而产生具有形状、大小、明暗、色彩和运动的感觉。

由于人的视觉的范围很广,故本节所介绍的视觉原理,主要是关于物体的"形"的视知觉和视错觉问题。至于色彩的视觉问题和其他正常的视觉问题等,将在后面的有关章节中予以介绍。

一、视知觉的概念

视知觉是将视觉感知的资料与其他感觉和过去经验中的有关信息,进行比较与辨认,从而确定其所包含的信息内容的过程。它不是一个对于光线和图像的被动反应过程,而是由大脑指挥和说明的一个积极的寻求信息的反应过程。

现代心理学研究认为,视知觉包括属性分类、预测和感情三个方面。属性分类,就是将视觉感知的资料与先前的经验相联系,划分资料的类别。接着预测发生作用,选择什么作为视觉所注意的下一个目标,并引起人们快乐或者悲伤等方面感情上的反应。如果一个环境能引起感情上的积极反应,那么这个环境就是亲切的、有吸引力的或是令人愉快的;反之,如果一个环境给人带来的是感情上的消极反应,那么这个环境就是不亲切的、难看的或者令人不愉快的。

在建筑装饰设计中,一个视觉环境设计的成功与否,直接取决于对环境情况的处理是否得当,是否能始终保证使用者产生肯定的预测。

二、视错觉的概念

人靠视觉能够得到的空间和物的知觉要素是色彩、形状和明度。色是根据物所特有的色和背景色的对比来知觉物和空间的实际色。形是用两眼测量物和空间的宽度、进深、高度来知觉形状和大小。在实际观察物时，由于环境条件的不同，以及某些光、形、色等因素的干扰，再加上生理上的、心理上的原因，往往会造成人对物的形状、色彩、明度等方面的错误判断。这种错误判断，就是视错觉。

视错觉是普遍存在的，也是无法避免的。由于视错觉可能会对事物做出错误的判断，因此常常把视错觉作为一种艺术处理的重要手法而应用于建筑装饰设计中。

三、视错觉的常见类型及其影响

（一）几何形错觉及其影响

1. 高度与宽度

视线的移动总是从水平到垂直，垂直方向比水平方向更具引人注目的戏剧性，并且人的视野上下垂直方向较窄（约为130°），而左右水平方向较宽（约为200°）。因此，人们在观察尺度较大的物体时，尽管这个物体的高度和宽度是一样的，但是总会感觉到高度要比宽度大一些。在观察线段的长度时，也会发生这种现象。在图2-1中，a和b是等长的，但看起来b却较长些，而且b越移近a的中点，这种现象就越明显。一般来说，这种状况下所得的高宽感觉比例约为15∶14。

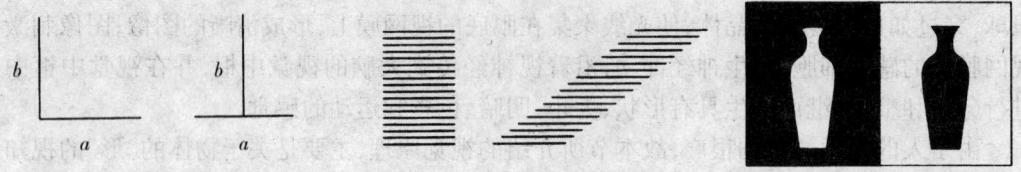

图2-1　高宽造成的视错觉　　　图2-2　烟斗错觉　　　图2-3　明暗造成的视错觉

另外，人们在对宽度进行判断时，也会发生类似现象。例如，图2-2中的左右两组短横线的长度是相等的，并且短横线的数量也一样多，但给人们的感觉是左面一组短横线比右边一组短横线要长一些。这是因为，人们在观察这两组短横线时，无形中将左右两组短横线以宽度作为标准了。这就是几何学上著名的卡瓦列里定律的图解，因形似"烟斗"，故又称"烟斗错觉"。

2. 粗细与轻重

同一宽度的物体，横放比竖放显得宽；而当这两个物体的表面质感又相同时，则横的较重，竖的较轻。这就是粗细与轻重的错觉。这种错觉是由"像散作用"造成的。这种错觉，要将横物的宽度减细约1/10才能消除。

3. 面积的大小

同样的形体，当周围环境的明暗程度差异较大时，则会对形体视觉的大小产生影响。图2-3中同样大小的花瓶，看上去左边的总比右边的要大一些，即感觉背景较暗的形体面积明显大于背景较浅的形体面积。这就是面积大小的错觉。

4. 附加物的影响

附加物的影响，可以从著名的马勒·莱亚图形中找到说明，如图2-4所示。其中，图(1)中的a线段和b线段是等长的，但由于线段的端点上加了不同形状的附加物，使得a

线段看上去比 b 线段长;图(2)中的 A 与 B 的角顶距离等于 B 与 C 的角顶距离,但看上去容易觉得 BC 间的距离远远大于 AB 间的距离;图(3)中的 A、B、C 三段横线的长度是相等的,由于各线段端点折线的角度不同,因而常常会让人感觉到线段 A 的长度大于线段 B、C 的长度。类似的这些现象,都属于"附加物的影响"。

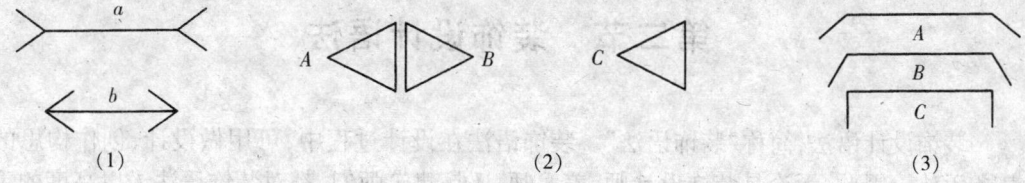

图 2-4　马勒·莱亚图形

(二)分割错觉及其影响

图 2-5 是著名的塞尔纳图形。这个图形中的五条竖线是平行线,但是由于各条竖线均被短斜线所分割,因而在视觉上看不出这五条线是平行的。

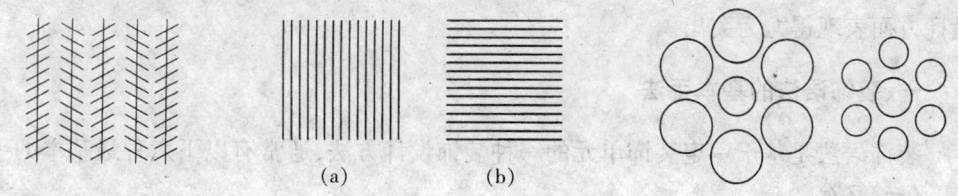

图 2-5　塞尔纳图形　　图 2-6　纵、横分割的视错觉　　图 2-7　对比错觉

图 2-6 中的(a)和(b)都是正方形,但由于图(a)采取的是竖向分割,图(b)采取的是横向分割,结果图(b)显得宽一些,图(a)则显得高一些。

这种同一尺寸、同一几何形状的物体,由于采取了不同的分割方法,使人们感到它们的尺寸和形状都发生了变化的现象,就称为"分割错觉"。

在建筑装饰设计中,常常利用分割错觉来增加或减少某个物体的高度或宽度,以达到所需要的装饰效果。

(三)对比错觉及其影响

对比错觉是指由于同一形、色的物体处于两种差异较大的环境下,影响了人们对它们的认识,以致做出的错误判断。图 2-7 是两个等大的圆被分别置于左右两个大小不等的组圆中,则大圆包围中的圆看似要小于小圆包围中的圆。这种感觉是由于相互对比、衬托所产生的。所谓"小中见大,大中见小",正是这种现象的反映。

当认识了对比错觉后,在建筑装饰设计上就要考虑其带来的影响。例如,影剧院、礼堂等观演性建筑的吊顶,通常做成向上凸的,因为即使是把吊顶做成平的,给人的感觉也是向下凹的,这样会给人造成压抑感,甚至不安全感。特别是层高相同时,面积越大,这种压抑感越强烈。在居住建筑装饰设计中,由于房屋面积有限,层高也基本一定(通常小于 3m),那么在做顶棚装饰时,就更要避免这种对比错觉的产生。

(四)透视错觉及其影响

透视错觉用简单的话来说,就是"远小近大"。即对于同样大小的物体由于空气的影响,造成了远距离的物体较虚,看上去相对较小;近距离的物体较实,看上去相对较大。透视错觉的另一类,是指对不同远近的物体,人为地加上了同一条透视底线,造成了对平面图形的错误判断和感受。

在建筑装饰设计中,为了避免透视错觉带来的不良影响,必须对其进行适当的矫正。

第二节 装饰设计语法

装饰设计语法,简称"装饰语法"。装饰语法在设计过程中,可用做设计、创作构思的基本手法。因此,无论是装饰设计师、美术师,还是建筑师们,都对装饰语法予以高度的重视和广为采用。托马斯·毕比在他的著作中曾经说过:"柯布西埃早期的装饰训练使他掌握了熟练、宝贵的工作方法,由欧文·琼斯所创立,通过莱伯拉特民传授给他的装饰原则,成为柯布西埃在毕生事业中一直运用的手段。"通过对装饰语法的训练,在建筑装饰形式的设计中可以获得直接的效果,并能使设计更加丰富多彩。这种作用在采用计算机辅助设计方面表现得尤为突出。

一、装饰语法的基本手法

装饰语法是基于一定装饰单元的一种装饰设计方法,通常有以下六种最基本的手法。

(一)移位

移位,是将装饰单元做位置上的改变。这是一种最简单的方法。移位可分为错位与平移两种情况。错位,是装饰单元沿划分线做位置的移动。例如,按竖直直径线划分出两个半圆,使之沿直径上移或下移,就构成了半圆错位的新形态。平移,是将装饰单元做平行轴方向的位置移动。平移往往是整体中的部分做分离式位置移动,虽然位置改变,但整体还有联系。

(二)旋转

旋转,是环绕毗邻图案边线交叉点的装饰单元重复。换句话说,即通过装饰单元按照某一中心点旋转一定角度,而进行方向的逐渐改变。风车形、螺旋形都是要素旋转后形成的。当一个装饰单元按一个方向相同角度旋转变化时会产生一种有序的变化。

(三)逆转

逆转,是使装饰单元向空间旋转180°而露出底面。不同的是,逆转时的旋转轴位于图形的中间,即以原图形中间的水平轴作为旋转轴。因此,所形成的是原图形的对象,而不一定是镜像。况且,就整个构图而言,也不一定是严格对称的。逆反的形式常有形式逆反(对称与反对称、曲与直)、体量逆反(虚与实、大与小)、光色逆反(明与暗、冷与暖)等。

(四)变形

变形,是将某一装饰单元体进行加工提炼,使一种形式过渡到另一种形式的过程中形成了新的形态。例如,方形由中间向四周膨胀,长方形向中间挤压均可变形。这些形状反过来又可恢复原样,它的最大特点是变形后仍保持原有痕迹。

(五)变异

变异,是在装饰单元的组合体中,打破一般的组织规律,使整体中的局部产生突变。

变形后,形象各要素之间基本结构保持相对不变。变异可将传统部分的尺度、位置、形状做更符合现代美感的变形。

(六)递增和递减

递增和递减,就是通过减小或增大装饰单元的尺度(其尺度可以随意变换),或者是增大、减小装饰单元间的距离来增加复杂程度,并求得一种韵律感。

二、装饰语法的综合手法

上述仅是装饰语法中的一些最为基本的手法,如果将这些基本手法相互组合,进行二次、三次甚至更多次的操作,则可以引出更为复杂、丰富多变的构图。这里需要特别强调的是,从一个装饰单元到达某一构图,其途径可以是多种多样的。虽然对于装饰构图的操作次数并无限制,但在确定其方法时,宜尽可能减少操作次数,避免过度繁琐。

三、装饰语法的运用

装饰语法对于建筑装饰设计的意义,首先在于其对设计思维过程的帮助。借助装饰语法,可以很方便地对各种变化复杂的抽象问题进行图解思维。一方面,提供了一种实用的抽象图形创造方法;另一方面,通过某种装饰性的变化常常会揭示出一些与原构想不同的、已经变化了的想法或者见解,收到特殊的效果。例如,对一个原有室内空间进行改造,该室内空间的起居空间小而偏,为了扩大起居室的面积以获得一个中心空间,首先将原有空间抽象为纲要性平面,使设计想法降至为基本要点,然后通过装饰语法来处理。

另外,使感觉逆转也是装饰语法在建筑上被广为采用的方法。所谓感觉逆转,就是对建筑上互为补体的实体与虚体、材料与分隔、加法与减法、垂直与水平、曲线与直线等,将原来对某一对象的强调转为对其补体的强调,从而使我们的感觉产生变化。这种感觉的逆转,一方面可以产生全新的、截然不同的印象;另一方面,对于更好地理解形象与其补体两者间的关系,从而适当地确定立面、式样、外形、体量和其他诸多问题是很有帮助的。通常,逆转的意义表现在两个方面:一是形成一种新的视像,从而使焦点产生变化;二是以对比的补体来建立秩序,使物之间表现为一种动态的平衡。狭义的逆转,通常是指对于某种图形、感觉等的逆转;广义的逆转,则是指对建筑习惯做法的逆转,即违背常规的处理。

在装饰性图案的设计过程中,运用装饰语法所取得的效果是最为直观、最为明显的,也是最能体现其作为一种设计方法的力量。例如,对于建筑装饰中最简单的装饰图案——带形花饰而言,基于一个相同的、具有最简单含义的装饰母题,通过不同的操作,却可形成繁简不同、丰富多变、具有不同效果的带形花饰图案。

以上方法对于建筑装饰设计来说是很重要的。熟练地运用这些方法有助于设计构思,并将在具体的装饰设计中产生生动的效果。

第三节　空间构图的基本法则

要创造一个美的空间环境,必须遵循美的规律和法则。从某种意义上讲,建筑装饰设计并没有固定的规则和公式,因为那样会妨碍建筑装饰艺术的创造性。但是,从审美的角度讲,建筑装饰艺术美又有其自身的规律,这个规律在哲学上称为"多样而有机统一"规律。所谓多样,就是建筑装饰艺术的表现形式是多种多样的,并且还存在着区别。当然,这个区别是绝对的、不变的、无条件的。但是,建筑装饰艺术各种表现形式之间又存在着联系,形式之间的统一就是联系的表现。这种统一性是相对的、可变的和需要有一定条件的,它可以随着人的构思与设计的不同而产生不同的结果。因此,在建筑装饰设计中,应当运用空间构图的基本法则,去寻求空间内在的美的规律,并且应用这些规律去创造美的空间,从而改善人们的工作、学习和生活环境。彩图3所示的某会议中心就是较好的一个范例。

一、统一

统一是形式美的最基本要求。它包含两层意思:一是有序,二是变化。有序与变化的对立统一,即为统一性。统一性也是客观事物本身所固有的一种基本属性。例如,组成物质最基本的单位是原子,它很小,以至在高倍显微镜下也看不见,但是它的内部结构不是杂乱无序的,而是组织得极有条理的,即一定数量的中子和质子组成原子核,与质子数量相等的电子围绕着原子核,并沿着一定的轨道高速运转,从而组成一个既相互制约又有机统一的整体。大多数动植物也都具有组织得十分均衡、匀称的外形。例如蝴蝶、树叶等,它们的花纹、网脉、斑点非常和谐统一,但外形却富有变化。

建筑装饰设计中的统一是最基本的法则之一。要把所有的设计要素和原则结合在一起,运用技术和艺术的手段去创造室内外空间的协调和统一。正如达·芬奇所说"每一部分统一配置成整体,从而避免了自身的不完全"。建筑装饰设计也是如此。各种设计要素和原则必须综合为一个有机的整体,而各要素又在各自所处的条件下为设计的主题和气氛起到应有的作用。为了求得整体效果和格调的统一,可以把相同的形、色、质和图案重复使用,但是过多的重复,又会产生单调感。因此,这种统一必须是变化中的统一,而这种变化应当遵循一定的规律。

此外,在建筑装饰设计中为求得空间的协调和统一,有时可借用简单的几何形体,如正方形、圆形、三角形等,使不协调的空间得以和谐统一。因为这些简单的几何形体较单纯、明确、肯定,不会在不协调的环境中再制造矛盾。

在建筑装饰设计中,过分的协调和统一,容易导致空间气氛的单调、沉闷。一个好的建筑装饰设计,应该是既不单调,又不混乱;既有起伏变化(变化是为了提高室内气氛,而不是加强矛盾),又协调统一。

图2-8中不同的灯具造型各异,但是灯罩、灯竿、灯座的特征相近,在变化中求得了统一。

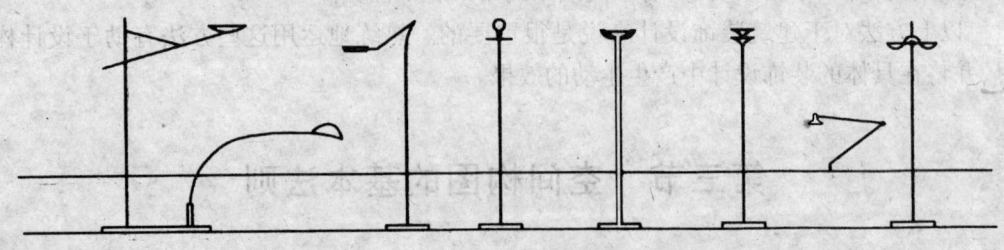

图2-8 一组造型各异、但风格统一的灯具

二、比例

任何物体,不论其形状如何,都存在着三个方向(长、宽、高)的度量。所谓比例,就是研究物体本身三个方向量度间的关系。任何造型艺术都有比例问题,只有比例和谐才会引起人们的美感。例如,室内空间的长、宽、高,就是一个比例问题。

人们最熟悉的比例关系也许是"黄金分割比",它是古希腊人建立起来的。所谓"黄金分割比"就是一个整体的两个不等部分的特定关系,即大小两部分的比率等于大的部分与整体之比,如图 2-9 所示,$B/A = A/(A+B) = 0.618$。

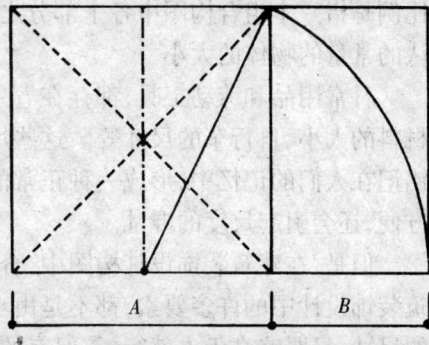

图 2-9 黄金分割比

虽然比例系统是用数学名词来定义的,但是它在一个构图的各个部分之间却建立起了一种连贯的视觉关系。比例系统是改善统一性和谐调性的有用的设计工具,当在某个既定环境中察觉到某组成要素或特征,再增一点就太多、再减一点又嫌少时,这便意味着恰当的比例出现了。

在建筑装饰设计中,既要在单个设计部件的各部分之间考虑比例关系,又要在几个设计部件之间考虑比例关系,同时还要在众多部件与空间形态或围合物之间考虑比例关系。图 2-10 就反映了某室内各部分合适的比例关系。

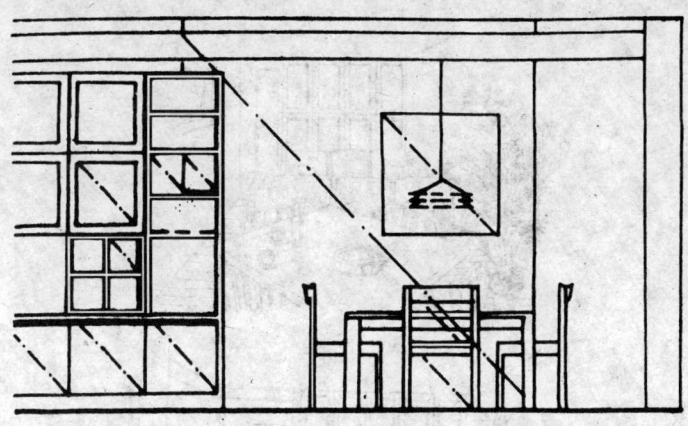

图 2-10 某室内整体与细部的良好比例关系

当然,人们的审美观念与审美习惯,也随着时代的发展而变化。不同文化背景下的人们,会产生不同的审美观点。因此,被称之为完美比例的"黄金分割比",也并非是惟一永恒不变的比例定式。

此外,还应当注意除功能、材料、结构会影响空间的比例外,不同的民族文化传统以及在长期历史发展过程中所形成的习惯,也会影响到比例关系。所以,空间比例应从多方面来研究,寻求一种既合理又给人留下美好印象的比例关系,是建筑装饰设计人员的职责之一。

三、尺度

设计中的尺度原理也与比例有关,它们都是用于衡量物件的相对尺寸。其区别在于比例是指一个组合构图中各个部分之间的关系,而尺度则是指相对于某些已知标准或公认的常量的物体的大小。

日常用品和劳动工具,都存在着一个尺度问题。例如,桌子的高度、门窗的尺寸、砖石材料的大小、自行车的尺寸等。这些尺寸和它们本身的外部形象,已经成为一个统一体,铭记在人们的记忆中,形成一种正常的尺度概念。如果违反了这种尺度,不仅使用起来不方便,还会引起尺度的混乱。

但是,在建筑装饰设计构图中,合理应用尺度却不是一件很容易的事。这是因为,建筑装饰设计中的许多要素,都不是由功能这一单方面的要素决定的。例如,供人出入的门的尺寸,只要略高于人就行了,但有的门出于美学的考虑却设计得非常高大,这就给辨认尺度带来困难。因此,为了说明某个物体的真实尺度,必须以一些已知的尺度作为参照物。例如,为了说明树、塔、楼等有多高时,常常在旁边立一人为标尺,使观察者一望就知该物有几个人高。

在构图中,还会出现"视觉尺度",即如果取小尺度的参照物,用以度量其他物体,则物体尺度一般被认为是较大的,即大物体是相对周围物体而呈现的;反之,则会被认为是较小的。在图2-11中,同样大小的家具,在图(a)中的相对空间是大尺度家具,而在图(b)中的相对空间则是小尺度家具。

图2-11 视觉尺度
(a)小空间中的"大"餐桌 (b)大空间中的"小"餐桌

四、平衡

平衡,是指部分与部分之间、部分与整体之间取得视觉平衡,给人以稳定舒适的形态感觉。平衡分静态平衡和动态平衡。例如,下端粗上端细的树木、方尖锥形的埃及金字塔等,都会使人感到平衡和稳定,这就是"静态平衡"。还有一些物体是依靠运动求得平衡的,如旋转着的陀螺、展翅飞翔的鸟、奔驰的自行车等,这种平衡称为"动态平衡"。

在建筑领域中,通常以对称达到平衡,而对称其实就是"静态平衡"。古今中外的许多建筑,都是以对称的格局来达到均衡统一的。但是,由于受到建筑物的功能等因素的影响,许多建筑又都不适合采用对称的形式。于是,就出现了非对称形式的均衡,即"动态平衡"。它给人的感觉是视觉分量上的平衡,如图2-12所示。

图 2-12 某室内非对称构图

非对称式平衡不如对称式平衡那样明显,但它更具有视觉能动性和主动性,能表达动态变化甚至具有生机勃勃之感。因此,在近代建筑中较多地运用动态平衡构图,使得建筑构图具有鲜明的个性,既保持了均衡,又有强烈的动态感。莱特设计的流水别墅(见图2-13)就是采用动态平衡构图的成功范例。

图 2-13 流水别墅

五、韵律

由于自然界中许多事物和现象有规律地重复出现或者有秩序地变化而激发出美感，使人们有意识地加以模仿和应用，因而出现了以具有条理性、重复性、连续性为特征的韵律美。例如，音乐中的节奏感、图案、纹样的连续和重复等，都是韵律的表现形式。

建筑艺术的韵律是建筑造型要素有规则的变化，并使之产生高低起伏、远近间隔的抑扬律动关系。它具有变化美和动态美。正因为如此，在建筑构图中，常常借助于韵律建立起一定的秩序，如图2-14所示。

在建筑装饰艺术中，用韵律来构图的方法，可以概括为以下三类。

（一）渐变的韵律

渐变的韵律，就是连续重复的要素按照一定的秩序或规律逐渐变化，例如逐渐加长或变短，逐渐变宽或变窄，逐渐增大或缩小等。图2-15中的西安大雁塔，正是通过由下而

图2-14 重复所产生的韵律　　　　　图2-15 西安大雁塔的渐变韵律

上的递减变化而获得了较好的艺术效果。英国一位著名画家在《美的分析》一书中指出："一种逐渐的减少也是一种变化，也可产生美。金字塔由它的塔基到塔尖慢慢形成尖顶，还有旋涡形成的螺旋形，逐渐缩小到它的中心，都是美的形状。"

（二）重复的韵律

重复的韵律，就是把同一部分进行反复使用构成整体，通过线条、色彩、形状、光质、图案的重复，增强构图的艺术表现效果。这里应注意重复次数的把握，因为当重复次数太少，便无法获得韵律感。但是，过多的重复，又会使构图不谐调，并产生单调感。

（三）交错的韵律

连续重复的要素相互交织、穿插，忽隐忽现而产生的韵律感，称为"交错的韵律"。任何因素均可交错，这种交错往往能产生自然生动、别具风格的效果。例如，斑马条纹的深

浅交错,会使人产生美的享受。在构图上,若能适当地采用交错的韵律,则会为空间提供有趣的变化而又不影响统一。

六、重点突出

在一个有机统一的整体中,各种要素除按照一定的秩序结合在一起外,必然还有各种差异。在建筑装饰设计构图中,如果各要素都以均衡的力度出现,给人的感觉则是平淡无味、缺乏个性的,不会留下什么美好的记忆。但是,如果强调过多的重点,又会导致杂乱无序。因此,建筑装饰设计应根据整个构图的预期设想,认真调整、加强或减弱,使得各要素主次分明、重点突出、相互衬托,形成一个视觉焦点或趣味中心。

突出重点的处理方法有两种。

第一种是把重点要素或特征置于空间的关键位置上,以加强其视觉效果。其具体方法是:把它们放在空间的中枢或对称组织的中心。对于非对称组织,可将重点要素偏置或孤立于其他诸要素之外。

第二种是将重点要素与空间的其他要素在尺寸上、方向上形成对比,或采用独特的照明方式,或将次要因素按序排列,或将重要性因素进行几何性的转动,使人们的注意力集中在重点上,如图 2-16 所示。

在一个构图设计中,既要强调重点,又要注意对重点的表现应该微妙而又有所克制,不应造成压倒一切而使其不再成为整体中的统一部分的视觉。各个非重点因素要与重点因素结合在一起,按照统一、和谐的原则,使形态、色彩、明暗度等存在相互的关系,达到整体的完美效果。

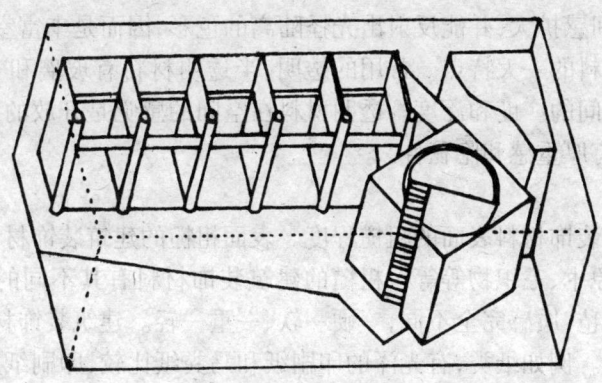

图 2-16 扭转后的立方体造成的重点突出

第四节 建筑装饰材料与装饰效果

能否正确应用建筑装饰材料,将会影响到建筑装饰的使用功能、形式表现及其装饰效果和耐久性等诸多方面,同时还会直接关系到建筑装饰设计及其施工的成败。但是,人们对于建筑装饰材料的装饰性认识会有差异,尤其是在建筑装饰专业人员与非专业人员之间,这种差异会变得更加明显。一般来说,建筑装饰专业人员通常不是利用装饰来掩饰材料,而是重视材料的原状。这种做法称为"尊重材料的质感",这已经成为建筑装饰专业人员通用的设计原则。

但暴露出材料原始表面的做法,未必会受到非专业人员的理解和支持。非专业人员常常不认识自然材料表面本身所显示的美观,而认为其不够雅洁,是失败的处理等等。以木材为例,一般人认为涂刷各种色彩的油漆是必需的,而建筑装饰专业人员则认为这些油漆会使材料本身的质感消失,所以持谨慎的态度;非如此不可时,亦倾向于使用磨褪光泽等工艺方法。因此,采用透明漆、清漆做成透明的或半透明的饰面,既能反映材料本身的质感,通常又能被人们普遍接受。

另外,由于新型建筑装饰材料的发展,材料的品种日益增多。有天然材料,也有人工材料;有无机材料,也有有机材料;各种复合材料更是日新月异,层出不穷。这一切,都使得对建筑装饰材料的应用,变得越来越复杂,越来越难以把握。

一、建筑装饰材料的装饰特征

(一)光泽与透明

许多经过加工的建筑装饰材料,都具有良好的光泽。例如,抛光金属、玻璃、磨光花岗石、大理石、搪瓷釉面砖、瓷砖、镜面玻璃等。表面光泽的建筑装饰材料易于清洁,在厨房和卫生间得到普遍应用。

镜面玻璃是一种有表面光泽、并具有反射特点的材料,这种材料既是分隔室内外空间的围护材料,又是一种具有装饰效果的装饰材料。在做围护材料时,它可以将邻近建筑的体型、天上的云彩等反映在建筑的外观上,使建筑具有海市蜃楼般的梦幻感觉;用在室内时,可使室内的空间感扩大,并能反射出光怪陆离的色彩,因而是丰富室内气氛的材料。

透明度也是材料的一大特点。常用的透明、半透明材料有玻璃和有机玻璃。利用透明材料可以增加空间的广度和深度。透明材料在空间的感觉是开放的、轻盈的;不透明材料则是封闭的,具有厚重感和隐秘性。

(二)质地

质地是指建筑装饰材料表面的粗糙程度。表面粗糙的建筑装饰材料有许多种。例如石材、未经加工的原木、毛织物等等。粗糙的建筑装饰材料有其不同的质感。例如,粗糙的毛面花岗石和地毯,质感完全不同,一硬一软、一重一轻。建筑装饰材料的粗糙与光滑,都是相比较而言的。例如纸类,有光泽的印刷纸和马粪纸比较,印刷纸无质地而马粪纸有质地;但如马粪纸和发泡墙纸相比较,前者无质地而后者则有质地。建筑装饰材料的光滑与粗糙的对比应用,是建筑装饰人员经常采用的手段。

(三)弹性

当人们在草地上行走时感觉比在水泥路面上要舒适,坐在有弹性的沙发上比硬椅面更舒服,这是由于弹性的作用,从而感到省力舒适。弹性材料有地毯、泡沫塑料、泡沫橡胶、竹、藤等。木材也有一定弹性,特别是软木。弹性材料一般用于地面、墙面和座面。

(四)肌理

建筑装饰材料本身具有肌理纹理,这些纹理有水平的、垂直的、斜纹的、交错的、曲折的等等。建筑装饰材料的天然肌理纹样是人工无法达到的天然图案。例如,某些大理石、木材的纹理均可作为室内的欣赏装饰品,但肌理组织十分明显的材料,在拼装时需特别注意其相互关系及线条在装饰中所起的作用。

二、建筑装饰材料的组合与协调

建筑装饰材料的组合与色彩的组合一样,有协调与不协调的问题。但是,关于建筑装饰材料的协调问题很少详细讨论,这是因为对建筑装饰材料的装饰特性来说,比色彩更难以定量,因此也难以建立起可供设计应用的理论。但是,建筑装饰材料的组合与协调这一问题是非常重要的。

(一)协调

建筑装饰材料的协调不能像音乐的和声那样简单地处理。建筑装饰材料协调的情况是因时因地而异的,并且还有个人喜好习惯的差别,所以不可能强求一律。然而,建筑装饰材料的协调也具有一定的规律性。例如自然材料的石材与木材相结合,就比较容易协调,能给人接近自然的感受。

(二)秩序

所谓秩序,就是在所用的几种材料间建立起一定的秩序。其最简单的方法,就是使所用的各种材料按一定的方向或一定的顺序成等差或等比的排列,这是形成秩序的条件。其中,需要注意的是:为了明确地表示按照等差排列,至少需要三种以上的材料;而为了明确地表示按照等比排列,则至少需要四种以上的材料才可表示出秩序。

(三)共性

在任何一点上有共性的建筑装饰材料的组合都是协调的。这种共性,可以表现在色彩、质感、质地、光泽中任一项的相同。在这些构成共性的关系中,类属的相同能够最明确地表现这些属性的相同;质地的相同也能明确这种具有共同属性的关系;质感的相同在多数情况下也能良好地表现这种内在的联系;而光泽的相同,虽然在理论上也是可以的,但一般情况下却是难以使用的。

(四)习惯

习惯可以促使人们对协调的认同。因此,即使是具有完全相同秩序的建筑装饰材料组合,人们看习惯了就认为协调,而不习惯的就会被认为不协调。因此,在建筑装饰设计中,应尽可能使用人们看习惯了的材料,这一点具有特别重要的意义。

(五)对比

在建筑装饰材料的应用上,强调对比的关系是很重要的。在建筑装饰材料的组合中,既要使材料之间的搭配毫不含糊,显得清清楚楚,又要形成鲜明对比关系的材料组合。另外,需要注意的是,对这一方法的运用,必须注意对色彩及面积的影响。

三、建筑装饰材料的组合方式

(一)粗质材料组合

粗糙的材料在建筑装饰中越来越被人们所重视。这种粗质材料的组合,能够使人产生粗犷豪放、刚毅的感觉。例如,在室内采用自然的石材,就能够享受自然美。

(二)细质材料组合

细质材料，是指不具有材料质感，也无表面质地和无光泽的材料。例如，印花墙纸、一般涂料粉刷等，均为细质材料。这种材料比较容易协调，但是细质材料不能对建筑装饰效果进行强调，缺少变化。因此，仅改变这类建筑装饰材料的品种，其变化是有限的，可以通过加强其色彩的对比、装饰物的摆设，在调和中求其变化，来丰富整个装饰空间的效果。

(三)异类材料组合

异类材料组合，是将两组不同质地、肌理的建筑装饰材料，通过构图的方法加以组合。这种组合方式，具有粗中有细、细中有粗的对比效果，能创造出生动、活泼的空间环境艺术效果。

(四)同类材料组合

同类材料组合，是指用同一种建筑装饰材料，通过不同的方式所进行的排列组合。它能产生各种不同的艺术效果。

四、建筑装饰材料的使用

(一)建筑装饰材料及其做法的影响

一般来说，质感取决于所用建筑装饰材料以及所采用的做法，这一点，必须首先明确。因此，对于相同的建筑装饰材料，采用不同的做法，可以取得完全不同的质感效果。另一方面，对于完全不同的建筑装饰材料，采用不同的加工过程，也可以获得大致相同的装饰效果。这一点，对于建筑装饰设计和建筑装饰工程施工，都是颇具重要意义的。

在建筑装饰工程中，可以追求某种既定的效果，而不必局限于非要使用某种特定的材料。应注意充分发挥施工工艺的能动作用，使装饰效果向所期望的方向转化。作为这个问题的另一方面是目前所流行的、用各种人工方法仿制的天然装饰材料，即仿真装饰材料。这些仿真装饰材料，虽然也可取得一定的效果和明显的效益，但是如果人们的目标是对某种天然装饰材料质感的认知，则这种材料终究因缺乏所表现的材料的天然固有感觉而显得不够自然质朴。所以，要注意尽量利用装饰材料本身固有的美而加以运用。

(二)习惯做法规律的影响

对于各种装饰材料、各种装饰饰面做法，在应用上要遵循传统习惯形式、做法等规律。一般来说，这方面的常规，诸如材料的搭配关系、各部位适用的材料、对一定部位和一定材料适宜的结构构造形式、不同部位不同材料所应取的做法乃至工艺过程本身，都反映了前人的技术经验的积累和一般人的习惯心态，对这些理应予以充分的重视。反常规而用之，只能限于特殊条件下或个别部位；否则，由于人们对各种材料质感及其做法等习惯心理反应，很可能对装饰效果持有异议。特别是在安全问题、使用功能方面，可能引起一些争议。例如，树脂型人造大理石，由于其尺寸、重量、加工性能、厚薄等方面的条件，从技术角度讲，完全可以用做室内吊顶；但是由于人们早已习惯了这种材料在墙面、柱面、地面等处应用，加之由大理石效果的联想而产生的石材的重量感，因而就使人感到这种用法非常不舒适，使人有不安全的感觉，担心它是否会掉下来。

(三)质感的对比与衬托

在建筑装饰设计中，往往在不同的部位选择不同的材料、采取不同的做法，借此来求得质感上的对比与衬托，从而更好地体现建筑装饰的风格，或者强调某些装饰处理上的意图。一般来说，质感的丰富与贫乏、质地的粗犷与细腻，都只是在比较中存在、在对比中体现的。但是，这并不是说在任何情况下,都不可以采用单一的做法或单一的质感。例如,目前常见的大面积的铝合金门窗装饰,就是利用墙面与窗洞的相互关系,突出地强调了虚与实、粗糙与精细等方面的对比,从而同样表现出了在特定结构、特定材料限制的条件下,建筑装饰的艺术效果。

(四)肌理的影响

肌理,包括尺度、线型、纹理三个方面。就尺度而言,要特别注意材料的尺度对装饰效果的影响。例如,大理石及预制水磨石条板,用于厅堂、外墙可以取得很好的效果,但是,如用于居室,则由于尺度太大而会失去魅力。就纹理而言,就是要充分利用材料本身固有的天然纹样、图案和底色等方面的装饰效果,或者用人工仿制天然材料的各种纹理与图案,以求在装饰中能够获得或朴素、或淡雅、或高贵、或凝重等各种装饰气氛。就线形而言,应将其视作建筑装饰整体质感的一部分。在各种现制饰面的做法中,线形的深度要受到面层厚度的限制,所以一般不可能形成强烈的光影,而必须借助于色彩、材料的变换等加以区别。如果要想获得较好的光影装饰效果,则应采用预制适当线形的材料,或者带有凹凸线型的各种饰面材料,如铝合金压型饰面板等。

五、建筑装饰材料及其装饰效果

建筑装饰设计必须要考虑到当距离、面积不同时,视觉效果的变化。因为建筑不同于其他艺术品,其体量及展开面积较大,而且人对建筑的观赏是在运动中进行的。随着视觉的流动,人的视野、视界及辨认程度,均会发生一系列的变化。因此,即使所用的建筑装饰材料相同、做法相同,但是距离、面积不同时,所产生的视觉感受往往也是不同的。当装饰面积的大小不同、距观察者的距离不同,以及观察者的视角不同时,建筑装饰材料的质感也会有所不同。例如,浮雕涂料在近距离观看、应用面积较小时,确有较为明显的立体装饰效果;但是当大面积应用、远距离观看时,则与一般的涂料相差无几。

(一)建筑装饰材料质感的心理联想

与色彩相似,建筑装饰材料的质感也能在人的心理上产生反应,引起联想。一般来说,建筑装饰材料的这种心理诱发作用是非常明显和强烈的。例如,光滑、细腻的材料,富有优美、雅致的感情基调,但同时也给人以一种冷漠、傲然的心理感觉;金属给人产生坚硬、沉重、寒冷的感觉;而皮毛、丝织品则使人感到柔软、轻盈和温暖;石材使人感到稳重、坚实和富有力度;而未加修饰的混凝土表面则容易使人产生粗野、草率的印象。因此,在建筑装饰的设计与施工中,必须正确把握建筑装饰材料的性格特征,使建筑装饰材料的性格与建筑的性格相吻合,从而赋予建筑装饰材料以生命。

成功的建筑装饰效果,并不一定非要借助于使用贵重的建筑装饰材料;好的装饰,并不是好的建筑装饰材料的拼凑与堆砌。在建筑装饰中,一味地追求高档装饰材料,不仅使得造价昂贵,而且由于装饰材料的品种过多过杂,使得订货、管理和施工组织、施工过程都相应地复杂化了,同时还可能由于格调的降低而丧失其艺术魅力。

(二)建筑本身的影响

在建筑装饰设计中,对于建筑装饰材料的选择、装饰效果的选择等问题,不能仅看某种材料本身或某种工艺方法本身的装饰效果如何,而必须结合具体建筑物的形式、体量、风格等因素来加以综合考虑。例如,天然蘑菇石、露骨料混凝土等,其装饰效果粗犷雄浑、坚实有力,用在大体量的建筑装饰上,可获得较好的效果,但是用在体量较小、造型比较纤细的建筑装饰之中,则显得不协调。一般来说,宜采用较为平滑、细腻的装饰材料。

第五节 人体工程学

人体工程学,又称"人类工程学""人体工学"和"人类工学"等。是以人的心理学、解剖学和生理学为基础,综合多种学科研究人与环境的各种关系,使得生产器具、生活器具、工作环境、生活环境等与人体功能相适应的一门综合性学科。人体工程学是在第二次世界大战以后发展起来的一门新学科。

人体工程学涉及的范围很广,只要是有人参与的活动,都与该学科有关。在生产上,要对体型与工作的配合进行分析研究,以减少工作给人的压力,减轻劳动强度,提高工作效率;在生活环境上,要考虑人的活动与周围物体的关系,考虑环境对人的影响。因此,人体工程学又是研究满足人体各种活动适合条件的一门学科。

从装饰设计的角度讲,运用人体工程学的目的,就是从人的生理和心理方面出发,使室内外环境诸因素能够充分满足人的活动的需要,从而提高使用效能,获得较为理想的生活环境。

人的活动与人的运动器官和感觉器官关系最为密切,而运动器官具有一定的尺度,其活动都有一定范围。无论站立还是坐卧、举手、迈步等姿势,都有一定的方式和距离。因此,对于与活动有关的空间设计、家具和器具设计,都必须考虑到人的体型特征、动作特征等,使人的疲劳感降低到最小程度,将人的活动效率提高到最大限度。这正是建筑装饰设计研究人体工程学的意义之所在。

一、人体尺度

人体尺度是建筑装饰设计的最基本的资料。只有客观地掌握了人体的尺度和四肢活动的范围,才能准确地把握人在活动过程中所能承受的负荷以及生理、心理等方面的变化情况。

人体尺度从形式上可分为两类:一类为静态尺度,一类为动态尺度。

(一)静态尺度

静态尺度,是指静止的人体尺寸,即人在立、坐、卧时的尺寸。人的生活行动基本上是按立、坐、卧、行这四种方式中的一种进行的。

人体的高度与种族、性别以及所处的地区相关。例如,我国成年男子平均身高为1 670mm,美国为1 740mm,日本则为1 600mm。即使是同一种族,由于地区的不同也存在着身体量度上的差异。例如,我国较高人体地区(冀、鲁、辽)的男、女平均身高分别为1 690mm 和 1 580mm;而较低人体地区(四川)的男、女平均身高只有 1 630mm 和 1 530mm。一般来说,人体工程学中的尺寸是按人体平均尺寸确定的。图 2-17、图 2-18 是我国成年男女中等人体地区的人体各部分平均尺寸,表 2-1 是我国具有代表性的一些地区成年男女身体各部分的平均尺寸,在使用中应当注意地区人体尺寸的变化情况。

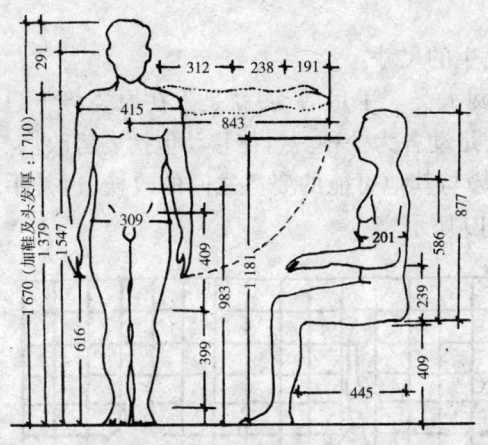

图2-17 我国成年男性人体平均尺寸

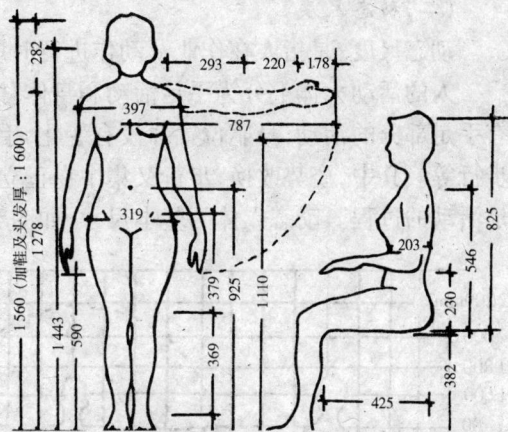

图2-18 我国成年女性人体平均尺寸

表2-1 我国不同地区人体各部分平均尺寸(mm)

部 位	较高人体地区(冀、鲁、辽)		中等人体地区(长江三角洲)		较低人体地区(四川)	
	男	女	男	女	男	女
人体高度	1 690	1 580	1 670	1 560	1 630	1 530
肩宽度	420	387	415	397	414	966
肩峰至头顶高度	293	285	291	282	285	269
正立时眼的高度	1 513	1 474	1 547	1 443	1 512	1 420
正坐时眼的高度	1 203	1 123	1 181	1 110	1 144	1 078
胸廓前后径	200	200	201	203	205	220
上臂长度	308	291	310	293	307	289
前臂长度	238	220	238	220	245	220
手长度	196	184	192	178	190	178
肩峰高度	1 397	1 295	1 379	1 278	1 345	1 261
1/2上骼展开全长	869	795	843	787	848	791
上身高长	600	561	586	546	565	524
臂部宽度	307	307	309	319	311	320
肚脐高度	992	948	983	925	980	920
脂尖到地面高度	633	612	616	590	606	575
上腿长度	415	395	409	379	403	378
下腿长度	397	373	392	369	391	365
脚高度	68	63	68	67	67	65
坐高	893	846	877	825	380	793
腓骨头的高度	414	390	407	328	402	382
大腿水平长度	450	435	445	425	443	422
肘下尺寸	243	240	239	230	220	216

(二)动态尺度

动态尺度,是指人在作业及动作进行时所发生的尺寸。

人的活动大体上分为手足活动和身体移动两大类。手足活动,就是人在原姿势下只有手足部分的活动,身躯位置并没有变化,手动、足动各为一种。身体移动包括姿势改换、步行等。其中,姿势改换、步行又集中在正立姿势与其他可能的姿势之间的改换,也是手足活动的过程。动态人体的基本尺寸,如图2-19所示。

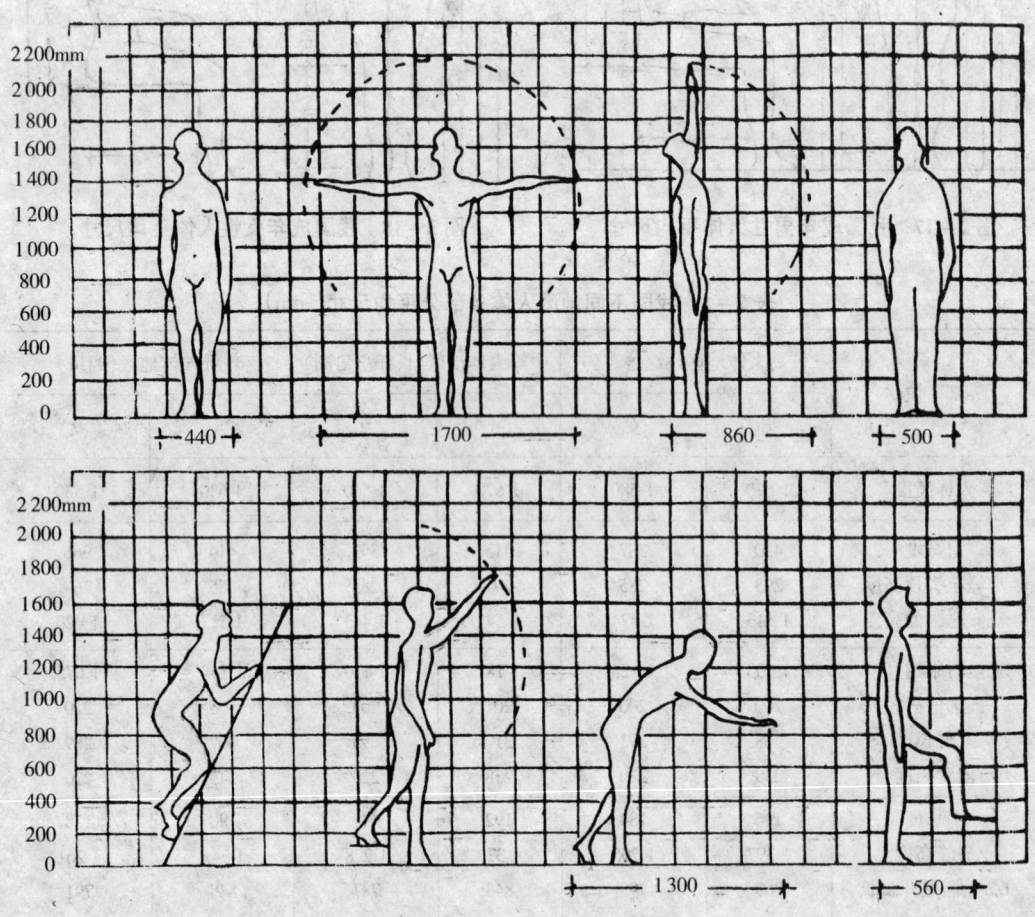

图2-19 动态人体的基本尺寸

二、人体尺度与空间关系

人体尺度与空间关系,是由人和家具、人和墙壁、人和人之间的关系来决定的。休息空间、活动空间的大小,是由空间内家具布置的多少、人员的多少来决定的。就是同样大小的空间,根据有没有人的穿越,其空间布置也是不相同的。例如,两侧为墙壁和家具的走廊通道的最小尺寸为800mm,可以供一人通过;假如通道内有2人错行,其中一人横向侧身通过,那么通道尺寸至少应为900mm;若2人正面对行,那么通道尺寸应调整为1 200mm,如图2-20所示。这说明,空间的大小,主要取决于人的数量及人的活动方式。人体尺度与空间关系最为密切,家具、空间的使用功能等对空间的尺度也有较大的影响。

  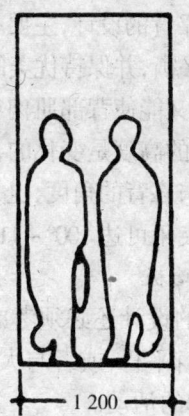

图 2-20 通道的基本尺寸

人体工程学在室内空间中的作用,主要表现在以下两个方面。

(1) 为确定空间范围提供依据 在确定空间范围前,首先,必须搞清楚使用人数的多少,以及每个人活动的面积和行动方向,这是关键。其次,必须搞清楚使用空间的性质、占用面积和家具的多少等。这样,空间范围就可以确定下来。

(2) 为家具设计提供依据 家具是能起到支承、贮藏和分隔作用的器具,它是构成室内环境的基本要素。家具的主要功能就是实用,是为人提供舒适、方便、安全、美观的器具。家具设计的基准点就在人体上,即要根据人体各部分的需要以及使用活动范围来确定。

三、人体尺度与家具

无论人体家具还是贮存型家具,都必须满足使用要求,使其符合人体的基本尺寸和从事各种活动所需要的尺寸。

下面以椅、桌、床、柜等几种常用的家具为例,分析人体尺度与家具的关系。

(一) 椅

沙发、椅、凳类的家具,要符合人们端坐时的形态特征和生理要求。

椅属支承型家具。它的设计基准点是人坐着时的坐骨结节点。这是因为,人在坐着时,肘的位置和眼的高度,都是以坐骨结节点为基准来确定的。因此,可以根据这些基准点来确定椅子的前后、左右、上下几个方向的功能尺寸。

对于椅子的设计,首先要考虑的是使人感到舒适,其次再考虑它的美观和实用。在椅子中,与舒适有关的几个因素是坐面、靠背、脚踏板和扶手。

1. 坐面

坐面高度是椅子设计中最基本、最重要的尺寸,主要与人的小腿长度有关。坐面过高,会使两脚悬空,下肢血液循环不畅;坐面过低,会使小腿肌肉紧张,造成麻木或肿胀。因此,椅子的坐面高度应根据我国人体尺度的平均值来计算,并考虑到使小腿有一个活动余地,在大腿前部与坐面之间保证有 10~20mm 的空隙。一般来说,椅子坐面的高度应以 400mm 为宜,高于或低于 400mm,都会使人的腰部产生疲劳。

2. 靠背

椅子靠背的设计,主要有靠背高度、座板与靠背的角度两个方面。合理的靠背高度能使人体保持平衡,并保持优美的坐姿。一般椅子的靠背高度宜在肩胛以下,这样既不影响人的上肢活动,又能使背部肌肉得到充分的休息。当然,对于一些工作椅或者是供人休息的沙发,其椅背的高度是变化的,有的可能只达腰脊的上沿,有的可能达到人的头部或颈部。

座板与靠背的角度,也是视椅子的用途而定的,一般椅子的夹角为 90°～95°,而供休息用的沙发夹角可达 100°～115°,甚至更大。

3. 脚踏板

椅子的设计还必须考虑脚的自由活动空间,因为脚的位置决定了小腿的位置,使小腿或者与上身平行,或者与大腿的夹角约为 90°。因此,脚踏板的位置应摆在脚的前方或上方,方便脚的活动。

4. 扶手

扶手的位置也比较有讲究。根据日本学者研究的资料表明,无论靠背的角度怎样,对于人体上身主轴来说,扶手倾角以 90°±20° 为宜。至于扶手的左右角,则应前后平行或者前端稍有张开。

(二)桌

桌是介于人体家具与建筑家具之间的家具,故又称为"准人体家具"。因此,桌子设计的基准点可以是人体,即以坐骨结节点为基准,桌面高度应是座面坐骨结节点到桌面的距离(即差尺)与座面高度(即椅高)之和;也可以以室内地面为基准点,它和人着地的脚跟有关,这时桌面的高度应是桌面到地面的距离(见图 2-21)。但是,不管以什

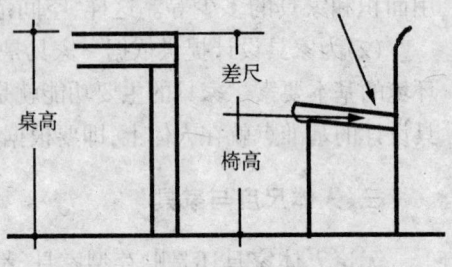

图 2-21 桌、椅的尺度关系

么作为设计基准点,都要使桌子有合乎人体尺度的高度、宽度、长度,还要有使两腿在桌面之下能自由活动的空间。

在上述尺寸中,差尺是桌子设计中最重要的尺寸,因为人一旦在坐骨结节点的位置确定之后,该点和肘的位置关系就决定了桌面的高度,过高会使人脊柱弯曲、耸肩、肌肉疲劳;过低,则会使人"伏案"写作,影响脊椎和视力。只有最佳的高度,才能使人的肩部放松,保持最佳视距。我国规定成人用桌的桌面高度应为 780mm,实践证明此尺寸偏高,故可采取下列公式:

$$桌面高度 = 椅高 + 差尺 = 椅高 + 1/3(坐高 - 10mm)$$
$$椅子高度 = 下腿高 - 10mm$$

这样,就可以求得最佳的桌椅尺寸。适合我国人体的尺寸为:桌高 700mm,椅高 400mm。学生课桌高度可改为:

$$桌面高度 = 椅高 + 1/2(坐高 - 10mm)$$

(三)床

床属支承型家具,它以人体尺度为设计基准点。床的长度按能满足较高的人的需要为宜,一般在 1 900～2 000mm 之间。床的宽度以人仰卧时的尺寸为基础,再考虑人翻身的需要。一个健康的人睡觉一夜要翻身 20～40 次,若床过窄,不敢翻身,会使人处于紧张

状态。因此,一般单人床的宽度以900mm为宜,双人床的宽度以1 350~1 500mm为宜。床的高度可按椅子的高度来确定,因为床既是睡具,也可当坐具。

(四)柜

柜属贮藏型的家具,又称"建筑家具",它的设计标高尺寸是以室内地面为基准点,以人的存取方便为原则,并考虑柜内贮物的种类。一般常用衣物均放在人伸手可及、视野合理的范围,不常用物品存放应保证人自由存放的可能。因此,柜的高度最高不要超过2 400mm,柜的深度要以能最大限度地存贮衣物,同时考虑人的存取方便为原则。

第六节　室内装饰设计的基本要素

室内装饰设计除了要满足使用功能要求外,还要满足精神功能要求。

一个成功的室内装饰设计,在功能上应当是适用的;在视觉上要具有一定的吸引力,并要始终注意室内意境的构思和创造。虽然构思和创意无法搬套,但与音乐、绘画、雕刻等艺术一样,都存在着一定的要素和创作原理。设计者只要在设计中以创作原理为基础,变换处理各种设计要素,突出特定场所的特征和环境特色,就可以在有限的空间内创造出一个功能合理、美观大方、格调高雅、富有个性的室内环境。室内装饰设计的基本要素有七个,即空间、色彩、光影、空间界面、家具、陈设和绿化。

一、空间

在室内装饰设计中,空间的处理是主导要素。室内装饰设计的艺术特征,主要取决于室内空间形态、空间组织、空间构图和空间色彩等因素。

在一般情况下,室内空间的体量大小主要是根据房间的使用要求确定的,但有些建筑为了造成宏伟、博大或神秘的气氛,空间的体量往往大大地超出了功能使用的要求。空间的体量大小,对人的情绪也有很大影响。宏伟、博大的空间,容易使人产生兴奋、激昂的情绪;低矮的空间,则会使人感到亲切、宁静。当然,过分低矮的空间,也会使人感到压抑和沉闷。因此,巧妙地变化空间和利用空间,可以获得意想不到的效果。

室内空间一般呈长方体形状,随着长、宽、高的变化,其形状大小也将发生变化。当然,室内空间还有其他形状,如三角形、棱形、圆柱形等。不同形状的空间,往往会使人产生不同的感受。例如,中央高、四周低的穹顶状空间,会给人以向心、内聚和收敛的感觉;弯曲、弧形或环状的空间,则可以使人产生一种导向感,即诱导人们沿着空间轴线的方向前进。

二、色彩

色彩在建筑装饰设计中,具有相当重要的作用。与形状相比,色彩更能引起人的视觉反映,而且还直接影响着人的心理和情绪。色彩运用得当,能够调节气氛,改善视觉环境,增强整个建筑的艺术效果。

色彩在建筑装饰设计中的应用相当广泛,不论室内装饰设计还是室外装饰设计,都离不开色彩。色彩能影响人们的情绪。如果室内色彩搭配和谐，就会觉得很美，情绪也会因此而逐渐松弛，感到平和与温馨；反之，就会使人感到紧张或烦躁。

色彩可以反映一个人的个性取向。例如，室内环境采用暖色调，可以看出使用者的个性是开朗、热情、欢愉或积极的；若是采用冷色调，则使用者的个性通常是冷静、安详或沉默的；若采用的是中性色调，则使用者的个性可能是中庸而不偏激的。

色彩能够调整室内空间的大小。由于色彩本身特性引起的错觉作用，对室内空间的宽敞、封闭以及高低感，都会具有很好的调整功效。所以，在室内空间使用色彩时，可以利用这些特性来调整空间的大小感。若室内空间太大，可采用变化较多的色彩；若室内空间较小，则要采用单纯而统一的色彩。

此外，色彩还能够改善物理环境。例如，比较寒冷的地区，室内色彩应以暖色调为主，再配合较低明度、较高彩度的色彩；而比较温暖的地区，室内则应以冷色调为宜，再配合高明度、低彩度的色彩。

在为一个室内制订色彩方案时，必须从三个方面加以考虑，即背景色调、主调和强调。背景通常是指天花板、地面和墙壁等，它起到陪衬作用，故最好采用高明度、低彩度的色彩或中性色；主调可采用较高彩度、中明度并且较有分量、活跃的色彩；强调是指用较小面积或较有意义的物品，以对比色或更突出的同色调来表现。

三、光影

光与影对人的视觉功能非常重要，没有光就看不到一切，没有光也就没有什么光影效果。就建筑装饰设计而言，光与影是美化环境必不可少的物质条件。

光照可以构成空间，并能起到改变空间、美化空间和破坏空间的作用。它着实影响着物体的视觉大小、形状、质感、色彩乃至环境的艺术效果。

从照明角度讲，光源可以分为自然光源和人工光源两种。自然光源以日光为主，人工光源以灯光为主。日光是大自然的重要组成部分，人们常把它直接引入室内，以满足日常的采光需要，消除室内空间的黑暗感和封闭感；人工照明是建筑装饰设计中必不可少的，它除了能满足日常需要，消除室内空间的黑暗感和封闭感以外，还能产生特殊的光影和光影效果。因此，善于利用人工光源，为室内装饰设计增添光彩，是非常重要的。

建筑装饰设计的室内外空间效果必须在光的照射下，才能表现其体量、质感和色彩的丰富变化。人们利用光线的强弱或颜色的不同，能够在室内外造成不同的气氛。明亮的光线，能使整个建筑空间更加活跃，满足人们公共交往的需求；而暗淡的光线，则能体现环境的柔和，满足人们在谈心和休息时的需要。

四、空间界面

建筑物中的内部空间是利用建筑构造部件和围护构件——柱、墙面、地面、屋顶等进行限定的。这些构件赋予建筑以形态，并在无限空间中划分出一块块区域，形成不同形式室内空间的模式。

地面是室内空间的基面，它是室内活动和家具的承台。地面的构造必须安全可靠，以便承受室内荷载；地表面必须坚固耐久，足以经受持续的使用与磨损。

墙体必须按照一定的要求进行布置。承重墙体要与它们所支承的楼板跨度和屋顶结构相一致;非承重隔墙体,则主要根据使用要求进行布置。墙体通常由几层材料构成,以便控制热量、湿气和噪声的透入。

室内空间第三个主要界面是顶棚。虽然人们接触不到它,在使用意义上也不及地板和墙体大,但它是遮盖部件,能对被覆盖的物体提供物质上和心理上的保护。

对室内空间界面的装饰,可以利用不同装饰材料的不同质地特征,共同构成完美的室内环境,获得多姿多彩的室内空间艺术效果。

五、家具

家具设计在室内装饰设计中具有举足轻重的作用。一方面,家具具有实用性的功能,能为人们的生活带来方便,同时家具的布置也组织了室内的功能空间;另一方面,家具占居室相当大的面积,是室内陈设中的主要角色,其造型、色彩和式样是影响室内装饰设计气氛的主导因素。

六、陈设

室内陈设除了家具以外,还有日常生活用品、工艺品、艺术作品、室内织物、家用电器、灯具等。它们除了具有实用性功能外,还能丰富和装饰空间,使空间舒适得体、富有个性,并能创造出一定的气氛和情调。

陈设通常分为实用性陈设、装饰性陈设和实用性与装饰性兼备的陈设三大类。实用性的陈设,主要具有功能作用;装饰性的陈设,以满足人的视觉要求为主;实用性与装饰性兼备的陈设,既丰富了空间,给人以艺术享受,同时又有一定的功能作用。在室内装饰设计中,应注意陈设与墙面、地面、顶棚的关系,充分发挥其形态、肌理和色彩美。

七、绿化

把自然景色、花草树木,甚至山石水体引入室内,使室内外成为有机的整体,普遍受到人们的欢迎。室内绿化选用得当,能使室内环境增加气氛、丰富色彩、赏心悦目,并能陶冶人的情操。

复习思考题

1. 视觉原理对建筑装饰设计有何意义?
2. 建筑装饰设计中应遵循哪些构图法则?
3. 人体工程学与室内空间的关系如何?
4. 人体工程学与室内家具设计的关系如何?
5. 室内装饰设计的基本要素有哪些?举例说明各基本要素在室内装饰设计中的作用。

第三章

室内空间

第一节 室内空间的组成

室内空间是装饰设计师的主要创作天地,也是室内装饰设计最基本的要素之一。

空间是无形的,而且是弥漫扩散的。对于茫茫宇宙来说,空间则是无限的。但是,在这无限的空间里,又有许多人为的、具体的空间,对于它们来说,范围则是明确的、有限的。在空间中,一旦放置了一个物体,马上就会建立起一种视觉上的关系。当另一物体被放入后,物体与空间、物体与物体之间的多重关系,就被建立起来。空间就是这样形成、这样为人所觉察的。

空间的范围有时是明确的,有时是模糊的。只有明确的顶界面而无侧向界面,也无底界面的空间,称为"模糊空间";只有明确的底界面而无顶界面的空间,称为"室外空间";既有明确的顶界面,又有明确的侧界面和底界面所限定的空间,称为"室内空间"。

空间是由界面围合而成的。这个界面在室内就是基面、垂直面和顶面。通过对这三个界面的处理,能够使室内环境产生多种变化,既能使室内空间丰富多彩、层次分明,又能使室内空间富有变化、重点突出。

一、基面

基面,通常是指室内空间的底界面或底面,建筑上称为"楼地面"或"地面"。基面一般又分为水平基面、抬高基面和降低基面三大类。

(一) *水平基面*

水平基面的轮廓越清楚,它所划定的基面范围就越明确。为了在一个比较大的空间范围里划出一个被人感知的界面,通常在质地和色彩上加以变化。例如,在一个大的起居空间里,常用和地面色彩不同的地毯来划出一块谈话、会客的空间。

(二) *抬高基面*

为了在大的室内空间范围里,创造一个富于变化的空间领域,常常采用抬高部分空间的边缘形式,以及利用基面质地和色彩的变化来达到这一目的。抬高部分所形成的空间范围,便成为一个与周围大空间分离的明确的领域。抬高基面的高度和范围,要根据使用情况的需要,以及空间视觉的连续性而定。当抬高的基面较低时,空间视觉的连续性较强,被抬高部分的空间和原来空间的整体性较强,整体空间的连续性不受很大的影响;当基面抬高至一定高度时,虽然在视觉上仍保持一定的连续性,但是整体空间已受到影响;当抬高的基面超过人的视线高度时,空间视觉的连续性已被破坏,整体空间已不复存在,而被划分为两个不同的空间。

由于基面抬高所形成的台座和周围空间相比显得十分突出而醒目,因此常用于区别空间范围或作为惹人注目的展示和陈列的空间,但其高度不宜过高,以保持整体空间的连续性。例如,商店利用局部基面的抬高,以展示新商品或贵重特殊的商品。再如,现代住宅的起居室或卧室,常利用局部基面的抬高布置床位或座位,并和室内家具相配合,产生更为简洁而富有变化的新颖室内环境。

(三)降低基面

在室内空间中将部分基面下降,来明确一个特殊的空间范围,这个范围的界限可用下降的垂直表面来限定。当下降的基面和原基面相差不是很大时,空间的视线不受阻碍,仍保持整体空间的连续性;当基面下降到一定程度时,视线虽然不受阻碍,但整体空间的连续性已受到影响;当下降到人的视线受到阻挡时,整体空间效果受到破坏,而成为两个不同的空间。下降基面所形成的空间,往往暗示着空间的内向性、保护性,富有隐蔽感和宁静感。室内局部基面的降低,也可改变空间的尺度感。

二、顶面

顶面,即室内空间的顶界面,在建筑上称为"天花"或"顶棚""天棚"等。顶面可限定其本身和地面之间的空间范围。顶面与垂直面和基面共同构成限定的室内空间。顶面根据使用情况,可改变空间的尺度和突出主题,以取得丰富的室内空间效果。

顶面的高低直接影响着人们的感受。顶面太低,会感到压抑;顶面太高,则又显得空旷。所以,可以根据室内活动所需要的感受,来调整室内局部空间的高度。

由于装饰顶面不需承担结构荷载,它可以和结构层分开,所以其形式是多种多样的。例如,平面形、波浪形、凹凸形等。当室内空间的高度太低时,通常将结构与装饰层合一,如住宅的卧室、客厅等。

顶面和灯具关系非常密切,可以组成各种图案,也可以做成带形灯槽。

顶面的形式、色彩、图案及质感,可以通过处理来满足室内空间的使用需要、音响效果需要和艺术需要,以及其他特殊需要。

顶面的装饰也可和墙面统一考虑,使墙面装饰作为顶面的延伸而起到引导作用。

三、垂直面

垂直面,又称"侧面"或"侧界面",是指室内空间的墙面(包括隔断)。它是人们视野中最活跃的部分,不仅能限定空间的形体,而且会给人以强烈的围合空间之感。垂直面与基面和顶面三者共同组成一个围合的室内空间。一个垂直面将明确表达它前面的空间。例如,室内实体屏风等。

垂直面的高度不同,给人产生的围合感程度也不同。当垂直面高度在60cm以下时,对人来讲并无围合感；当其高度达到150cm时，开始有围护之感，但仍保持视觉上的连续性；当高度升至200cm以上时，将起到划分空间的作用，具有明显的围合感。

一个垂直面，可以派生出一个从转角处沿其对角线向外延伸的静态空间。例如，室内两墙交接的转角处通常放一组沙发，形成静态空间。两个互相平行的垂直面，限定了两个面之间的空间，这种空间具有一定的导向性。例如，室内走廊空间等。三个垂直面所组成的空间，其动向方位主要是朝向敞开的一面。四个垂直面所围合的范围，具有明确的限定的围合感，这种空间是封闭的、内向的围合空间。

垂直面上开一些洞口，能提供和相邻空间的连续感。所开洞口的大小、位置和数量，可以不同程度地改变空间的围合感，同时和相邻空间增加了连续感和流动感。

第二节　室内空间的类型

室内空间是根据人们各种各样的物质需要和精神需要而逐渐形成的。室内空间的种类很多。常见的室内空间，主要有以下几种类型。

一、结构空间

结构空间，是指建筑物的室内结构件暴露于外的空间。结构外露于室内空间是现代派建筑的一个很明显的特征。人们通过对外露结构的观赏，可以领悟出结构本身的现代感、力度感、科技感和安全感。结构是真、善、美的体现，完全剥去了虚伪的、繁琐的装饰假面具，对人具有很强的感染力。因此，室内设计应充分利用合理的结构本身为视觉空间艺术创造明显的或潜在的条件。

当然，结构件的暴露容易出现粗劣简陋感，乏味而缺少生气。因此，在考虑室内结构暴露设计时，必须注意细部的完美设计。这样，一粗一细的对比，会使空间和谐而富有性格。

二、封闭空间

用限定性比较高的围护结构（承重墙、轻质隔墙等）包围起来的，无论是视觉、听觉、小气候等方面，都会造成与外部空间隔离状态的空间，称为"封闭空间"。在空间感上，封闭空间是静止的、停滞的，与周围环境的流动性较差，有利于拒绝外来的各种干扰。在使用上，封闭空间提供了更多的墙面，容易布置家具，但是空间变化受到限制。在心理效果上，封闭空间表现为严肃的、安静的或沉闷的，但具有很强的领域感、安全感。在对外景观关系上和空间性格上，封闭空间是内向的、拒绝性的。因此，封闭空间具有私密性和个体性。

随着围护结构限定性的降低，封闭空间的封闭性也会相应减弱，而与周围环境的渗透性相对增加，但与虚拟空间相比，仍然是以封闭为特色。

在不影响特定的封闭功能的原则下，为了打破封闭的沉闷感，经常采用灯窗、人造景窗、镜面等来扩大空间感和增加空间的层次。

三、开敞空间

开敞空间的界面,尽可能采用通透的或开敞的、虚的界面。开敞空间开敞的程度取决于有无侧界面、侧界面的围合程度、开洞的大小及启闭的控制能力等。在空间感上,开敞空间是流动的、渗透的,限定度和私密性较小,强调与周围环境的交流、渗透,注重对景、借景、与大自然或周围空间的融合。与同样面积的封闭空间相比,开敞空间要显得大一些,可提供更多的室内外景观,扩大视野。在使用上,开敞空间的灵活性较大,便于经常改变室内布置。在心理效果上,开敞空间常常表现为开朗的、活跃的。在对外景观关系上和空间性格上,开敞空间是接纳性的、开放性的。因此,开敞空间具有公共性和社会性。

开敞空间经常作为室内外过渡空间,有一定的流动性和较高的趣味性,是开放心理在环境中的反映。

四、固定空间

固定空间,是一种经过深思熟虑的使用不变、功能明确、位置固定不变的空间。因此,固定空间可用固定不变的界面围合而成。例如,目前居住建筑设计中常将厨房、卫生间作为固定不变的空间,确定其位置,而其余空间可以按用户需要自由分隔。另外,有些永久不变的纪念性建筑的厅堂,也常作为固定不变的空间。

五、可变空间

可变空间,又称"灵活空间",是指可以改变的空间。可变空间常因使用功能的不同而改变其空间形式。为此,常采用灵活可变的分隔方式,如折叠门、可开可闭的隔断,以及影剧院中升降舞台、活动墙面、天棚等。

六、静态空间

静态空间一般有下列特点:①空间的限定度较强,趋于封闭型;②多为尽端空间,序列至此结束,私密性比较强;③多为对称空间(四面对称或左右对称),除了向心、离心以外,较少其他的倾向,达到一种静态的平衡;④空间及陈设的比例、尺度协调;⑤色调淡雅和谐,光线柔和,装饰简洁;⑥视线转换平和,避免强制性引导视线的因素。

七、动态空间

动态空间,又称"流动空间"。它能引导人们从动态角度观察周围事物,把人们带到一个由空间和时间相结合的"第四空间"。动态空间具有以下几个特点:①利用机械化、电气化、自动化的设施,如电梯、自动扶梯、旋转地面、可调节的围护面、各种管线、活动雕塑以及各种信息展示等,加上人的各种活动,形成丰富的动势;②组织引导人流的空间系列,方向性比较明确;③空间组织灵活,人的活动路线不是单向而是多向;④利用对比强烈的图案和有动感的线型;⑤光怪陆离的光影,生动的背景音乐;⑥引进自然景物,如瀑布、花木、小溪、阳光乃至禽鸟。利用匾额、楹联等启发人们对动态的联想。

八、虚拟空间

虚拟空间的范围没有十分明显的隔离形态，也缺乏较强的限定度，只靠部分形体的启示，依靠联想和"视觉完形性"来划定空间，所以又称"心理空间"。这是一种可以简化装饰而获得理想空间感的空间。虚拟空间往往处于母空间中，与母空间流通而又具有一定独立性和领域感。

虚拟空间可以借助各种隔断、家具、陈设、绿化、水体、照明、色彩、材质、结构构件及改变标高等因素形成。这些因素往往也会形成重点装饰。

九、母子空间

母子空间，是指大空间中的小空间。母子空间是对空间的二次限定，是在原空间（母空间）中用实体性或象征性手法再限定出的小空间（子空间）。它类似我国传统建筑中的"楼中楼""屋中屋"的做法。母子空间既能满足功能要求，又丰富了空间层次。

许多子空间（如在大空间中围起的办公小空间，或在大餐厅中分隔出来的小包厢座）往往因为有规律地排列而形成一种重复的韵律。它们既有一定的领域感和神秘性，又与大空间有相当的沟通，是闹中取静，很好地满足群体与个体，能在大空间中各得其所、融洽相处的一种空间类型。

十、共享空间

共享空间是为了适应各种频繁、开放的公众性社交活动，由波特曼于1967年首创的。它的空间处理是大中有小，小中有大，内中有外，相互穿插，使渴求刺激的生理、心理在此得到满足。它较适用于大型的公共建筑，如旅馆、饭店、俱乐部等的公共活动中心。共享空间的规模较大，内容亦很丰富，其最大特点是将室外空间的特征引入室内，使大厅呈现出花木繁茂、流水潺潺的自然景色，其次是玻璃露明电梯、自动扶梯在光影的照射下上下穿梭，形成巨型的活动雕塑，使室内充满活力。

十一、虚幻空间

虚幻空间，是指室内镜面反映的虚像，把人们的视线带到镜面背后的虚幻空间去，于是产生空间扩大的视觉效果，有时还能通过几个镜面的折射，把原来平面的物件造成立体空间的幻觉。紧靠镜面的物体，还能把不完整的物件（如半圆桌）造成完整的物件（圆桌）的假象。因此，室内特别狭小的空间，常利用镜面来扩大空间感，并利用镜面的幻觉装饰来丰富室内景观。除镜面外，有时室内还利用有一定景深的大幅画面，把人们的视线引向远方，造成空间深远的意象。

十二、迷幻空间

迷幻空间的特色是追求神秘、幽深、新奇、动荡、光怪陆离、变幻莫测的、超现实的、戏剧般的空间效果。在空间造型上，有时甚至不惜牺牲实用性，而利用扭曲、断裂、倒置、错位等手法。家具和陈设奇形怪状，以形式为主；照明讲究五光十色，跳跃变幻，追求怪诞的光影效果;在色彩上则突出浓艳娇媚;线型讲究动势,图案注重抽象;装饰陈设品不是追求粗野犷放,就是表现现代工艺所造成的奇光异彩和特殊肌理。为了在有限的空间内创造无限的、古怪的空间感,经常利用不同角度的镜面玻璃的折射,使空间感更加迷幻。

十三、凹入空间

凹入空间,是在某一墙面部凹进的空间。由于凹室通常只有一面或两面开敞,所以受干扰较小,其领域性与私密感随凹入的深度而加强。根据凹入的深浅,可作为休憩、交谈、进餐、睡眠等用途的空间。在饭店等公共场合,可布置雅座、服务台等。凹入空间的顶棚应比大空间的顶棚低,有利于加强围护感,形成宁静、安全、趣味和亲密的特点。是否设置凹入空间,要视母空间墙面结构及周围环境而定,不要勉强为之。

十四、外凸空间

凹凸空间是一个相对概念,如凹入室外空间的垂直面是外墙,对室内而言是凹入空间,对室外空间而言则是外凸空间。这种空间是室内凸向室外的部分,一般开较大窗洞,其目的是希望将室外空间中的自然景色、绿化、水面、阳光从视线上引入室内,使室内外空间相互流通融合,增加许多情趣。

十五、地台空间

室内地面局部抬高,抬高面的边缘划分出的空间,称为"地台空间"。由于地面抬高,为众目所向,因而其性格是外向的,具有收纳性和展示性。处于地台上的人们,有一种居高临下的优越的方位感,视野开阔,趣味盎然。

直接把台面当坐席、床位,或在台上陈物,台下贮藏安置各种设备,是把家具、设备与地面结合,充分利用空间,创造新颖空间效果的较好办法。

地台空间特别适用于惹人注目的展示、陈列空间。

十六、下沉空间

室内地面局部下沉,可限定出一个范围比较明确的空间,称为"下沉空间"。这种空间的底面标高较周围低,具有较强的围护感、领域感、隐蔽感、宁静感和亲切感,性格是内向的。处于下沉空间中,视点降低,环顾四周,新鲜有趣。下沉的深度和阶数,要根据环境条件和使用要求而定。

为了加强围护感,充分利用空间,提供导向和美化环境,在高差边界处可布置座位、柜架、绿化、围栏、陈设等。在层间楼板层,受到结构的限制,下沉空间往往是靠抬高周围的地面来实现。

目前,下沉空间已在许多公共建筑和住宅设计中得到了应用。

第三节　室内空间的感受

不同的室内空间,会给人不同的感受。例如,大尺度的空间,能给人以宏伟、博大的气势;而小尺度的空间,则给人以亲切、温暖的感觉。因此,在设计室内空间时,必须把使用要求和精神感受统一起来考虑,使之既适用又能按照一定的艺术意图给人以某种感受。

一、室内空间界面处理给人的感受

如前所述,空间是由界面围合而成的。这个界面在室内就是地面、墙面和顶面。处理好空间的这三个界面,不仅可以赋予空间以特性,还有助于加强它的完整统一性。

顶面最能反映空间的形状和关系。通过对顶面的处理,可以加强重点、区分主从关系,而且顶面又比较引人注目,透视感也强。所以,对顶面的不同处理,有时可加强空间的博大感,有时可加强空间的深远感,有时还可把人的注意力引导至某个确定的方向。

墙面是以垂直面的形式出现的,对人的视觉影响也较大。在对墙面的处理中,要注意处理好门窗的关系,门窗为虚、墙面为实。有的墙面要以虚为主,虚中有实;有的则要以实为主,实中有虚。虚实的对比和变化,往往是墙面处理成败的关键。

墙面的线条与纹理走向,会影响到人的感受。墙面的线条与纹理竖向划分,可以增加空间的高耸感;横向划分,可使空间向水平方向延伸,同时空间高度有降低感。因此,在一般情况下,低矮的墙面宜采用竖向分割的处理办法;高耸的墙面,则多用横向分割的处理办法。

墙面的花饰大小,会影响人们的感受。大花图案可使截面向前提,空间有缩小之感;小花图案则使界面向后退,空间有扩大之感。

在墙面上布置不同的装饰性壁画或挂画,会给人以不同的感受。例如,一幅色彩淡雅、层次分明、透视感较强的壁画或挂画,能够增加空间的景深,增加空间的深度;反之,一幅色彩浓重、层次平淡的壁画或挂画,能使空间界面向前,使本来显得空旷的空间增加某些亲切感。

围成空间的界面,都是由物质材料做成的,必然具有色彩、质地和软硬。色彩的冷暖可以对人的视觉产生不同的影响。暖色使人感到靠近,冷色则使人感到隐退。顶面色彩深沉,可使空间有降低之感;顶面色彩浅淡,可使空间有提高之感。室内色彩一般多按上浅下深的原则来处理。例如,自上而下,顶面最浅,墙面稍深,护墙更深,踢脚板与地面最深,这样给人的感觉是上轻下重,符合稳定的原则。

建筑装饰材料的质地不同,会取得不同的效果。一般来说,室外装饰材料的质地,可以粗糙一些;室内装饰材料的质地,则应当细腻一些、光滑一些、松软一些。质地粗糙的材料,容易形成光的散射,给人的感觉比较近,会使空间变小;质地光滑的材料,容易形成光的反射甚至镜像现象,给人的感觉比较远,会使空间扩大。

建筑装饰材料的种类不同,其软硬程度也不同,因而会给人不同的感觉。石材、面砖、玻璃等比较坚硬,壁纸、棉麻织物等比较柔软,木材则显得软硬适宜。若墙面采用石材、面砖或玻璃等,即"硬包装",会给人以坚实、沉重、有力、挺拔、冷峻之感;若墙面采用木材、织物等,即"软包装",则会给人以轻巧、柔软、舒适、温暖、亲切之感。

利用室内灯具和光亮效果,也能给人以不同的感受。若采用吸顶灯具或嵌入式灯具,顶界面具有向上之感;若采用吊灯,则顶界面具有下降之感。光亮的空间,给人以扩大之感;反之,则有缩小之感。直接照明能使顶界面有下降之感,间接照明则使顶界面有向上之感。

空间界面上的镜面玻璃,可以成倍地扩大空间,给人以开敞、宽阔之感。

总之,空间界面处理的各种手法不是孤立的,应该根据具体情况综合应用。

二、室内空间形态给人的感受

一般来说,空间形态因使用要求的不同而要处理成不同的形式。不同形态的空间,会使人产生不同的感受。

(一)折线形室内空间

折线形的空间形式,主要有三角形、多边形、棱形、六角形、扇形等各种形式。三角形的空间形式是人们比较喜欢采用的一种几何形态,这种形态在空间中,会使人产生不同方向的动感和扩散作用,同时又具有向上提升之感,角部富有表情变化。棱形空间具有多面方向的扩散感,当空间较为开敞时,具有向外扩张的感觉;当空间较为封闭时,则具有向心的感觉。如图3-1所示。

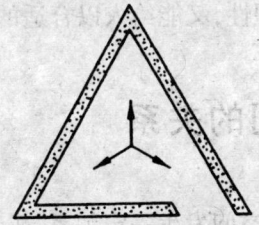 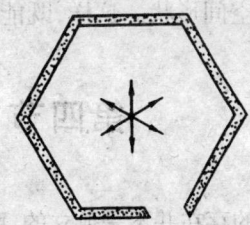

图3-1 折线形室内空间与感受

(二)矩形室内空间

随着长、宽、高的不同比例,矩形室内空间可以有多种多样的变化。例如,一个窄而高的矩形室内空间,会使人产生向上的感觉,如同竖线条一样,可以激发人们产生兴奋、自豪或激昂的情绪;一个细而长的矩形室内空间,则可以使人产生深远的感觉,诱导人们产生一种期待和寻求的情绪,空间愈细长,这种心情就愈强烈;横向矩形空间,会使人产生开阔、博大的感觉。如图3-2所示。

 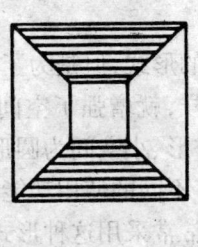 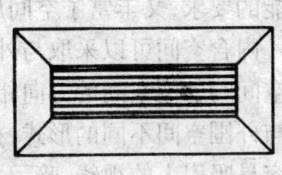

(a) (b) (c)

图3-2 不同种类的矩形室内空间
(a)垂直向空间 (b)纵向空间 (c)横向空间

矩形室内空间的平面有较强的单一方向性，立面却无方向感，是一个较稳定的空间，属于相对静态的空间，也是一个良好的滞留空间，这种形态容易和建筑结构形式相协调。

（三）拱形室内空间

常见的拱形室内空间有两种形态：一种是矩形平面拱形顶，这种空间的水平方向性较强，给人以向前流动的感觉，如图3-3所示；另一种，则是平面为圆形，顶面也是圆弧形，这种空间具有稳定的向心性，给人以收缩、安全和集中的感觉。

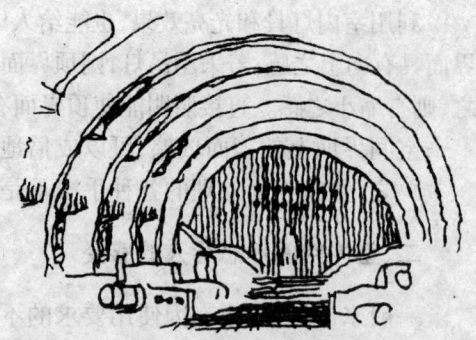

图3-3 拱形室内空间

（四）穹顶状空间

为了满足特殊的功能要求，有些空间设计成穹顶状。中央高、四周低的穹顶状空间，可以给人以向心、内聚和收敛的感觉；中央低、四周高的穹顶状空间，可以给人以离心、扩散和向外延伸的感觉。

由此可见，在设计室内空间形状时，除了要满足功能性的要求外，还要结合一定的艺术意图来选择空间形状。这样，既能保证空间的合理性，又能给人以合适的精神感受。

第四节 室内空间的关系

室内空间的存在并不是孤立的，而是和周围其他空间发生一定关系，或者相互包含，或者互相沟通，或者互相穿插，或者互相衬托、组合等等，从而使得空间形式变得丰富多彩。

一、包含的空间

包含的空间，又称"空间中的空间"或"母子空间"，是指一个大空间内包含着另一个小空间。即大空间作为外围空间，小空间作为内含空间。它们之间的关系要处理得当，分清主次。内含空间不能过大，过大会使主次不分，而且剩余的空间狭小、压抑而无法使用；内含空间也不能过小，要根据使用功能来确定。这种形式类似于我国传统建筑中的"楼中楼""屋中屋"的做法。内含空间的大小、形式，要根据使用功能的要求而定，既能满足使用功能的要求，又丰富了空间层次。

内含空间可以采取与外围空间相同的形式，但是为了增加内含空间的吸引力，可使内含空间与外围空间的方向相异错位。这样，就增强了空间的趣味性。内含空间也可以采取与外围空间不同的形式，如大空间为方形、小空间为圆形。这样，两空间形状产生对比，也容易吸引人的视线，暗示了两空间具有不同的使用功能。

目前，在一般宾馆（酒店）的大厅中，常常采用这种形式，即整个大厅为长方体，而总服务台常设置成圆形，进入大厅后，服务台与大厅功能的区分一目了然。

二、相邻的空间

当人置身于一个四面皆壁的空间时,会产生封闭、阻塞、沉闷的感觉;当人身处四面透空的空间时,又会产生通透、不安全的感觉。因此,一个空间既不能完全封闭,又不能完全敞开,而要与周围的空间处理好相互的关联。

一个房间通过分隔,可与周围的空间形成相邻关系。分隔的方法有多种,可按功能要求来处理。目前,常见的分隔方式,主要有以下几种。

(1)封闭式分隔　采用封闭式分隔的目的,是为了对声音、视线、温度等进行隔离,形成独立的空间。这样,相邻空间之间互不干扰,具有较好的私密性,但是流动性太差。对此,一般采用承重墙或轻质隔墙隔离。这种形式多在卡拉OK包厢、餐厅包厢,以及居住性建筑中出现。

(2)局部分隔　采用局部分隔的主要目的,是为了减少视线上的相互干扰,对于声音、温度等没有分隔。局部分隔方法通常是高于视线以上的屏风、家具或是隔断等。这种分隔的强弱,要因分隔界面的大小、形态、材质等方面的不同而异。局部分隔的形式有四种,即一字形垂直面分隔、L形垂直面分隔、平行垂直面分隔和U形垂直面分隔。

(3)列柱分隔　柱子的设置是出于结构的需要,但有时也用柱子来分隔空间,丰富空间的层次与变化。柱距愈近,柱身愈细,分隔感就愈强。彩图4中的中厅与客厅之间的立柱,既分隔了空间,又丰富了层次,因而提高了主人居住的生活品味。

在大厅中设置列柱,通常有两种类型:一种是设置单排列柱,把空间一分为二;另一种是设置双排列柱,将空间一分为三。设置单排列柱时,通常要避免将空间均分为二,这样就没有主从之分而有损于空间的完整统一性。对此,一般是使列柱偏于一侧,以使主体空间更加突出,而且有利于功能的实现,如图3-4所示。设置双排列柱时,会出现三种可能:一是均等地将空间分成三部分;二是边跨大而中跨小;三是边跨小而中跨大。其中,第三种方法是普遍采用的,因为这样可使主从分明,空间的完整性较好,如图3-5所示。

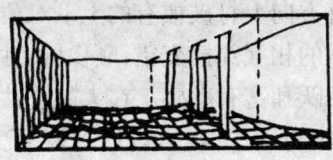
图3-4　单排列柱分隔的空间

图3-5　双排列柱分隔的空间

(4)利用基面或顶面的高度变化分隔空间 这种划分形式的限定性较弱,只靠部分形体的变化给人以启示、联想来划定空间。这种空间的形态装饰简单,但有时却可获得具有较为理想空间感的空间。常用的方法有两种:一是将室内地面局部提高;二是将地面局部降低。这两种方法在界定空间的效果上是相同的,但前者在效果上具有发散的弱点,一般不适于内聚性的活动空间,所以在居室内很少使用;后者内聚性较好(见图3-6),但在一

图3-6　地面局部降低的某客厅

般的空间内不允许过分局部降低,所以也较少采用。

顶面高度的变化方式较多,可以是整个空间的高度增高或降低,也可以是在同一个空间内,通过看台、挑台、悬板等方式,将空间划分为上、下两个空间层次。这样,既扩大了实际空间领域,又丰富了室内空间的造型效果。这种分隔方式常用于公共空间环境。

(5)利用建筑小品、灯具、软隔断分隔空间。利用建筑小品分隔,就是通过喷泉、水池、花架等对室内空间进行划分。这种方式既能活跃室内的气氛,又起到分隔空间的作用。利用灯具的布置对室内空间进行分区,是空间设计中常用的方法。它是通过吊挂式灯具或其他灯具的适当排列对空间进行虚划分,使地面成为两个心理空间区域。这种方式常是灯具与家具配合使用,并布置相应的光照。

图3-7 用灯具、小品分隔的某室内

总之,相邻空间的分隔形式是多种多样的,在一个空间内,可以根据空间的特点进行综合考虑,因地制宜地划分,以便产生富有情趣的空间效果,如图3-7所示。

三、交错、穿插空间

利用两个相互穿插、叠合的空间所形成的空间,称为"交错空间"或"穿插空间"。现代室内空间设计,早已不满足于传统的封闭六面体或简单的空间划分。在创作中,水平方向上常采用垂直围护墙的交错配置,形成空间在水平方向上的穿插交错,左右逢源。这样所形成的空间相互界限模糊,两空间关系密切。在垂直方向上打破惯有的上下对位形式,创造上下交错、俯仰相望的生动场景。特别是交通面积的相互穿插交错,颇像城市中的立体交通,横贯于室内空间,人们川流其中,使空间显得活跃和富有动感。在大的公共空间中,还便于组织和疏散人流,如图3-8所示。住宅类的小空间中,也可以通过该手法的运用来增加很多情趣。

四、过渡空间

当两个毗邻的空间体量相差悬殊时,从一个空间进入另一个空间,常常会感到突然。倘若在两者之间插进一个过渡性的空间,如过厅、门廊等,就会使空间感像文章那样段落分明,并具有抑扬顿挫的节奏感。如彩图5的过厅装饰就产生了丰富而又有层次的空间感。

过渡空间的主要功能,就是对被连接的空间起桥梁、引导、转折、缓冲和过渡作用,因而在功能和艺术创作上有其独特的地位。一般来说,过渡空间的体量不宜过大,明度也应适当低一些,体形要和被连接的主体空间相协调。

过渡空间与被连接的空间,必须衔接巧妙,不可过分生硬。它的形式和方位,可与被连接的空间有所不同,以表示它的联系、引导作用,且与主导空间相区别。

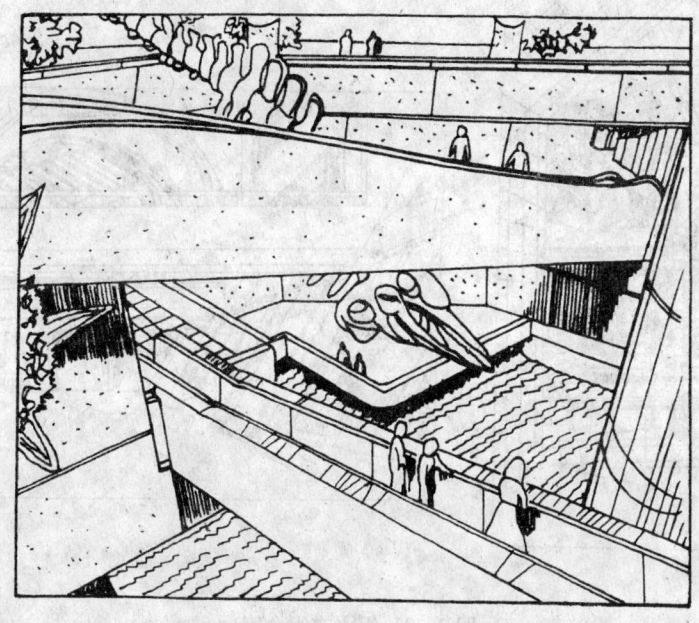

图 3-8 交错、穿插的某博物馆空间

在室内空间设计中,特别是两个大体量的空间组合时,常常遇到如何恰当连接的问题,这时设计者必须采用空间过渡的处理手法,使其联系自然协调、富有情趣。

五、组合空间

不同的空间通常有不同的要求。若干个空间根据它们的功能、体量、采光、交通、景观等不同要求,组织在一起成为空间群,这种空间群就称为"组合空间"。

组合空间的布置形式,主要有下列几种。

(1)集中式组合空间　集中式组合空间,是以某个空间为中心,按主次关系排列其余的小空间。这种空间组合呈向心状,有团聚性和亲切感。

(2)线式组合空间　具有相同或相似的尺寸、形状和功能的空间重复出现,即构成"线式组合空间",又称"线形组合空间"。例如,教学楼中教室的线式排列,就形成线形组合空间。这种空间有方向感和延伸运动感。当然,这种线形并非只是直线,也可以是折线式、弧线式等。

(3)组团式组合空间　组团式组合空间是指空间尺寸、形式和功能等各不相同的空间,按照视觉法则或构图规律等,通过空间组合建立起的既互相紧密联系又互相协调的组合空间,如图 3-9 所示。由于组团式组合空间可以根据功能的需要进行多种形式的组合,因此可变性比较大,布置的自由度也大,常常会给人带来富有灵活性和富有变化的感觉。

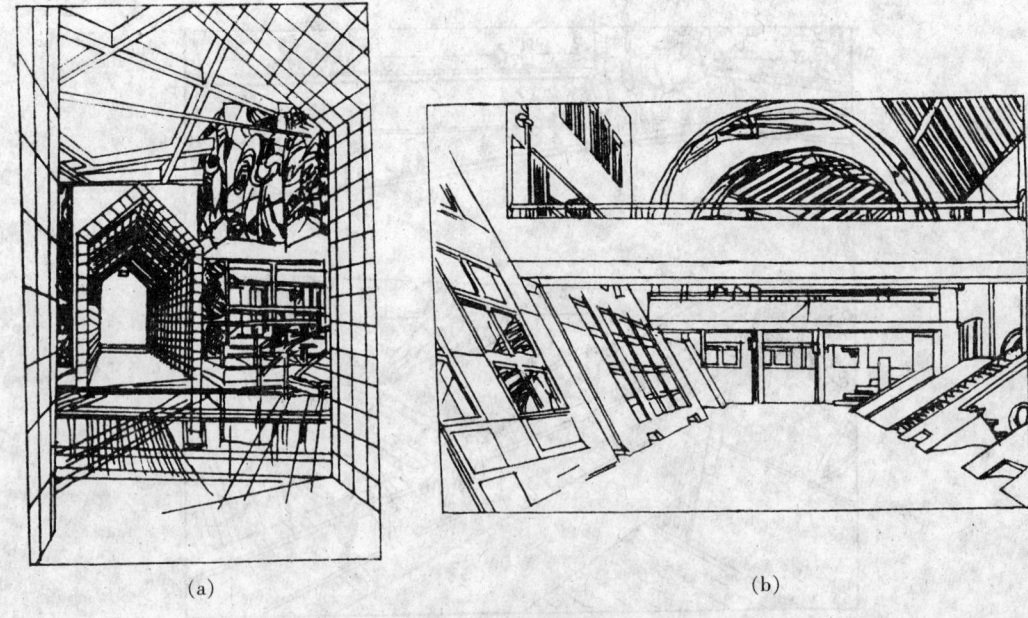

图 3-9 组团式组合空间

第五节 室内空间的序列

空间序列,是指将空间的各种形态与人们活动的功能要求,按先后顺序有机地结合起来,组成一个有秩序、有变化的完整的空间集群。

建筑是具有三度空间的实体,人们无法一眼就看到它的全部,必须通过运动,从一个空间走到另一个空间,才能逐一地看到各个空间,从而形成整体空间印象。

组织空间序列,就是沿着主要人流路线逐一展开空间。在展开过程中,要注意空间序列的起始、高潮和结束,就像一首乐曲一样,要有起有伏,有高潮、开始和结束,使人们在心理上和精神上产生一系列的变化,时而平静,时而起伏,时而兴奋,婉转悠扬,既协调又有鲜明的节奏感,从而达到情绪和感情上的共鸣。因此,人在空间活动感受到的精神状态是空间序列考虑的基本因素,空间的艺术章法是空间序列设计的主要内容。

一、室内空间序列的全过程

室内空间序列的全过程,一般可分为起始阶段、展开阶段、高潮阶段和结束阶段。

(一)起始阶段

起始阶段是整个序列的开端,它预示着序幕即将拉开。开端必须具有足够的吸引力。为了有一个好的开端,必须妥善处理好内、外空间的过渡关系,这样才能把人流引导和过渡到室内。

(二)展开阶段

展开阶段,又称"延续阶段"或"过渡阶段",它既是起始后的承接阶段,又是高潮阶段出现的前奏,在序列中具有承上启下、继往开来的作用。展开阶段是序列中的关键一环。特别是在长序列中,展开阶段可以表现出不同层次和细微的变化。由于展开阶段紧接着高潮阶段,因此它对最终高潮的出现具有引导、启示、酝酿、期待,以及引人入胜的功能。展开阶段要有起有伏、循序渐进、逐步深化,处理得巧妙,能够烘托主要空间,并加强空间序列抑扬顿挫的节奏感。

展开阶段的空间布局,主要取决于建筑性质、规模和环境等因素,可采用对称式、规则式和自由式等方式布局。序列的活动路线可用直线型、折线型或迂回型等。我国历代的宫殿,多采用规则式、对称式布局,其活动路线常采用直线型,这样给人的感觉是庄严的、肃穆的。园林的空间序列,常采用不规则的自由式布局,其活动路线也采用迂回型、交叉型等,使人感到轻松活泼、自由生动、富有情趣。

在展开阶段中,还要采取重复或再现空间的手法,形成一定的韵律感,并且陪衬重点、突出重点。由于重复或再现而产生的韵律具有明显的连续性,人处在这样的空间,常会期待高潮的出现,这样就为高潮的出现做好了准备。

(三)高潮阶段

高潮阶段是全序列的重点、中心、精华和目的,也是序列艺术的最高体现。从某种意义上讲,其他各个阶段都是为高潮阶段的出现服务的。到了高潮阶段时,人们的情绪达到了顶峰,人们的期待也就此实现,这时空间设计的艺术章法也就得到了充分的体现。因此,充分考虑期待后的心理满足和激发情绪达到顶峰,是高潮阶段的设计核心。

高潮可以多次出现。对于多功能综合性较强而且规模较大的空间序列,可以采取多高潮的方法。当然,这个多高潮也要有主次之分,有最高的洪峰,也有起伏的波浪。要形成这种高潮的方法,通常是把主体空间安排在突出位置上,再用较小或较低的次要空间来烘托它、陪衬它。

高潮出现的位置,一般是在整个空间序列的中部偏后,或者是整个序列的后部。当然,也有特殊情况。例如,宾馆的空间序列,为了吸引和招揽旅客,高潮常常布置在接近门厅入口和建筑中心位置的中庭。中庭是社交、休息、服务、交通的集中表现,同时也是更好地显示宾馆规模、气魄、标准、舒适、方便的场所,故要使其成为整个空间序列中最引人注目的高潮阶段。广州白天鹅宾馆的中庭以"故乡水"为主题,山、泉、亭、桥点缀其中,故里乡情,宾至如归,不但提供了良好的休息环境,还满足了侨胞的精神心理上的需要(见彩图34)。这种在入口门厅不远即出现高潮的布置,很少有预示性的延续阶段,使人缺乏思想准备,也正因为这样出其不意,才使人产生新奇感,这也是短序列的特点之一。

(四)结束阶段

结束阶段是高潮过后的一个收的过程。由高潮阶段恢复到正常状态是这一阶段的主要任务。虽然它没有高潮那么重要,但也是不可缺少的一部分。良好的结束可以给人以回味,有利于对高潮的追思和联想,以加深对整个空间序列的印象。

从某种意义上讲,建筑艺术是一种组织空间的艺术。空间序列的组织,关系到整个建筑的布局,所以应该在保证功能关系合理、符合顺应人流活动规律的基础上,综合运用空间序列的设计手法——对比与变化、重复与再现、衔接与过渡、渗透与层次、引导与暗示等,把个别的、独立的空间组成一个有秩序、有变化、统一完整的空间集群,使空间序列既完整、统一、又富有变化，从而创造一个丰富多彩、富有情趣并具有节奏感、舒适感的室内环境。

二、不同类型的建筑对室内空间序列的要求

不同性质的建筑，有不同的空间序列布局。不同的空间序列手法，有不同的序列设计章法。因此，在现实丰富多样的活动内容中，空间序列设计绝不会完全像上述序列那样一个模式，突破常例有时反而能获得意想不到的效果。这几乎也是一切艺术创作的一般规律。因此，在熟悉、掌握空间序列设计的普遍性外，在进行创作时，还应充分注意不同情况下的特殊性。一般说来，影响空间序列的关键在于以下几个方面。

(一) 序列长短的选择

序列的长短会反映高潮出现的快慢。由于高潮一出现，就意味着序列全过程即将结束，因而一般说来，对高潮的出现绝不轻易处置，高潮出现愈晚，层次必须增多，通过时空效应对人心理的影响必然更加深刻。因此，长序列的设计往往运用于需要强调高潮的重要性、宏伟性与高贵性的空间。

例如，毛主席纪念堂，在空间序列设计上也做了充分的考虑。瞻仰群众由花岗石台阶拾级而上，经过宽阔庄严的柱廊和较小的门厅，到达宽 34.6m、深 19.3m 的北大厅，厅中部高 8.5m、两侧高 8m，正中设置了栩栩如生的汉白玉毛主席坐像，由此而感到犹似站在毛主席身旁，庄严肃穆，令人引起许多追思和回忆，这对瞻仰遗容在情绪上做了充分的准备和酝酿。为了突出从北大厅到瞻仰厅的入口，南墙上的两扇大门选用名贵的金丝楠木，其醒目的色泽和纹理，导向性极强。为了使群众在视觉上能适应由明至暗的过程需要，以及突出瞻仰厅的主要序列（即高潮阶段），在北大厅和瞻仰厅之间，恰当地设置了一个较长的过厅和走道这个过渡空间，这样使瞻仰群众一进入瞻仰厅，感到气氛更比北大厅雅静肃穆。这个宽 11.3m、深 16.3m、高 5.6m 的空间，在尺度上和空间环境安排上，都类似一间日常的生活卧室，使肃穆中又具有亲切感。在群众向毛主席遗容辞别后，进入宽 21.4m、深 9.8m、高 7m 的南大厅，厅内色彩以淡黄色为主，稳重明快，地面铺以东北红大理石，在汉白玉墙面上，镌刻着毛主席亲笔书写的气势磅礴、金光闪闪的《满江红——和郭沫若同志》词，以激励我们继续前进，起到良好的结束作用。毛主席纪念堂并没有完全效仿我国古代的冗长的空间序列和令人生畏的空间环境气氛，仅有五个紧接的层次，高潮阶段在位置上略偏中后，在空间上也不是最大的体量，这和特定的社会条件、建筑性质、设计思想有关，也是对传统序列的一个改革。

对于某些建筑类型来说，采取拉长时间的长序列手法并不合适。例如，以讲效率、速度、节约时间为前提的各种交通客站，它的室内布置应该一目了然，层次愈少愈好，通过的时间愈短愈好，不使旅客因找不到办理手续的地点和迂回曲折的出入口而造成心理紧张。

对于有充裕时间进行观赏游览的建筑空间，为迎合游客尽兴而归的心理愿望，将建筑空间序列适当拉长也是恰当的。

(二) 序列布局类型的选择

采取何种序列布局，决定于建筑的性质、规模、地形环境等因素。一般来说，可分为对称式和不对称式，规则式或自由式。空间序列线路，通常分为直线式、曲线式、循环式、迂

回式、盘旋式、立交式等等。我国传统宫廷寺庙以规则式和曲线式居多,而园林别墅以自由式和迂回曲折式居多,这对建筑性质的表达很有作用。现代许多规模宏大的集合式空间,丰富的空间层次,常以循环往复式和立交式的序列线路居多,这和方便功能联系,创造丰富的室内空间艺术景观效果有很大的关系。

(三)高潮的选择

在各类建筑的所有房间中,总可以找出具有代表性的、反映该建筑性质特征的、集中一切精华所在的主体空间,常常把它作为选择高潮的对象,成为整个建筑的中心和参观来访者所向往的最后目的地。根据建筑的性质和规模不同,考虑高潮出现的次数和位置也不一样。多功能、综合性、规模较大的建筑,具有形成多中心、多高潮的可能性。即便如此,也有主从之分,整个序列似高潮起伏的波浪一样,从中可以找出最高的波峰。根据正常的空间序列,高潮的位置总是偏后。例如,故宫建筑群主体太和殿和毛主席纪念堂的代表性空间瞻仰厅,均布置在全序列的中偏后;闻名世界的长陵布置在全序列的最后。

三、室内空间序列的设计手法

好的室内空间序列设计,宛似一部完整的乐章、动人的诗篇。空间序列的不同阶段和写文章一样,有起、承、转、合;和乐曲一样,有主题,有起伏,有高潮,有结束;也和剧作一样,有主角和配角,有矛盾双方的对立面,也有中间人物。室内空间序列是通过室内空间的连续性、整体性给人以强烈的印象、深刻的记忆,同时给人以美的享受。

好的空间序列需要通过对每一具体空间的艺术处理来实现,包括室内装饰、色彩、照明、陈设等布置手法,以达到理想的空间序列要求。因此,在设计空间序列时,应注意以下几种基本的处理手法。

(一)引导与暗示

空间序列是由若干空间组织在一起的,人们不可能在同一时间、同一地点看到所有的空间,只有在运动中,从一个空间走向另一空间,才能逐一看到相互联系的各个空间,才能感觉到空间的变化和差异,领略其内涵。所以,空间的导向性是非常重要的。这种导向性不是用文字形式来标明,而是用建筑所特有的语言传递信息,与人对话。特别是现代建筑空间的处理,比较强调人的活动与环境的有机结合,而产生的曲折复杂的布局效果,常采用暗示空间导向的手法,组织空间序列。

在建筑上,通常采用连续的构件排列,如列柱、有规律的墙面、灯具的组织或绿化布置等手法,来引导和暗示人们沿着一定的方向流动。有时,也利用带有方向性的线条、色彩,结合地面和顶面的装饰处理,来引导、暗示人们的行动方向。只有这样,才能使人在动态中领略空间序列的全过程,给人留下强烈的印象和美的享受。因此,在室内设计中,各种韵律构图和形象构图对空间的引导和暗示,具有非常重要的作用。

(二)重点与一般

要使整体空间具有一定的吸引力和凝聚力,必须使空间要素主次分明,有重点也有一般,既不能平均对待也不能各自为政。从空间序列的几个阶段来看,重点应放在起始阶段附近或高潮阶段。只有这样,才能使空间序列富有层次和变化。要使空间重点突出,除采用体量的大小、形状的变化和色彩的对比等手段外,还要注意室内空间视觉中心的作用,在重点部位应设置吸引人视线的物件,以吸引人们的视线,勾起人们向往的欲望,使重点部分更为突出。只有这样,才能使空间序列有起有伏,有重点又有一般,互相衬托、互相协调,成为有机的整体。

所谓视觉中心,就是在一定范围内引起人们注意的目标。视觉中心的设置,一般均以具有强烈装饰趣味的物件为标志。因此,它既有欣赏价值,又在空间上起到一定的注视和引导作用。一般多在交通的入口处、转折点和容易迷失方向的关键部位设置。造型独特的雕塑、华丽的壁饰或绘画、形态独特的古玩、奇异多姿的盆景、装饰华丽的灯具、形态生动的楼梯以及其他建筑构件本身的造型等等,都是用作视觉中心的好材料。

(三) 对比与统一

体量是内部空间的反映。为了适应复杂的功能要求,内部空间必然具有各种各样的差异。如能巧妙地利用这种差异,可使得室内空间丰富多彩。空间序列的全过程,就是一系列相互联系的空间组合。

对不同序列阶段,在空间处理上(空间的大小、形状、方向、明暗和色彩等)各有不同,以创造各不相同的空间气氛。而空间相互之间,又是彼此联系、前后衔接形成统一的整体,既需要变化的一面,又需要统一完整的一面。在空间的连续过渡中,前一空间要为后来空间做准备,并按照功能的序列格局安排,来处理前后空间的关系。一般来讲,在高潮阶段到来之前,其他延续空间可以有所区别,但必须在统一的基础上进行,以强调其共性和统一性。只有在紧接高潮阶段前的过渡空间里,才采用诸如先收后放、先抑后扬、欲明先暗等对比的手法,以增强高潮阶段的艺术感染力。

复习思考题

1. 室内空间是由哪几部分组成的?
2. 常见的室内空间的类型有哪些?
3. 室内空间界面处理会给人带来什么样的感受?
4. 不同形态的室内空间会给人带来什么样的感受?
5. 室内空间的基本关系有哪几种?
6. 什么是空间序列?空间序列的全过程应分为哪几个阶段?
7. 空间序列的设计手法有哪些?

第四章

室内空间界面装饰设计

室内空间是由空间界面——楼地面、墙面、顶面围合而成的。正是这种围合,才出现了室内空间、空间形状和空间大小等概念。尽管室内空间环境效果并不完全取决于室内界面,但是室内界面的材料选择、细部处理和色彩应用等,对室内环境气氛的烘托,所产生的影响却是很大的。良好的室内环境并不是单纯地指墙面、地面、顶面的表面装饰处理,而是指如何将室内装饰与室内空间有机地结合起来形成整体,获得整体效果。

第一节 室内空间界面及其装饰材料的选择

一、室内空间界面的要求和功能特点

在设计楼地面、墙面和顶面等各类室内空间界面时,既要注意它们共同的要求,又要使它们在功能上各具特点。

(一)各类界面的共同要求

(1)耐久性及使用期限。

(2)耐燃及防火性能。即现代室内设计要尽量使用不燃或难燃性材料,避免使用燃烧时释放大量浓烟有毒气体的材料。

(3)无毒。即释放气体及触摸时的有害物质低于规定标准。

(4)无害的核定放射剂量。例如,有些地区所产的天然石材,具有一定的氡放射。

(5)易于制作安装和施工,便于更新。

(6)必要的隔热保温、隔声吸声性能。

(7)装饰及美观要求。

(8)相应的经济要求。

(二)各类界面的功能特点

(1)楼地面。楼地面要具有耐磨、耐腐蚀、防滑、防潮、防水、防静电、隔声、吸声、易清洁等功能特点。

(2)墙面。墙面要具有遮挡视线,较高的隔声、吸声、保暖、隔热要求等功能特点。

(3)顶面。顶面要具有质轻、光反射率高,较高的隔声、吸声、保暖、隔热要求等功能特点。

为了便于分析比较,将各类界面的基本功能要求列于表4-1。

表4-1 各类界面的基本功能要求

基本功能要求	使用期限及耐久性	耐燃及防火性能	无毒不发散有害气体	核定允许的放射剂量	易于施工安装或加工制作，便于更新	自重轻	耐磨耐腐蚀	防滑易清洁	隔热保暖	隔声吸声	防潮防水	光反射率
楼地面	★	★	★	★	★	☆	★	★	★	★	★	
墙面(隔断)	☆	★	★	★	★	☆	☆	☆	★	★	☆	☆
顶面(天棚)	☆	★	★	★	★	★			★	★	☆	★

注：★——较高要求；☆——一般要求。

二、室内空间界面装饰材料的选用

室内装饰材料的选用，是界面设计中涉及设计成果的实质性的重要环节，它会直接影响室内空间设计整体的实用性、经济性、环境气氛以及美观。因此，设计人员应当熟悉各种装饰材料的质地、性能特点，了解装饰材料的价格和施工操作工艺要求，精于运用当今先进的物质技术手段，为实现设计构思，创造坚实的基础。

室内空间界面装饰材料的选用，需要考虑下列几方面的要求。

(1)适应室内使用空间的功能性质　对于不同功能性质的室内空间，需要由相应类别的界面装饰材料来烘托室内的环境氛围，因而需要选用不同的装饰材料。例如，办公建筑的宁静、严肃气氛，娱乐场所的欢乐、愉悦气氛，与所选材料的色彩、质地、光泽、纹理等密切相关。

(2)适合建筑装饰的相应部位　不同的建筑部位，相应地对装饰材料的物理、化学性能、观感等的要求也各有不同，因而需要选用不同的装饰材料。

(3)符合更新、时尚的发展需要　由于现代室内设计具有动态发展的特点，设计装修后的室内环境，通常并非是"一劳永逸"的，而是需要不断更新。原有的装饰材料需要由无污染、质地和性能更好的、更为新颖美观的装饰材料来取代。

界面装饰材料的选用，还应注意"精心设计、巧于用材、优材精用、一般材质新用"。

另外，装饰标准有高有低，即使是标准高的室内，也不应是高贵材料的堆砌。

第二节 室内空间界面装饰设计的原则与要点

一、室内空间界面装饰设计的原则

(一)统一的风格

室内空间界面尽管在室内分工不同、各具功能特征，但是同一空间内的各界面的处理必须在同种风格的统一下来进行。这是室内空间界面装饰设计中的一个最基本的原则。若将不同风格的做法不假思索地拼凑在一起，则会不伦不类，让人有无所适从之感。

(二)与室内气氛相一致

不同使用功能的空间，具有不同的空间性格和不同的环境气氛要求。在室内空间界面装饰设计时，应对使用空间的气氛做充分的了解，以便做出合适的处理。例如，居室要求富于生活情趣以及亲切、安静的室内空间环境,而旅馆客房则要求富丽豪华、色彩丰富、空间尺度较大且富有变化,既要符合旅客休息、活动的要求,同时又要满足旅客的交往要求。因此,在设计中,同样的居住空间,对其空间界面应作不同的装饰处理。

(三)避免过分突出

室内空间界面在处理上切忌过分突出。这是因为,室内空间界面始终是室内环境的背景,对室内空间家具和陈设起烘托、陪衬作用,若过分重点处理,势必喧宾夺主,影响整体空间的效果。所以,对室内空间界面的装饰处理,必须始终坚持以简洁、明快、淡雅为主。对于需要营造特殊气氛的空间,如舞厅、咖啡厅等,有时也对室内空间界面做重点装饰处理,以加强效果。

二、室内空间界面装饰设计的要点

室内空间界面装饰设计,应着重处理好形状、质感、图案和色彩等要点。关于色彩问题将在以后的章节中介绍,在此仅介绍形状、质感和图案三方面的问题。

(一)形状

室内空间的形状与线、面、形相关,形体是由面构成的,面则是线构成的。

室内空间界面中的线,主要是指分格线和由于表面凹凸变化而产生的线。这些线可以体现装饰的静态或动态效果,可以调整空间感,也可以反映装饰的精美程度。密集的线束具有极强的方向性。柱身的槽线可以把人们的视线引向上方,增加柱子的挺拔感;沿走廊方向表现出来的直线,可以使走廊显得更深远。弧线有向心或离心作用,观众厅顶棚上两端弯向舞台的弧形分格线,有助于把人们的视线引向舞台;圆形餐厅顶棚上的圆形分格线,可以把人们的视线引向室外。

室内空间界面的形,主要是指墙面、地面、顶棚的形。此外,还包括整个墙面、地面、顶棚的基本部分的形。形具有一定的性格,是由人们的联想作用而产生的。例如,棱角尖锐的形状容易给人以强壮、尖锐的感觉;圆滑的形状容易给人以柔和与迟钝的感觉;扇形使人感到轻巧与华丽;等腰梯形使人感到坚固和质朴;正圆形中心明确,具有向心或离心作用;椭圆形由于有两个中心,故具有一定的方向性等等。正圆形、正方形属于中性形状,因此当需要设计一种个性明显的环境时,采用非中性形状可能更合适。

形体在室内空间界面上出现较多。例如,墙面上的漏窗、景窗、挂画、壁画等采取什么样的轮廓;地面上的水池、花坛等采取什么样的轮廓,都涉及形与形之间的关系,以及形状的特征与性格。这里的体可以从两个方面来理解:一方面是墙面、地面、顶棚围成的空间;另一方面则是墙面、地面、顶棚的表面显示出来的凹凸和起伏。前者是空间的体形,如人民大会堂墙壁与顶棚没有明显的界限,自然相接,形成一个浑然一体的形;后者,则主要是指大的凹凸和起伏,如藻井式吊顶、下垂的筒灯等。

设计中的线、面、形,要统一考虑其综合效果。面与面相交所形成的交线,可能是直线、折线,也可能是曲线,这与相交的两个面的形状有关。彩图6中,某酒吧通过墙体弧面的处理,打破了矩形空间的呆板,活跃了室内空间气氛。

(二)质感

建筑装饰材料可分为天然材料与人工材料、硬质材料与软质材料、精致材料与粗犷材料等。材质是材料本身的结构与组织。质感是材质给人的感觉与印象,是材质经过视觉和触觉处理后而产生的心理现象。质感有自然质感和人工质感两大类。未经人工加工的天然材料如石头、竹子、树皮、毛皮等的质感是自然的,故称为"自然质感";人工材料如水磨石、砖、镜面玻璃等的质感则是人工的,故称为"人工质感"。

质感与颜色相似,都能使人产生联想。例如,光滑、细腻的材料富有优美、雅致的情调,同时也可能给人一种冷漠感;金属表面可以使人联想到坚硬和寒冷;木、竹、藤、棉、麻、毛、皮革、丝织品可以使人感到柔软、轻盈、温暖和亲切;全反射的镜面不锈钢可以使人感到精密、高科技;石材的质感则是坚硬、沉重和峻挺。

在室内空间界面装饰设计中,应正确掌握材料的性格特征,并加以合理地选用。为此,在选择材料性格特征的过程中,应注意把握好以下几点。

(1)要使材料性格与空间性格相吻合　室内空间的性格决定了空间的气氛,空间气氛的构成则与材料性格紧密相关。因此,在材料选用时,应注意使其性格与空间气氛相配合。例如,严肃性空间可以采用质地坚硬的花岗岩、大理石等石材;活跃性空间,则可采用光滑、明亮的金属材料和玻璃;休息性空间可以采用木材、织物、壁纸等舒适、温暖、柔软性的材料。

(2)要充分展示材料自身的内在美　天然材料自身具备许多人无法摹造的美的要素,如花纹、图案、纹理、色彩等,因而在选用这些材料时,应注意识别和发现,并充分地展示其内在美,如石材中的花岗石、大理石,木材中的水曲柳、柚木、红木等。若在具有美丽木纹的木料上做有色油漆处理,则是一种极大的资源浪费。因此,在材料的选用上,并不意味着高档、高价便能出现好的效果;相反,只要充分展示好每种材料自身的内在美,即使花较少的费用,同样也可以获得较好的效果。在彩图7中,白色精美的卫生洁具与大片的黄色涂料墙面及深色马赛克铺装结合,配以玻璃、不锈钢细节的处理,获得简洁明快的效果。

(3)要注意材料质感与距离、面积的关系　同种材料,当距离远近或面积大小不同时,它给人的质感往往是不同的。例如,毛石墙面近观很粗糙,远看则显得较平滑;光洁度好的表面的材质越近感受越强,越远感受越弱;光亮的金属材料,如合金铝板、镀铬钢板等,用于面积较小的地方,尤其在作为镶边材料时,能够显得特别光彩夺目,但当大面积应用时,就容易给人以凹凸不平的感觉。因此,在设计中,应充分把握这些特点,并在大小尺度不同的空间中巧妙地运用。

(4)注意与使用要求的统一　对不同要求的使用空间,必须采用与之相适应的材料。例如,有隔声、吸声、防潮、防火、防尘、光照等不同要求的房间,应选用不同材质、不同性能的材料;对同一空间的墙面、地面和顶棚,也应根据耐磨性、耐污性、光照柔和程度等方面的不同要求而选用合适的材料。

(5)注意用材的经济性　选用材料必须考虑其经济性,且应以低价高效为目标。即使是高档的空间,也应注意不同档次用材的配合,如果全部采用高档材料,就会使人有材料堆砌、浮华之感。

(三)图案

墙面、地面和顶棚有形有色,这些形与色在很多情况下,又表现为各式各样的图案。

室内环境能否统一协调、富于变化而不混乱，都与图案的设计密切相关。色彩、质感基本相同的装饰，可以借助不同的图案使其富有变化；色彩、质感差别较大的装饰，可以借相同的图案使其相互协调。

装饰的图案还可以用来烘托室内气氛，甚至表现某种思想和主题。图案的动感、静感以及其他情感作用，都有不可忽视的表现力。抽象的几何图案，可以使行政办公用房更明快；动植物图案，可以使儿童用房显得更活泼；作为装饰重点的图案，可以成为视线的焦点；富有动感的图案，则可能引导人们的视线由空间的一隅转移到另一隅，或由某一空间转移到另一空间。此外，运用图案还可以改善空间感。

1. 图案的作用

图案的作用主要表现在改变空间效果和表现特定的气氛两个方面。图案可以通过自身的明暗、大小和色彩来改变空间效果。一般来讲，色彩鲜明的大花图案，可以使界面向前提或使界面缩小；色彩淡雅的小花图案，可以使界面向后退或使界面扩展。从这一规律来看，顶棚偏低时，采用五颜六色的藻井不如采用淡色的装饰板；墙面、柱面较小时，则不宜采用大花的图案。彩图8为某建筑顶部玻璃采光天棚的图案效果。

图案可以利用人们的视错觉来改善界面的比例。一个正方形的墙面，用一组平行线装饰后，看起来可能像矩形；把相对的两个墙面全部这样处理后，平面为正方形的房间，看上去就会显得更深远。

图案的景深可以影响空间的景深。因此，用层次较多的风景壁纸装饰墙面时，空间就会显得更加深远。

图案的精神功能，首先表现为图案可以使空间具有静感或动感。纵横交错的直线组成的网格图案，会使空间富有稳定感；斜线、波浪线和其他方向性较强的图案，则会使空间富有运动感。其次，图案还能使空间环境具有某种气氛和情趣。例如，有些带有退晕效果的壁纸，可以给人以山峦起伏、波涛翻滚之感；平整的墙面贴上立体图案的壁纸，让人看上去会有凹凸不平之感。

带有具体图像和纹样的图案，可以使空间具有明显的个性，甚至可以具体地表现出某个主题，造成富有意境的空间。

2. 图案的选用

在选用图案时，应充分考虑空间的大小、形状、用途和性格，使装饰与空间的使用功能和精神功能相一致。动感明显的图案，最好用在入口、走道、楼梯或其他气氛轻松的房间，而不宜用于卧室、客厅或者其他气氛闲适的房间；过分抽象和变形较大的动植物图案，只能用于成人使用的空间，不宜用于儿童用房；儿童用房的图案，应该富有更多的趣味性，色彩也可鲜艳些；成人用房的图案，则应慎用彩度过高的色彩，以使空间环境更加稳定与和谐。同一空间在选用图案时，宜少不宜多，通常不超过2个图案。如果选用3个或3个以上的图案，则应强调突出其中一个主要图案，减弱其余图案；否则，过多的图案会给人造成视觉上的混乱。

第三节　楼地面装饰设计

楼地面是室内空间的基面,是室内活动和家具的承台,与人有着较为密切的关系。从视线上,楼地面与人的关系最近,在人的视阈范围内所占比重仅次于墙面;从触觉上,楼地面是室内与人体发生关系最经常的界面,坚硬与柔软还是粗糙与平滑,只要人们一踏上楼地面即可感知。因此,对于楼地面的装饰设计,必须满足多方面的要求。首先,必须保证坚固耐久和使用的可靠性;其次,应满足耐磨、耐腐蚀、防滑、防潮、防水甚至防静电等基本要求,并具备一定的隔声、吸声性能和弹性、保温性;再者,还应满足视觉要素,使楼地面设计与整体空间融为一体,并为之增色。

一、楼地面的装饰类型及效果

根据用材的不同,楼地面的装饰可分为木地面、大理石地面、花岗石地面、水磨石地面、地砖地面、马赛克地面、水泥地面、塑料地面、地毯地面等多种类型。不同材质的地面,分别具有不同的性能和效果,因此在设计中对其应有充分的认识并加以合理选用。

(一)木地面

木地面分普通条木地面、硬条木地面和拼花地面三种。它不仅具有良好的弹性、蓄热性和接触感,而且还具有不起灰、易清洗等特点。由于木材导热系数小,冬天能给人以温暖感,所以木地面常常用于住宅、宾馆、餐厅、舞台、体育馆等处。

(二)大理石地面

大理石分天然大理石和人造大理石两种。天然大理石与花岗石等天然石材一样,具有良好的抗压性和硬度、质地坚实、耐磨、耐久、自然、质朴、外观大方、稳重等特点。大理石地面花色丰富、色彩艳丽、美观耐看,因而是门厅、大厅、餐厅、会议厅地面的理想用材。碎拼大理石地面的视觉效果自由活泼,具有一定的田园气息和天然野趣。彩图9就是某办公空间的大理石地面效果。

(三)花岗石地面

花岗石质地坚硬,耐磨性极强。磨光花岗石光泽闪亮,美观华丽。因此,花岗石地面常用于大厅、商场等公共场所,可以大大提高空间的装饰性和档次。彩图10中某展示空间的花岗石地面效果。

(四)水磨石地面

水磨石地面光洁、平整、耐磨、耐水、耐久、耐酸碱、不起灰、易清洁,可以做成不同的色彩和图案。它常常用于大厅、走廊、楼梯等公共场所或用水较多的厨房和卫生间。水磨石地面有现浇和预制两种做法。现浇水磨石地面整体性好,而且可嵌入铜条、玻璃条等,以加强图案效果;预制水磨石地面省工,制作劳动强度低,但是存在大量拼缝,有可能出现拼缝不齐、高低不平等缺点,会影响到地面的美观,因此在要求高的室内地面较少采用。现浇水磨石地面又分现浇普通水磨石地面和现浇彩色水磨石地面两种。

(五)地砖地面

地砖的质地细密、强度较高、耐磨性好、耐酸碱、防水、易清洗、不起灰,可用于实验室、卫生间和厨房等处。其形状有方形、矩形和六角形等。地砖地面分上釉和不上釉两种。上釉的地砖光洁美观,花色多样,可用于装饰要求较高的房间如居室、客厅、餐厅地面和其他公共建筑地面。地砖地面的花色品种丰富,有单色的、仿花岗石的、仿大理石的、仿木材的,更多的是带有几何图案的。地砖面层分防滑和不防滑两种,防滑地砖多用于厨房、卫生间等处。

(六)马赛克地面

马赛克地面具有色泽明净、图案美观、质地坚硬、经久耐用、抗压强度高、耐水、耐酸、耐碱、耐污染、耐腐蚀、不滑、易清洗等特点,多用于工业建筑的洁净车间、工作间、化验室以及民用建筑的门厅、走廊、餐厅、厨房、浴室、卫生间等处。它有方形、矩形、六角形等不同形状,花色繁多,可拼成各种图样。但是,由于马赛克的块面较小,在大面积地面上容易产生杂、碎之感,故受到一定限制。

(七)水泥地面

水泥地面构造简单、坚固、能防水、造价低、经济实惠,常用于一般居室、走廊和对地面要求不高的建筑。在面层水泥浆内加入107胶及颜料,可使地面呈现不同的颜色而成为水泥107胶彩色地面,其表面光洁、不起尘。在要铺地毯的地面,可直接做成水泥地面而无须再做其他处理。

(八)塑料地面

塑料地面是用塑料地板块拼贴而成。塑料地板是由人造合成树脂加入适量填料、颜料与麻布复合而成。目前,国内塑料地板主要有两种产品:一种为聚氯乙烯块材(PVC);另一种为氯化聚乙烯卷材(CPE)。后者的耐磨性、延伸率都优于前者。塑料地板不仅具有独特的装饰效果,而且具有脚感舒服、质地柔韧、不易沾灰、噪音小、耐磨、耐腐蚀、易清洗、绝缘性能好、便于更换、价格低廉等优点,但其不足之处就是不耐热、易污染,受锐器磕碰易损坏,常用于一般性民用住宅或普通办公用房。彩图11中的地板为塑胶地板,这是一种新型防火地板材料,具有高雅、清爽、易清洁、好保养等优点,广受人们喜爱。

(九)地毯地面

地毯是一种高级地面装饰材料。高档地毯具有吸音、隔声、蓄热系数大、防滑、质感柔软、行走舒适等诸多优点,而且色彩、图案丰富,其本身就是工艺品,能给人以华丽、高雅的感觉;一般地毯也具有较好的装饰和实用效果,而且施工及更新方便。因此,地毯广泛用于标准较高的室内地面装饰。

地毯的品种众多。根据材质的不同,地毯可分为纯毛地毯、混纺地毯、化纤地毯、塑料地毯、草编地毯、麻绒地毯和橡胶绒地毯等几种。彩图12中活泼的花毯与红色背景墙相映成趣,营造了富有现代感的家居氛围。

(十)电子计算机房夹层地板

电子计算机房夹层地板,是在水泥地面上再做夹层地板。夹层地板必须做防静电处理。夹层地板必须建立在稳固的刚性基层上。夹层地板的耐火最低要求为1h。夹层地板的下部支架有拆装式和固定式两种。可拆装的夹层地板系统,便于电子计算机房的管道布置,便于各种机械装置的强制通风,便于电气通讯设备的装设。

此外，地面与墙面相交的地方要做踢脚板，目的是保护墙面的底部，同时使环境更美观。踢脚板的高度，一般为 100～150mm。一般来讲，踢脚板与地面采用相同的材料，少量踢脚板也可采用与地面不同的材料。踢脚板可以凸出墙面，也可以与墙面相平，还可以凹入墙面。

二、楼地面的图案

由于室内人与地面的距离很近，地面除了材料与质感外，其图案和色彩还会较多地刺激人的视觉，因而能给人以直接的视觉反映。因此，必须对楼地面的图案进行精心的研究和选用。楼地面的图案设计，大致可分为三种类型。

第一种，强调图案本身的独立完整性。这种类型多用于特殊的限定性空间。例如，会议室常采用内聚性的图案，用以显示会议的重要性，色彩要和会议空间相协调，取得安静、聚神的效果，同时质地要根据会议的重要性和参加者的级别而定。

第二种，强调图案的连续性和韵律感。这种类型具有一定的导向性和规律性，常用于走道、门厅、商业空间等处，只是色彩和质地要根据空间的性质、用途而定。例如图4-1中表现的连续性的铺地图案，起到了引导空间的作用。

图4-1 地面的连续性装饰图案

第三种，强调图案的抽象性和自由多变。这种类型常用于不规则或灵活自由的空间，能给人以轻松自在的感觉，色彩和质地的选择也较灵活。

图4-2是楼地面装饰图案的几种式样。

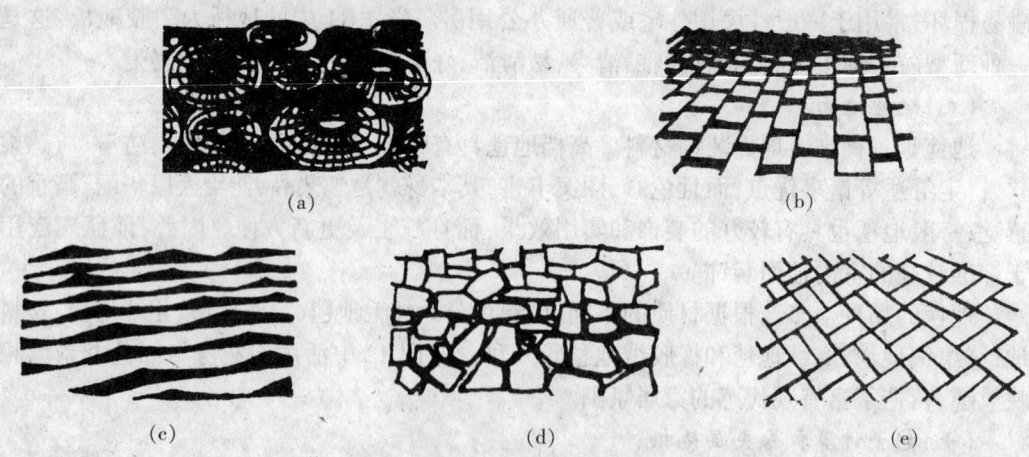

图4-2 楼地面的装饰图案
(a)有规则地变化，活泼稳定　(b)节奏感强，具有一定的导向性
(c)简洁整齐，富有动感　(d)粗犷、自然、有力　(e)均衡、多向、易协调

第四节 墙面装饰设计

在人的视觉范围内,室内墙面和人的视线垂直而处于最明显的位置,同时也是人们经常接触的部位。因此,墙面装饰对室内空间效果的影响很大。

一、墙面装饰的作用

(1)保护墙体　墙面装饰能使墙体不易受到破坏,延长使用寿命。

(2)装饰空间　墙面装饰能使室内空间美观、整洁、舒适、富有情趣、具有情感、渲染气氛、增添文化气息。

(3)满足使用　墙面装饰具有隔热、保温和吸声作用,能满足人们的生理要求,保证人们在室内正常的工作、学习、生活和休息。

二、墙面装饰的类型及效果

根据装饰方法的不同,室内墙面装饰可分为六大类:抹灰类装饰、贴面类装饰、条板类装饰、涂刷类装饰、卷材类装饰和原质类装饰。

(一)抹灰类装饰

室内墙面抹灰,可分为抹水泥砂浆、白灰水泥砂浆、罩纸筋灰、麻刀灰、石灰膏或石膏,以及拉毛灰、拉条灰、扫毛灰、洒毛灰和喷涂等几种。石膏罩面的优点是颜色洁白、光滑细腻,但工艺要求较高。拉毛灰、拉条灰、扫毛灰、洒毛灰和喷涂等具有较强的装饰性,统称为"装饰抹灰"。

(二)贴面类装饰

室内墙面的贴面类装饰,可用天然石饰面板、人造石饰面板、饰面砖、镜面玻璃、金属饰面板、塑料饰面板等材料。目前,在公共建筑和居住建筑的许多空间中,常用下列材料装饰室内墙面。

(1)瓷砖　瓷砖多用于湿度较大、用水较多、卫生条件要求较高的场所。在内墙面装饰中选用面砖时,其规格、色彩、纹理、图案都要与环境要求相和谐。有些面砖带有传统纹样或图案,可用于突出民族特色的空间。改变面砖的排列方式,设置宽窄不一的分格缝,可以调整甚至改变墙面装饰效果。

(2)大理石　大理石是一种装饰性很强的装饰材料,常用于大型公共建筑的门厅、大厅等比较重要的场所。大理石光洁度高、质地细密、纹理自然、美观耐看,有多种多样的颜色和花纹可供选用。

(3)琉璃　琉璃是我国传统的建筑装饰材料,分金黄、绿、蓝等颜色。按传统做法,琉璃制品多数用于室外,但是适当地用于室内墙面装饰及局部地方的点缀,可以获得较为强烈的艺术效果。

(4)石膏板　石膏板具有可钻、可钉、可锯、防火、质轻、隔声、不易蛀等特点,既可以在表面喷涂、油漆或贴壁纸,也可以钉挂在龙骨上形成轻质隔墙。

(5) 镜面玻璃 镜面玻璃能直接表现自己的形状、质感和色彩,还能反映周围的景象,创造形象生动、多变的空间效果,以及华丽、活泼的气氛,并可扩大空间感(见彩图13)。因此,镜面玻璃的用法很多,用得最多的是大面积覆盖墙面和柱面,以此来扩大空间感,这对尺寸较小的空间是有利的;对尺寸较大的空间,也可丰富其景象和层次。卫生间的面积较小,许多建筑在盥洗台前放置整片的镜面墙,以扩大空间感。镜面玻璃的第二种用法是与灯具相结合,创造一种光彩夺目的环境。镜面玻璃的第三种用法是化实体为虚体,消减硕大的建筑结构构件。例如,有些商场由于结构上需要必须设置断面较大的柱子,用镜面玻璃来装饰不仅化有为无,而且使商场显得更加繁华。镜面玻璃的第四种用法是反映人流的动向,避免人流的交叉和碰撞。这种情况常见于走道与楼梯间。在转角和走道的转弯处设置镜面玻璃墙,可使人们看清相反方向的人流,及时采取避让的措施。

除了镜面玻璃以外,有时也用彩色玻璃、镭射玻璃、压花玻璃、磨砂玻璃等装饰墙面。在普通平板玻璃的后面喷漆,使之成为不透明的彩色玻璃,也能取得较好的效果。

(6) 金属饰面板 用铝合金、铝、铜和不锈钢等金属薄板装饰墙面,不仅坚固耐用、美观新颖,而且具有强烈的时代感。金属薄板的表面可以是搪瓷、烤漆或电镀的。金属板的外形既可以是平的,也可以是波浪形的和卷边的,金属板压成的图案,具有强烈的立体感。

(7) 木材 木材(包括竹条)是一种用途广泛的室内墙面装饰材料,通常加工成木条、木板或胶合板。木材是一种质地精良、感觉温暖、纹理优美的天然材料。它不仅质地坚硬、韧性特佳、易于施工、便于维修,而且纹理优美、色彩温厚、便于雕琢、利于塑形、感觉高雅。因此,用木材装饰室内墙面能给人以质朴、自然、亲切、温暖、温柔、舒适、高雅的感觉。

(三) 涂刷类装饰

涂刷内墙面的材料有大白浆、可赛银、油漆和涂料等。

与石灰浆相比,大白浆细腻、洁白,有较强的覆盖力。加入颜料的大白浆即成色浆。

与大白浆相比,可赛银质地更细腻,由于颜料是先经磨细的,因此颜色较均匀。

油漆墙面光滑、耐水,可以清洗,色彩极丰富,除单色平涂外,还可以做成多种纹理和图案,呈现出不同的质感。在一些工程中,还采用了套色喷花、仿木纹、仿石纹以及滚花等工艺。上述做法,都有助于增强墙面的装饰性,但是人工痕迹太重,不够自然。

内墙的涂料主要有乳液涂料(即乳胶漆)和水溶性涂料两大类。乳胶漆适用于一般气候条件的地区,多雨地区及湿度大的房间要慎用。乳胶漆墙面可以擦洗,易于保持清洁,装饰效果也较好,可以做成各种纹理和图案。水溶性涂料的优点是不掉粉、价格较低、施工方便,能用湿布轻擦去污,可用来装饰住宅、旅馆等建筑。

(四) 卷材类装饰

用于装饰的卷材,主要是指塑料墙纸、墙布、丝绒、锦缎、皮革和人造革等。

纸基涂塑贴墙纸的优点是花色品种多,装饰效果好,有一定的透气性,表面可以轻擦,有一定的弹性,允许墙面抹灰有轻微的开裂。

塑料墙纸外观丰富多彩,有的印花,有的压花,有的类似真丝锦缎,有的带有立体花纹;静电植绒的,质感柔软;带有大幅风景画面的,自然而富有层次感。有些墙纸仿木、仿石、仿清水砖墙,几乎达到以假乱真的程度。

复塑贴墙纸是由塑料薄膜与纸基热压复合到一起的,其表面可以有多种多样的颜色和纹样。与纸基涂塑墙纸相比,复塑墙纸的装饰效果更好,并具有透气性,必要时甚至可以贴在尚未完全干透的墙面上。

印花玻璃纤维墙布的特点是表面光滑、色彩调和、品种繁多、坚韧牢固、耐水、耐火、燃烧时无毒气,存在的问题是盖底能力差,基底颜色不均匀时容易在裱糊面上看出来,局部磨损处容易散露出玻璃纤维。

丝绒和锦缎色彩真实、品种多样、质地柔软、质感温暖、格调高雅,因而是一种高级装饰材料,常用于居室、客厅、会议厅等。为了防潮、防腐,这些织物应裱糊于木基层上,再架空固定在墙面上。

皮革、人造革墙面柔软、消声、温暖,适用于幼儿园、练功房等要求防止碰撞的房间,同时也适用于电话间、录音室等声学要求较高的房间。若把它用于小餐厅和会客室等空间,可使环境更高雅;用于客房、起居室等地,可使环境更舒适。用皮革和人造革覆盖墙面时,墙面应先进行防潮处理。皮革或人造革的下面可衬泡沫塑料或其他柔软材料。

(五)原质类装饰

原质类是最简单、最朴素的装饰手段。它是利用墙体材料自身的质地不作任何粉饰的做法。原质类装饰的材料,主要有砖、石、混凝土等种类。

(1)砖　黏土砖是最古老的建筑与室内装饰材料之一,具有防火、防潮、防风化等特点。砖墙砌法因排列不同,效果也各不相同。一般最基本的砌法有顺砌法、顶砌法、竖砌法、斜砌法等。图4-3为砖的不同组合砌法,使整个墙面成为一幅美丽的壁画。砖的砌法习惯,各国都不相同。英国式砌法为一层顺砌一层顶砌交替砌成;荷兰式与英国式基本相同,但顶砌层以八分砖收头;法国式一般是在同一层上顺砌与顶砌交互变换的砌法;美国式则是在五层顺砌间以一层顶砌的砌法,顶砌以八分砖收头;我国一般是以顺砌法为主。

(a)　　　　　　　　　　　　　　(b)

图4-3　砖砌筑法

(a)下部为顺砌法,顺砌法上部板头为顶砌法　(b)二横一顶砌筑法,法国式砌筑法

玻璃砖为一种扁平空心的半透明体,尺度外形虽有变化,但夹层内壁多采用连续的棱柱结构,以使光线透过时产生折射扩散的作用。通过空心层的不同处理,可以使透光量与透热量发生变化。玻璃砖以砌筑局部墙面为主,其最大特点是可以提供自然采光并能维护私密性,同时具有一定的隔热和隔声效果。由于光与影的作用,形成的视觉效果,富有

装饰性和趣味性(见彩图14)。

（2）石材　石材是一种质地坚硬、耐久、感觉粗犷、厚实的装饰材料。石材色彩沉着丰富,肌理粗犷、结实,造型可以自由多变,具有雄浑的刚性美感。用毛石砌筑的墙体,能使整个空间具有雕塑感,参见彩图15。

（3）清水混凝土　所谓清水混凝土,就是拆模之后不再抹灰的混凝土。它能呈现水泥的本色,反映模板的纹理,给人一种朴实自然的感觉。一般可选用木纹美观的木材做模板,也可利用泡沫塑料或硬塑料制成衬模,使混凝土表面呈现出凸凹不平的图案和花饰。模板的接缝要精心设计,使其具有美感和表现力。

当然,墙体的装饰在实际使用中不可能分得这么明确,有时同一墙面可能会出现几种不同的做法,但是应当注意,在同一空间内的墙体做法不宜过多、过杂,且应有一种主导方法,否则就容易造成空间效果的无法统一。

第五节　壁画装饰设计

壁画(包括壁挂、浮雕等)是室内墙壁面装饰的一种特殊手段,常用来表现空间环境的意境或烘托气氛,艺术感染力较强。

一、壁画与室内空间

壁画作为建筑装饰的组成部分,必须保持墙壁和室内空间的整体效果,而不能损害统一的空间秩序。壁画对于室内空间的从属关系不是消极的,它可以利用特殊的表现手段,弥补室内空间的不足,使之产生理想的空间效果。

（1）扩大空间　当室内空间过深或过小时,可以通过加强壁画空间层次的手法来扩大空间效果。

（2）缩小空间　壁画不一定充满整幅墙面。当墙面过长、空间过宽时,就应采取缩小空间的手段。为此,可以将过长的墙面分割成几个区域,分段进行装饰,或者将连续的画面有规律地分开,也可以将过长的墙面分为中心和两翼两个部分,以壁画为中心,在视觉上两翼便向中间收缩,从而产生缩小空间的感觉。这样处理,需要注意壁画与建筑结构和周围环境的关系,不能因为仅注意构图关系而随意分段定位,否则就很难与室内浑然一体。

（3）整理空间　壁画要适应室内建筑构件的关系,而不应任意改变它。例如,当建筑构件过于繁杂时,为了使空间更加统一和完整,可以把构件组织到画面中去,使分散的空间转化为集中的空间。但是,这种构思要巧妙且恰到好处。

（4）升高空间　用壁画装饰低矮的空间,可以采用加强竖向分割和增强画面竖向形体结构的手段。这是一种利用视错觉升高空间的方法。

（5）降低空间　室内空间过高,可以适当地降低壁画高度,把人们的视线吸引到下面来,也可以把画幅安排为扁长形,画面结构可以横向为主调。这样,就可能在视觉上改变空间形态。

壁画的形态必须适应室内的实际空间,切不可为了画面效果而任意地占有实用空间。

二、壁画与室内环境

壁画不仅与室内空间相联系,而且与室内环境也是紧密相关的。壁画与一般绘画的区别在于它的环境性。彩图 16 中的壁画增强了室内的环境效果。

(1)色彩环境　壁画的色彩处理,必须与建筑的环境色彩既有对比又有统一。壁画不同于一般绘画,它应兼顾室内环境的色彩关系来确定自身的用色方案。因此,壁画的色彩可以不完全受主题内容的限制。如果说写生是被动用色的话,壁画用色则是主动的。

(2)明度环境　壁画明度设计的主要依据,是它所处的明度环境。例如,壁画的位置处在较暗的环境时,应强调画面的明度反差;反之,则要做相反的处理。有时为了表现特定的空间和环境气氛,也会有意强调某种明度调子,这时应使壁画的调子与之协调一致。

(3)质地环境　一幅壁画的创作还要受到质地环境的制约。现代壁画已经突破了古典主义手法和程式的限制,它们的形式感要求提高了,质地设计也被摆到了较高的位置。例如,在一个质地细致、光滑的大厅墙面上做壁画设计时,不要一味地追求"高级"而选用精细的材料,可以适当地选用粗而麻的壁画材料。这样,在总体上有了质地对比,就可使观赏者产生美感,不仅不会削弱空间的美感,反而会感到更加生动高雅。壁画的设计,要注意保持材料的肌理效果,表现材料的自然美。

(4)尺度环境　壁画的尺度大小,取决于室内周围环境的尺度关系。若室内空间开阔,其尺度就应大一些;若室内空间较小,其尺度就应相应缩小一些。另外,尺度的大小还与人的视阈有着直接关系。在一般情况下,人眼的最佳视角为 40°,最佳视距相当于对象高度的 1.5~2 倍。

三、壁画的配置

(一)壁画的内容、形式与建筑的功能和性格相一致

休息厅、客厅的壁画,应该具备幽雅、柔和、抒情等特点,以烘托宁静、亲切的气氛,因此以山水风光为内容的壁画或浮雕较合适。旅游建筑中的壁画,可以当地的自然风光、风土民情为内容,以满足旅游者的愿望和好奇心。宴会厅、舞厅等气氛欢快的场所,可用色彩艳丽的壁画。

有些壁画可以没有具体内容,属于无标题的装饰画。其气氛或者严谨,或者轻松,或者静止,或者流动,也要注意与空间的用途和性质相协调。

(二)壁画的画幅、位置要符合视觉的规律性

由于壁画的画幅大,人们观赏时必然要移动视线;否则,不能一眼就把整个画面看清楚。人眼的最佳视角约为 40°。当不可能按最佳视角设计壁画时,可以把画面分成若干幅,使人们在分别欣赏小幅画面时,能够看到完整的全部画面。另外,还可以采用多中心构图或无中心构图壁画,使视野范围内有一个相对独立的小画面。

(三)壁画的布局与空间实体相协调

壁画在空间实体内可以占据的位置是很多的,最常见的是占用一面墙,有时也可能随着墙面的转折而转折。随墙转折的做法难度较大,一定要正确处理好画面本身与墙体之间的关系。有些壁画可以超过门窗布置在墙的上半部,其优点是画面兜圈、延续不断,可

以表现更多的景物。当墙面上开有门窗洞口时,为避免门窗洞口破坏画面的完整性,可以采用灵活自由的构图,既把门窗洞口绕过去,又使壁画与门窗洞口在整体上相平衡。

(四)壁画的表现方法有利于改善空间感

不同的题材和构图方法,能产生不同的空间效果。扁平的构图会使墙面更扁平,垂直的构图会使空间具有高耸感。所以,墙面扁平时,应取垂直的构图。透视感很强的画面可使空间显得深远而又有生机感,这种画面适用于比较局促的空间。层次丰富的画面可使空间富有层次感,这种画面则适合用于比较单调的空间。

四、实例分析

如图4-4所示,这是一交通空间中的壁画,几何形体的组合内涵丰富,哲理性与逻辑性流露其间。壁画表现出强烈的纹理感,恍如置身于梦幻空间。在这动态空间中,以壁画作为墙壁的墙面设计是非常合适的选择。壁画以具象的、再现的和叙事诗般的特性出现在抽象的、表现的和抒情诗般的建筑艺术中。使该空间增添了欣赏性和纪念性。

壁画的设计与制作往往由画家来完成,这就包含一个与建筑格调、建筑空间和建筑功能相协调的问题。设计者不能单从色调的统一去衡量壁画与空间环境是否和谐。实际上壁画色调与空间的环境色调不一致也能获得效果,而壁画如果一味的拘泥于空间的整体色调,往往会失去它应有魅力。衡量壁画的标准是它是否对空间的涵盖意念起了扩充的作用。壁画作

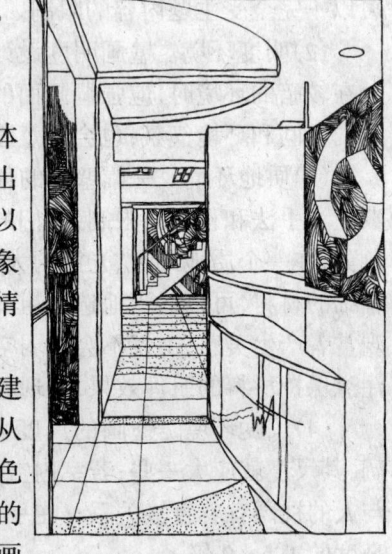

图4-4 壁画图例

为环境艺术,使室内空间这一抽象的乐章有了命题。人们从壁画的内涵中去揣摩着一室内空间的意蕴。空间的设计与壁画的设计需要同步进行,不能在建筑竣工后再进行壁画构思。

图4-5展现的墙面,壁饰图案的和谐、壁饰与空间的一致性是设计完整内墙的基础。

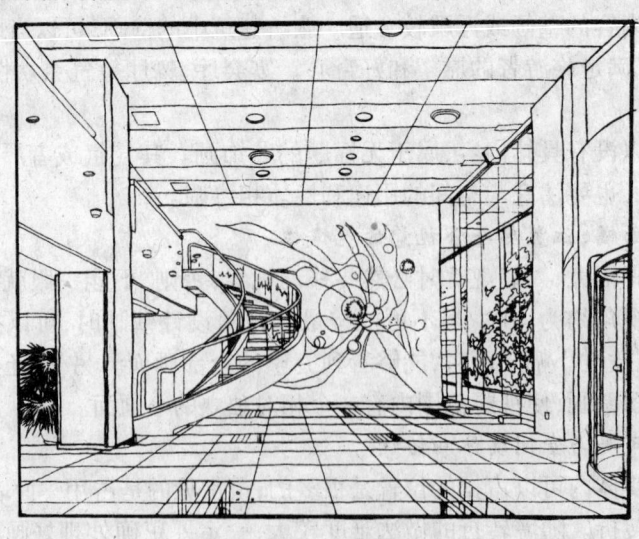

图4-5 壁画图例

"夫美者,上下,内外,大小,远近皆无害焉,故曰美(《楚语》上,《国语》卷一七)。"匀称与比例、对称与均衡、反复与节奏,这些都是设计时需要考虑的各要素之间的组合规律。就总体组合规律而言其核心是和谐,即多样的统一。墙面上的壁饰均以波浪线、蛇形线等曲线形构成。蛇形线"灵活生动,同时朝着不同的方向旋转,能使眼睛得到满足,引导视线追逐其无限的多样性",可以称之为"富于吸引力的线条"。整个画面幽静之极却又生趣盎然,空灵柔婉而又富有哲理深意。

第六节　顶棚装饰设计

顶棚是室内空间的另一个重要界面,尽管它不能像地面和墙面那样与人的关系非常直接,但它却是室内空间中最富于变化和引人注目的界面。特别是在高大空间中,顶棚的视阈比值很高,所以在设计中应予以充分的重视。

一、顶棚装饰设计的要求

(1)注意顶棚造型的轻快感　轻快感是一般室内空间顶棚装饰设计的基本要求。上轻下重是室内空间构图稳定感的基础,所以天棚的形式、色彩、质地、明暗等处理都应充分考虑该原则。当然,特殊气氛要求的空间例外。

(2)满足结构和安全要求　顶棚的装饰设计应保证装饰部分结构与构造处理的合理性和可靠性,以确保使用的安全,避免意外事故的发生。

(3)满足设备布置的要求　顶棚上部各种设备布置集中,特别是高等级、大空间的顶棚上,通风空调、消防系统、强弱电错综复杂,设计中必须综合考虑,妥善处理。同时,还应协调好通风口、烟感器、自动喷淋器、扬声器等与顶棚面的关系。

二、顶棚的形式及特征

(一)平整式顶棚

平整式顶棚的特点是顶棚表面为一个较大的平面或曲面。这个平面或曲面可能是屋顶承重结构的下表面,其表面用喷涂、粉刷、壁纸等装饰,也可能是用轻钢龙骨纸面石膏板、矿棉吸声板等材料做成平面或曲面形式的吊顶。有时,顶棚由若干个相对独立的平面或曲面拼合而成,在拼接处布置灯具或通风口。

平整式顶棚构造简单,外观简洁大方,适用于教室、办公室、小型展览厅和卧室等气氛明快、安全舒适或高度较小的空间。平整式顶棚的艺术感染力主要来自色彩、质感、分格以及灯具等各种设备的配置。

(二)井格式顶棚

由纵横交错的主梁、次梁形成的矩形格,以及由井字梁楼盖形成的井字格等,都可以形成很好的图案。在这种井格式顶棚的中间或交点,布置灯具、石膏花饰或绘彩画,可以使顶棚的外观生动美观,甚至表现出特定的气氛和主题。有些顶棚上的井格是由承重结构下面的吊顶形成的,这些井格的梁与板可以用木材制作,或雕或画,方便操作。

井格式顶棚的外观很像我国古建筑的藻井。这种顶棚常用彩画来装饰,彩画的色调和图案应以空间的总体要求为依据。

(三)悬挂式顶棚

在承重结构下面悬挂各种折板、格栅或饰物,就构成了悬浮顶棚。采用这种顶棚往往是为了满足声学、照明等方面的特殊要求,或者为了追求某种特殊的装饰效果。

在影剧院的观众厅中,悬浮式顶棚的主要功能在于形成角度不同的反射面,以取得良好的声学效果。在餐厅、茶室、商店等建筑中,也常常采用不同形式的悬浮顶棚。很多商店的灯具均以木制格栅、钢板网格栅作为顶棚的悬浮物,既是内部空间的主要装饰,又是灯具样品的支承点;有些餐厅、茶座以竹子或木方为主要材料做成葡萄架,形象生动,气氛十分活跃。

悬挂织物简便易行,由于织物的色彩、图案和张挂方法千姿百态、灵活多变,也容易取得较好的视觉效果,见彩图17。

(四)分层式顶棚

电影院、会议厅等空间的顶棚常常采用暗灯槽,以取得柔和均匀的光线。与这种照明方式相适应,顶棚可以做成几个高低不同的层次,即为"分层式顶棚"。分层式顶棚的特点是简洁大方,与灯具、通风口的结合更自然。在设计这种顶棚时,要特别注意不同层次间的高度差,以及每个层次的形状与空间的形状是否相协调。

(五)玻璃顶棚

现代大型公共建筑的大空间,如展厅、四季厅等,为了满足采光的要求,打破空间的封闭感,使环境更富有情趣,除把垂直界面做得更加开敞、空透外,还常常把整个顶棚做成透明的玻璃顶棚。

玻璃顶棚由于受到阳光直射,容易使室内产生眩光和大量辐射热,一般玻璃易碎又容易砸伤人。因此可视实际情况采用钢化玻璃、有机玻璃、磨砂玻璃、夹钢丝玻璃等。

在现代建筑中,还常用金属板或钢板网做顶棚的面层。金属板主要有铝合金板、镀锌铁皮、彩色薄钢板等;钢板网可以根据设计需要涂刷各种颜色的油漆。这种顶棚的形状多样,可以得到丰富多彩的效果,而且容易体现时代感。此外,还有用镜面做顶棚的做法,这种顶棚的最大特点是可以扩大空间感,形成闪烁的气氛。

复习思考题

1. 室内空间界面的要求和功能特点是什么?
2. 室内空间界面设计的原则和要点是什么?
3. 楼地面装饰材料分为哪几种做法?它们各自的性能特征是什么?
4. 墙面装饰方法有几种?其效果和适用性如何?
5. 壁画与室内空间和室内环境的关系怎样?壁画应如何配置?
6. 顶棚装饰的要求是什么?其处理方法有哪几种?

第五章

家　具

家具是人们维持正常的工作、学习、生活和休息必不可少的器具,也是一种十分重要的室内陈设。它具有实用与美观的双重功效。家具属于实用工艺品,与一般的陈设品相比,有较大的差异。同时,家具还具有较强的社会性,能在很大程度上综合反映一个国家或地区人们的生活方式、生活水平、审美情趣和技术水平。

在现代生活中,几乎人人都是家具的使用者。人们借助家具可以提高工作和学习的效率,使生活井然有序,并获得良好的休息和松弛。因此,家具的使用也是人们生活质量和工作质量的体现。

家具是人类文明的产物,它随着社会的进步而发展,并且集中体现了一定历史阶段的技术和艺术水平。传统概念上的家具,主要是指桌、椅、橱、柜、床等生活必需品。但是,随着社会的发展和人们生活水平的提高,现代家具的内涵已经大大扩展,出现了许多全新概念的家具。例如,办公家具、儿童家具、厨用家具、卫生器具、宾馆家具、旅游家具、商业家具等。彩图18就是一组现代厨用家具。

第一节　家具的风格演化

家具风格的演化和发展与人们的生活方式和起居方式有着很大的关系,同时与建筑的发展和当时的艺术思潮存在着密切的联系。通过家具可以了解到当时的建筑风格、室内生活、艺术思潮和经济发展状况。家具的风格千变万化,很多学者都对家具的风格和演化作了深刻的研究,这里仅对主要历史时期的家具做一简要介绍。

一、中国传统家具

中国传统家具的演化大致可以分为三个时期,即:自商周至三国,以席地跪坐方式为主的矮型家具;自西晋至隋唐,从席地而坐向垂足而坐过渡的过渡时期家具;自宋以后,垂足而坐的方式普遍后,家具就发生了根本的变化。

在我国传统家具中,明式家具无论从当时的制作工艺还是艺术造诣来看,都达到了登峰造极的水平,甚至对西方家具的发展产生了较大的影响,在世界艺术史上占有重要的地位。长期从事明式家具研究的著名学者杨耀先生曾指出,明式家具具有很明显的特征,一是由结构而成立的式样,二是因配合肢体而演出的权衡。从这两点着眼,显然它的种类千变万化,而归纳起来,它始终维持着清新的格调,那就是"简洁、合度"。但在简洁的形态之中,具有雅的韵味。这韵味的表现是:第一,外形轮廓舒畅与忠实;第二,各部线条雄劲而流利,再加上它顾全人体形态的环境,处处做成随宜的比例和曲度。可见,明式家具既符合人体工学的要求,又有结构合理、造型简洁、俊秀挺拔的特点,同时精于选材,重视木材自然的纹理和色泽美,非常符合现代派建筑的设计理念。此外,其金属配件亦很讲究,雕刻线脚处理得当,常常能起到衬托和点睛的作用。我国另一位明式家具的著名学者王世襄先生更是以32字的"十六品",对明式家具的艺术特征做了极其概括地描述,即"简练、淳朴、厚拙、凝重、雄伟、圆浑、沉穆、秾华、文绮、妍秀、劲挺、柔婉、空灵、玲珑、典雅、清新"。

二、国外传统家具

通常认为,公元1100—1500年是独立式家具发展的第一个重要时期,一般称之为哥特式(Gothic)时期,这一时期的家具比较笨重而且装饰华丽,加之由于家具常在修道院内制作,因而受基督教的影响较深。文艺复兴运动兴起后,古典文化复兴,家具业也深受影响,文艺复兴式家具开始逐渐替代哥特式并风行于欧洲大陆。人们倾向于吸收古代造型的精华,以新的表现手法,将古典建筑的一些设计语言运用到家具上,作为家具的装饰艺术,表现出与哥特式家具截然不同的特征。

17世纪以后,家具的风格更加丰富多彩,这里主要介绍几种至今仍受消费者青睐的风格。

(1)路易十五式(洛可可式) 路易十五式也称洛可可式,是在巴洛克风格的基础上发展而来的一种新的风格形式。与追求豪华、宏伟和跃动美的巴洛克风格相反,路易十五式风格追求一种轻盈纤细的秀雅美。它运用流畅自如的波浪曲线处理家具的外形和室内装饰,致力于追求运动中的纤巧与华丽,强调了实用、轻便和舒适。它故意破坏了形式美中对称与均衡的艺术规律,形成了具有浓厚浪漫主义色彩的新风格。

法国的路易十五式风格是以路易十五时代为代表,以回旋曲折的贝壳形曲线和精细纤巧的雕刻为主要特征,造型的基调是凸曲线,常用S形弯脚形式。

(2)路易十六式(新古典风格) 任何风格都有其一定的流行期。当弯曲华丽、自由奔放的洛可可风盛行一时后,人们的兴趣开始转向以直线为主体,重视比例和均衡手法的新古典风格。路易十六式的主要特点就是放弃了洛可可风格中的曲线和过分的装饰,而以直线为基调,追求整体比例的美,表现出注重理性、讲究节制、结构清洁和脉络严谨的新古典主义风格。

(3)帝政式 帝政式是拿破仑执政时期流行的一种风格。帝政式的家具设计恪守严格对称的法则,采用厚重的造型和刻板的线条来显示其宏伟和庄严,注意力集中在细部装饰上,采用狮身人面像、罗马神鹫、胜利女神、环绕"N"(拿破仑的第一个字母)字母的花环、莲花、月桂等与战争题材有关的纪念性题材,其目的在于充分体现皇权的力量和伟大,喜用黑、金、红的调和色彩,形成华丽而沉着的艺术效果。

(4)西班牙古典风格 西班牙虽然远离欧洲中心,但由于其航海发达,深受各国艺术风格的巨大影响,加上其浓厚的地方情趣,形成了华丽而沉着的艺术效果。

(5)英国古典风格　由于英国民族有着坚强、刚毅的性格特征,独有的华丽、绅士气派以及庄园生活,体现在设计风格上就表现为正统内敛、理性与感性兼容并蓄、完美的比例,散发着悠然雅致、端庄华丽、尊荣华贵的气派,刻画出浓郁的英式古典气息。

(6)意大利新古典主义　意大利新古典主义主要吸收了英法轻盈典雅的造型特点,同时融入了意大利民族的热情、奔放、豪爽的特征,使家具显示大方有气度。

(7)美国古典主义　美国古典主义有两股分支,一种是殖民风格,另一种是联邦式。殖民风格家具的形式与欧洲的家具大体相同,但它取消了多余的装饰,以适应美国当地的日常生活要求,以简朴的形态、讲究的用材和细部的纹饰形成了自己独特的风格。联邦式实际上是法国路易十六式、帝政式家具的翻版,形式上更加朴素和讲究实用,注重椅子的靠背文化。

(8)日本和式家具与日本建筑、和服、花道一样,具有鲜明的日本民族传统风格　和式家具与日本人席地而坐的生活习惯相适应。和式家具用榉木、樱桃木、泡桐木等制作,透明涂饰,充分显示了木材的自然质感。造型简洁明快、质朴自然,与日本木结构建筑、榻榻米、杉木天花板、贴纸推拉门等构成的室内风格协调一致。

三、现代家具

随着技术的进步和思想观念的改变,现代家具表现出与传统家具迥然不同的特征。较有影响性的有:以几何形体和原色取胜的"风格派";提倡形式简洁、重视功能、注重新材料运用和工艺技术的"鲍豪斯派"等。这些流派都对现代家具的发展产生了很大的影响。

二战以后,工业技术进一步发展,家具在功能、材料、技术和造型等方面出现了多途径、多风格的趋势。美国以运用新技术新材料见长,伊姆斯(Charles Eames)设计的靠背椅就是通过薄木胶压弯成形。北欧的家具则朴实淡雅且富有人情味。总之,与建筑设计和室内设计的发展一样,家具设计也已进入了一个多元化的新时代。

第二节　家具的类型

家具从古代发展至今,已经呈现出了多样性,令人眼花缭乱。特别是新材料、新结构形式的应用,给家具家族带来了许多新成员。根据不同的标准,家具可以划分为不同的类型。

一、根据功能分类

根据基本功能的不同,家具可以划分为人体家具、贮物家具和装饰家具三种类型。

(1)人体家具　人体家具是指与人体发生密切关系的家具。它既包括直接支承人体的凳、椅、沙发、床等,又包括与人的活动直接相关的家具,如桌子、柜台、茶几、床头柜等。人体家具是最基本、最常用的家具,使用范围最广,出现频率最高,可以说很难出现没有人体家具的实用空间。

(2)贮物家具　贮物家具主要是指贮存物品的柜、橱、架、箱等家具。例如,衣橱、书橱(架)、酒(器皿)柜、货架等等。贮物家具主要考虑如何满足不同物品的存放要求,同时应注意与使用者的关系。贮物家具在居住空间中占有较大的份额,有些住宅设计中还将它与建筑较好地结合而融为一体。

(3)装饰家具　装饰家具是以美化空间、装饰空间为主的家具。例如,博古架、装饰柜、屏风、茶几等。装饰性家具除了一定的实用功能外,还在分隔空间、增进层次等方面,具有相当大的积极作用。

二、根据使用材料分类

根据使用材料的不同,家具可以划分为木制家具、竹藤家具、金属家具、塑料家具和软垫家具等六种类型。

(1)木制家具　木制家具是指以木材及其制品如胶合板、纤维板、刨花板等制作的家具。木材是传统家具的主要用材。木制家具具有质轻、高强、纯朴、自然等特点,而且取材方便,易于加工制作,质感柔和,纹理自然清晰,便于造型。木制家具具有很高的观赏价值和良好手感,使人感到十分亲切,因而是人们喜欢的理想家具。木制家具的常用木料有松木、杉木、榆木、水曲柳等;高级木制家具常用红木、楠木、花梨、紫檀等木料。此外还有弯曲胶合家具。弯曲胶合家具是用木单板净涂胶、组胚,在模具中弯曲胶合成型而成。这类家具线条优雅流畅、简洁明快、轻巧秀丽、变形小、可拆装、省工省料,具有独特工艺美。产品有各种椅凳、几桌、剧场椅、沙发床等。目前,木制家具仍是家具中的主流。

(2)竹藤家具　竹藤家具是以竹、藤为材料制作的家具。它和木制家具一样具有质轻、高强、纯朴、自然等特点,而且更富有弹性和韧性,易于编织,又是理想的夏季消暑使用家具。竹藤家具具有浓厚的乡土气息和地方特色,在室内别具一格。

竹制家具是以我国南方所产的竹材制作而成的,它具有光洁清爽、清新秀雅等特点。藤制家具是以热带和亚热带的野生藤类植物制作的。藤具有质地坚硬、富有弹性、表面光滑等特点,它和竹材一样具备易弯曲造型的特性。因此,竹藤家具通常线条流畅、造型丰富,极具表现力。彩图19中的竹藤家具给居室增添了自然清新的气息。

(3)金属家具　金属家具是指以金属材料为骨架,与其他材料如木材、玻璃、塑料、石材、帆布等结合而成的家具。金属家具充分利用不同材料的特性,合理运用于家具的不同部位,给人以简洁大方、轻盈灵巧之感,并且通过金属材料表面的不同色彩和质感的处理,使其极具时代气息。此外,金属材料的易弯折性能,也增添了金属家具的表现力。凳、椅、床、茶几、架等是常用的几种金属家具。

(4)塑料家具　塑料家具是以塑料为主要材料制成的家具。塑料具有质轻、高强、耐水、表面光洁、易成型等特点,而且色彩多样,因而常做成椅、桌、床等。塑料家具分模压和硬质材两种类型。模压塑料家具可以制成随意的曲面,以贴合人体体型,使用非常舒适;硬质材塑料可与其他材料组合制成轻便家具。但是,塑料家具的耐老化、耐磨性稍差。

(5)软垫家具　软垫家具是对以柔软材料为主的家具的统称。它常以其他材料为骨架,如铁、木、塑料等。当然,也可由纯软体材料构成。软垫家具最常用于人体类家具的凳、椅、沙发、床等,它能增加人体与家具的接触面,减轻人体某些部分由于压力过分集中而产生的疲劳感,便于调整人的坐、卧姿势,使人们得到较好的休息。

软垫常由软体材料和面层构成。常用的软体材料有弹簧、海绵、植物花叶等,有时也用空气、水等做成软垫。面层通常用布料、皮革、塑胶等做成。软垫家具的造型与效果主要取决于其款式、比例以及面料的质地、图案和色彩等因素,常给人以温馨、华贵的感觉,见彩图 20。

(6)玻璃家具　玻璃具有清澈透明、晶莹可爱、色彩艳丽的品质,经过现代技术处理,可加工得牢不可破,亦可弯曲成型,在家具中的应用日益广泛。玻璃家具珠光宝气,流光溢彩,具有浪漫梦幻的情调,也极具现代感。

三、根据结构形式分类

根据结构形式的不同,家具可以划分为框架家具、板式家具、折叠家具、支架家具和充气家具等五种类型。

(1)框架家具　框架家具是用木骨料作为结构框架,在框架橱中镶板或在表面附板的家具。传统家具大多属于此类。框架家具具有坚固耐用的特性,常用于柜、箱、桌、椅、床等家具。但是,这种家具用料较多,并且不利于工业化生产,所以在现代家具中采用得越来越少。

(2)板式家具　板式家具是用不同规格的板材,通过胶粘结或五金构件连接而成的家具。这里的板兼作结构和围护分隔作用,通常为细木工板和人造板。板式家具的特点是结构简单、组合灵活、拆装方便、外观简洁、富有时代感,而且节约木材,便于自动化、机械化的生产。

(3)折叠家具　折叠家具是一种灵活性家具,使用时可以打开,不用时可以收拢。其特点是轻巧、灵活、体积小,便于存放、运输。折叠家具常用于面积较小的场所或具有多种使用功能的场所。

(4)支架家具　支架家具是由承力的支架部分以及置物的柜橱或搁板构成的家具。支架通常由金属或木料、塑料等制作。支架家具可悬挂在墙、柱上,亦可支撑于地面。支架家具的特点是结构简洁、制作方便、重量轻、轻巧灵活,不占或少占地面。

(5)充气家具　充气家具是以密封性能好的材料灌充气体,并按一定的使用要求制作而成的家具。这是一种全新的家具结构形式。其特点是重量轻、用材少、新颖别致,但对充气袋的材料要求较高,同时在使用范围上受到一定的制约,现在多用于床、椅、沙发等几种家具中。

四、根据制作、使用特征分类

根据制作、使用特征的不同,家具可以划分为固定家具、组合家具、配套家具和多用家具等四种。

(1)固定家具　固定家具是指与建筑物构成一体的家具。它不能随意移放。固定家具能充分利用室内空间,并保证室内空间的完整、整洁,见彩图 21。固定家具常用于居住建筑中,如壁柜、吊柜、搁板等。有时,固定家具还兼有分隔空间的功能。

(2)组合家具　组合家具是指由标准的家具单元或部件拼装组合而成的家具。它的最大特点是拼装的灵活性、多变性。同样单元的不同组合,可以构成不同的形式、适合不同需求的家具。组合家具总体关系统一协调,且能适应不同的室内空间,深受大多数家庭的青睐。组合家具以柜、橱、沙发等为主,其适用范围有待进一步开发。彩图22为一客厅家具的布置方案。

(3)配套家具　配套家具是指为满足某种使用要求而专门设计制作的成套家具。配套家具的内容和数量不定,但能满足不同场所的基本使用要求。配套家具的风格统一,色彩及细部装饰配件相同或相近,能给人以统一、和谐的美感,深受广大用户的喜爱。

(4)多用家具　多用家具是指具备两种或两种以上使用功能的同种家具。它能充分发挥同种家具的使用功效,减少室内家具的品种和数量,节约空间。多用家具有两类:一类是不改变家具的形态便可多用的家具,如带柜的床、可睡沙发等;另一类,则是指须改变家具的形态以改变其使用功能的家具,如沙发床,将其展开可作床,收叠后便是沙发。多用家具多用于室内空间较小的场所或一间多用的空间。

第三节　家具的功能

家具是室内环境的重要组成部分,设计、选择和布置家具是室内设计的重要内容。一个理想的室内环境是离不开家具的。

家具的尺度、比例等直接影响着人们使用家具的舒适性。不合适的家具不仅让人感到使用不便,还对人们的身心健康有不良影响。家具的位置关系到空间组织、人流组织是否简洁流畅,以及有无交叉干扰等问题。居室、客厅、办公室的家具约占房间面积的35%~40%;餐厅、教室、剧场等,其房间面积大部分被家具所覆盖,在这种情况下,空间的气氛在某种程度上将被家具的造型、色彩、质地所左右。

一、家具的使用功能

家具的使用功能,即为家具的实用性,这是家具最基本的作用。它能为人们工作、学习、生活、活动和休息等提供最基本的物质保证,以提高工作、学习的效率和休息的舒适度。从使用特点看,家具的功能可分为支承功能和储备功能两大类。

(1)支承功能　支承功能是指家具支承人体和物品的功能。支承人体功能的家具(又称"承人家具"),主要有床、凳、椅、沙发等。它与人体直接发生关系,与人们的生活关系最为密切,因而是家具最主要的功能。因此,承人家具必须尽可能贴合人的活动特征,提供可靠、舒适的支承。承物家具主要有桌、柜台、茶几、架等。它主要作承放物品之用。承物家具中的大多数家具与人的活动都有较为密切的关系,所以同样应满足人体工程学的要求。

(2)贮物功能　贮物功能是指家具在贮存物体方面的作用。这主要体现在柜、橱、箱等家具上,它们能有序地存放工作、生活中的常用物品,使工作、生活具有条理性,并能保持室内的整洁,提高综合效率。

二、家具在室内空间中的作用

(1) 分隔空间　在现代建筑中,为了提高内部空间的灵活性和利用率,常常采用可以二次划分的大空间,而二次划分的任务往往由家具来实现。例如,在许多别墅、住宅设计中,常常采用厨房与餐厅相隔而又相通的手法,这不仅有利于供应,也增加了空间的情趣。

家具分隔空间的做法还能充分利用空间。例如,用床或柜划分两个儿童同住的卧室;用隔断、屏风等划分餐厅,形成单间或火车座;用货架和柜台划分营业厅,形成不同商品的售货区等等。当然,利用家具分隔空间在隔声方面的效果较差,因此,在使用中应注意场所的隔声要求,合理使用。

(2) 组织空间与人流　在一个较大的空间内,把功能不同的家具按使用要求安排在不同的区域,空间就自然而然地形成了具有相对独立的几个部分,它们之间虽然没有大的家具或构配件阻挡交通和视线,但是空间的独立性质仍可被人们所感知。由于不同区域的家具,在使用上具有某种内在的联系,所以确定了这些家具的布置位置,也就决定了该空间内人流的基本走向。这时,这些区域就具有组织人流的意义。这种情况常常出现在候车室、展厅、门厅中,因为这些场合的使用功能一般比较复杂,需要特别精心地组织,以减少人流的交叉、折返等现象。

(3) 均衡空间构图　室内空间是拥挤闭塞还是杂乱无章,是舒展开敞还是统一和谐,在很大程度上取决于家具的数量、款式和配置。因此,调整家具的数量和布置形式,可以取得室内空间构图上的均衡。当室内布置在构图上产生不均衡而用其他办法无法解决时,可用家具加以调整。当室内某区域偏轻偏空时,可适当增加部分家具;当某区域偏重偏挤时,可适当减少部分家具,以保持室内空间构图的均衡。

(4) 间接扩大空间的作用　用家具扩大空间是以它的多用途和叠合空间的使用及贮藏性来实现的,特别是在住宅的内空间中,家具起的扩大空间作用是十分有效的。间接扩大空间的方式有如下几种:①壁柜、壁架方式。由于固定式的壁柜、吊柜、壁架家具可以充分利用其贮藏面积,这些家具还可利用过道、门廊上部或楼梯底部、墙角等闲置空间,从而将各种杂物有条不紊地贮藏起来,起到扩大空间的作用;②家具的多功能用途和折叠式家具能将许多本来平行使用的空间加以叠合使用,如组合家具中的翻板书桌、组合橱柜中的翻板床、多用沙发、折叠椅等等,它们可以使同一空间在不同时间作多种使用;③嵌入墙内的壁龛式柜架,由于其内凹的柜面,使人的视觉空间得以延伸,起到扩大空间的效果。

三、家具在精神方面的作用

(1) 陶冶情操　家具艺术与其他艺术既有共同点又有不同点,不同点之一就是它与人们的生活关系更为密切。家具的产生和发展是人类物质文明和精神文明不断发展的结果。所以,家具不仅影响着人们的物质生活和精神生活,而且影响着人们的审美观点和情趣。家具的美育作用是灵活地、潜移默化地发生的,在人们接触它的过程中自觉或不自觉地受到感染和熏陶。随着家具的发展,人们的审美情趣也会随之不断地改变,而人们审美观的改变,反之又促进了家具艺术的发展。

(2) 形成室内空间的风格和个性　家具的风格与特色,在很大程度上影响甚至决定了室内环境的风格与特色。现代建筑的空间简洁、利落,较少有个性。因此,要体现内部环境的风格特点,必须依靠家具与陈设,见彩图23。

家具可以体现民族风格。中国明式家具的典雅,日本传统家具的轻盈,早已为人们所熟知。所谓的巴洛克风格、埃及古代风格、印度古代风格、日本古典风格等,在很大程度上都是通过家具表现出来的。

家具可以体现地方风格。不同地区由于地理气候条件、生产生活方式、风俗习惯的不同,家具的材料、做法和款式也有所不同。广东流行红木家具,湖南、四川多用竹藤家具,这都与当地的气候条件和资源品种有关。

家具还能体现主人或设计者的风格,成为主人或设计者性格特征的表现形式。因为家具的设计、选择和配置,在很大程度上能反映出主人或设计者的文化修养、性格特征、职业特征以及审美趣味等。

(3)烘托气氛,表达意境 室内空间的气氛和意境是由诸多因素形成的。在这些因素中,家具起着不可忽视的作用。气氛,是指环境给人的一种印象,如朴实、自然、庄重、清新、典雅、华贵等;意境,则是指能够引人联想,给人以感染的场景。有些家具体形轻巧,外形圆滑,能给人以轻松、自由、活泼的感觉,可以形成一种悠闲自得的气氛。有些家具是用珍贵的木材和高级的面料制作的,带有雕花图案或艳丽花色,能给人以高贵、典雅、华丽、富有新意的印象。还有一些家具,是用具有地方特色的材料和工艺制作的,能反映地方特色和民族风格。例如,竹子家具能给室内空间创造一种乡土气息和地方特色,使室内气氛质朴、自然、清新、秀雅;红木家具则给人以苍劲、古朴的感觉,使室内气氛高雅、华贵。

(4)调节室内环境色彩 在室内装饰设计中,室内环境的色彩是由构成室内环境的各个元素的材料固有颜色所共同组成的,其中包括家具本身的固有色彩。由于家具的陈设作用,家具的色彩在整个室内环境中具有举足轻重的作用。在室内色彩设计中,我们用的设计原则多数是大调和、小对比、小对比的色彩处理,往往就落在陈设和家具身上。在一个色调沉稳的客厅中,一组色调明亮的沙发会带来精神振奋和吸引视线从而形成视觉中心的作用;在色彩明亮的客厅中,几个彩度鲜艳、明度深沉的靠垫会造成一种力度感。

另外,在室内装饰设计中,经常以家具织物的调配来构成室内色彩的调和或对比调。例如,宾馆客房,常将床上织物与坐椅织物及窗帘等组成统一的色调,甚至采用同样的图案纹样来取得整个房间的和谐氛围,创造宁静、舒适的色彩环境。

第四节 家 具 设 计

家具设计是建筑装饰设计中一项重要的内容,也是在特定环境和特殊要求的场所中必不可少的一个环节。在这些场所中,现有成品家具无法与整体设计构思相协调,因此需要做专门的设计。

一、家具设计的要求

家具设计应满足实用、美观、安全、舒适等要求,同时还必须考虑到生产工艺和经济等因素。

(1)实用性　家具的基本功能是满足人们的使用要求。例如,人体家具必须符合人体的形态特征和生理条件;贮物家具则应有相应的宽度、深度、高度和一定的容量。部分家具不仅要满足使用的基本尺度,还要考虑到电器控制开关,以便控制灯光、视听设备等。同时,家具又必须具有足够的强度、刚度、稳定性和耐久性,以保证其使用安全,避免发生对人体的伤害事件。此外,家具还应便于清洁、搬运,布置灵活,少占空间。

(2)美观性　美观是家具设计的最基本要求之一。首先,在确定家具的款式和风格时,应从整体环境的要求出发,并适合使用对象的性格特征、习俗、爱好等。在设计中,应以形式美的法则来处理家具的比例、尺度关系、色彩、质地效果等。在配套家具的设计中,应把握好贯穿整套家具的共同特征或主题。合理地使用曲线、曲面,构图上的适当夸张、变形,都能提高家具的表现力,赋予家具个性和特征。

(3)工艺性　好的家具设计必须有可靠的加工能力作保证。这里,既要求在设计中,应充分把握使用材料的性能,同时又必须考虑加工生产单位的工艺水平和加工能力。为此,应充分发挥材料自身的特点,简化加工程序,尽可能采用新工艺,提高机械化、批量化生产的份额。

(4)经济性　家具的经济性同样是家具设计中必须考虑的因素。在设计中,材料的选用、加工制作的难度、加工的量等,都是影响家具经济性的主要方面。高成本不一定都能出好效果。高档材料应该用在关键部位,而不应该到处滥用。要因材施用,使材料的性能在设计中得以充分展示,以符合经济法则;否则,就会带来无谓的浪费。例如,在组合家具中,为了提高档次而全部使用高档红木制作,这既花费了较高的成本,又得不到好的效果,同时红木坚硬、耐雕刻的性能也无法展示。因此,在设计中要尽量避免类似做法。

二、家具设计的过程

家具设计的过程,通常由造型设计、结构设计、样品制作、造价估算等阶段来组成。

(一)造型设计

造型设计,即确定所要设计的家具的形式,这里包括确定各部分的尺寸。

设计首先要进行方案构思,通常是通过透视草图进行方案的推敲、比较,有时可通过运用简单的模型作为研究方案的参考。

家具造型设计必须确定各部分的基本尺寸,而确定这些尺寸的依据是家具的功能尺寸,即按人体工程学的要求,与人体基本尺度及活动尺度相一致。凳、椅类家具的尺寸,关键是确定座高、靠背高、座深、座面斜度与靠背的倾角以及扶手的高度和宽度。桌台类家具的尺寸,关键是确定桌面的高度、宽度和容膝空间的大小。桌面高度要与凳、椅高度相匹配。床的主要尺寸是长、宽、高。床长主要决定于身高,在我国多取 1 900 ~ 2 000mm。床宽与睡姿、翻身动作和熟睡程度有关,按仰卧睡姿,其宽度应为肩宽的 2.5 ~ 3 倍,单人床一般取 900mm,最少不能小于 700mm;双人床较合适的宽度尺寸是 1 350 ~ 1 500mm。床高与凳、椅高度相似。

在确定贮物家具的尺寸时,要了解贮存物品的种类、存取方式以及需要空间的大小,既要方便存取,又要考虑与空间环境相协调。

同样的家具,对不同的使用对象,尺度差别可能很大。男性与女性,成年人与儿童、老年人在家具使用上的要求都会有所不同。

(二)结构设计

家具的结构设计,应以坚固、安全、经济为目的。结构部分主要是指承受自重及外部荷载的骨架,结构设计的主要内容是通过简单的受力分析和计算(或估算),确定构件的尺寸和节点的形式。家具的结构设计,要注意以下几点。

(1)要使骨架的形式简洁、合理　既要满足受力要求,又简洁大方,达到省工、省料、加工便捷、造型典雅的目的。

(2)要同时满足强度、刚度和稳定性的要求　家具稳定性的好坏,关键在接头。一般的榫结合很难形成刚性结点,致使家具常会歪斜或摇晃。金属骨架能形成刚性结点,有较好的稳定性。家具的受力情况很复杂,经常会发生受力不匀,遭受冲击和碰撞等情况。因此,不能仅按静止的设计荷载决定截面的大小,必须留有足够的安全系数。

(3)必须妥善处理好接头的形式　用螺丝连接木构件,刚性较好,但应注意螺丝的数量、直径大小及排列方式,保证能起到近似刚性连接的作用。拼装构件使用胶粘剂是一个发展方向,但要注意胶粘剂的质量。用层压板制作整体骨架也很好,其层数宜在九层以上。传统的榫卯结合,连接处的截面积受损很大,会降低构件的承载能力,榫头下部如为横纹受压,其承载能力就更低。因此,榫卯结合适用于受力较小的水平构件,加工时应选用较硬的材料,并使开榫及槽尽量严密。

(三)样品制作

家具设计基本完成后,通常要制作样品,以便对设计进行检验和校核,并作适当的修改,最后完成家具的结构装配图。

(四)造价估算

设计定稿后,要进行造价估算,即对制作该家具的工料进行估算。这一工作在批量生产时尤为重要。只有精确计算出成本,才能组织生产,预测生产的效率和效益。

第五节　家具的配置

一、家具配置的原则

合理选用并较好地布置家具,是建筑装饰设计特别是室内装饰设计中一个非常重要的环节。在具体的配置过程中,一般应遵循以下几条原则。

(一)实用性原则

所谓实用性原则,就是要求现代家具布置能为各种正常生活和日常活动提供相应的条件,满足使用要求是家具配置最根本的目标。

具体地说,实用性原则包括两个方面的要求,首先必须了解空间场所的使用要求,根据不同功能提供相应的家具;然后是因人而异,包括使用对象的具体情况、使用人数以及其他要求来选择相应的家具。例如,教室是上课用的,必须要有讲台、课桌、座椅(凳)等基本家具,而课桌、座椅的数量则取决于该教室的学生人数,同时应满足桌椅行距、排距的基本要求。

家具配置的实用性原则,最根本的要求就是充分体现家具的使用价值,最大限度地满足人们的使用需要。要达到这一要求,就需要设计者的多方努力,起码应做到两点:一要认真研究建筑物内部空间的特点与要求;二要认真研究使用对象的生活习惯与工作程序,只有这样,才能在主客体的统一中充分体现现代家具的使用功能。

(二)经济性原则

经济性原则,就是要求现代家具布置应该进行优化组合,尽量缩短动线、节约空间,具有简洁性。

在现代家具布置中,有两种不健康的倾向:展览式和仓库式。展览式即不考虑实用、方便而过分地突出家具的醒目位置,以致引起别人的注意。仓库式即将家具随意堆放,或大量购置一些不必要、不常用的家具,把室内空间塞得满满的,将活动空间变成了仓库。这两种倾向,都是违背经济性原则的。

一般来说,在满足使用要求的前提下,家具的布置宁少勿多、宁简勿繁,应尽量减少家具的种类和数量,尽可能地留出活动空间,以免给人以拥挤和杂乱之感。

(三)心理性原则

心理性原则,就是要求现代家具布置不仅要在物质空间方面满足人们的使用需要,还要在心里空间方面给人愉悦,使人产生舒适感。

现代家具布置的心理原则,最重要的一点就是家具布置应符合人们的视觉思维规律。众所周知,人们对某一事物产生何种心理反应,是受知觉影响的。人的知觉系统是由视觉、听觉、味觉、嗅觉和触觉等组成的,而对室内家具布置的信息感知则主要依靠视觉来完成。因此符合视觉思维规律的、能在视觉上给人以舒适感的家具布置,同时也能在心理上给人以舒适感。心理性原则在家具布置中的外部呈现形态主要有两个方面。一是疏密相间,具有秩序感。家具布置得太集中,就会给人心理上造成一种压迫感;家具布置得太分散,就会给人心理上造成零乱感。二是高低错落,形成节奏感。如果一面墙壁是齐顶的组合橱柜,对面则应安排灵巧的矮柜和轻便沙发、床,这样就不会显得过于呆板,从而避免高大家具给人带来的沉闷感。

按照格式塔心理学中的同形同构说,事物的运动或形体结构和人的心理和生理结构有类似之处。从这个角度解释家具布置中的心理性原则,就是家具布置的秩序、节奏能满足人心理上的秩序、节奏并产生舒适感。

(四)审美性原则

审美性原则,就是要求现代家具能给人们美的享受。

审美性原则在现代家具布置中的最高体现是和谐。具体表现为三个方面。一是家具与家具之间的和谐。同样形状、色彩的家具,在不同的室内空间中有不同的组合方式,形成不同的审美效果。如同一张床,在10平方米的空间和在15平方米的空间有不同的布置方式。在10平方米的空间,床应两面靠墙而设,这样,就可能留出较多的空间供人活动,而不至于造成拥挤感。而在15平方米的房间,床可在房间的中轴线上作"T"字形摆设,即床头靠墙,两边留出空间,既方便上下,又不会使活动区过大而给人以空旷感。三是家具布置与审美习惯的和谐。人们在长期的生活与艺术实践中,形成了一定的审美习惯,并以这种习惯去衡量审美对象的美和不美,符合这个习惯的,往往能给人以美感,不符合这个习惯的,往往就觉得不美。家具布置中的审美习惯有:高大家具应靠近侧墙或者角落,避免近门傍窗;床铺不要正对房门,避免开门见床;带镜面或玻璃的家具不宜直面窗户,避免强烈的反光等。当然,家具布置对人们的审美习惯应有两种态度,对健康、科学的审美习惯应顺应,对不健康、不科学的审美习惯则应打破。

审美,是一种高雅的精神享受。现代家具布置如果缺少了美观这一重要因素,即使再实用,也不能充分发挥家具的全部功能。从现代装饰装潢美学的角度看,也是不成功的室内设计作品。

二、家具的选用与配置

(一) 把握好空间的性格,合理选用家具

不同类型的使用空间有着不同的空间性格,在选用家具时应注意与之相一致。例如,公共性空间中的纪念性、交往性、娱乐性空间各具性格特征,居住空间中的起居室、卧室也各有要求。因此,对空间的性格必须予以正确把握,才能选择合适的家具。例如,大型会客休息厅、大堂空间里的休息座椅、沙发座等,应具有一定的气派和较好的舒适度;而机场、车站的候机、候车席,则应简洁、实用,并利于清洁。

此外,空间尺度也应较好地把握。同样的使用要求而不同的空间尺度,在家具的选用上也应有所不同。例如,起居室的沙发选用,空间较大的可选用一组单人与多人的组合;空间较小的选择同样的沙发组合显然不合理。紧凑型的空间,常选用简洁明快的现代组合家具,甚至选择多用家具,以减少对空间的占用;而宽松型空间则相反,应选用一些夸张性的家具,以丰富空间环境。

(二) 注意总体艺术效果,确定家具的外形

家具的外形,包括家具的造型、色彩、质地等要素。它是家具外观的直接表现。在确定家具的外形时,必须结合总体环境综合考虑。这是因为,任何家具在室内环境中,都不是单一的、孤立的,它应该与其他家具相协调,形成室内家具的统一风格。同样,组群家具又必须和空间环境乃至建筑风格相呼应,形成一个和谐的整体。这种和谐可以是由统一产生的,也可以是由对比产生的。

(三) 充分利用不同类型家具的特点,丰富室内的空间气氛

室内空间的效果和气氛是由多种因素构成的。在这些因素中,家具有着不可忽视的作用。气氛,是指环境给人的一种印象,如华贵、典雅、朴实、庄重、清新等。它能引发人们的联想,并起到感染作用。有些家具外观轻巧,外形圆润,给人以轻松、活泼的感觉,可以形成一种悠闲自得的气氛;有些家具采用珍贵木料、高级面料,具有雕花图案或艳丽花色,给人以高贵、典雅、富丽之感;还有一些家具采用带有强烈地方色彩的竹藤为主要原料,可以产生自然、朴素、清新之感,并透射出地方文化气息。彩图24是用原木为原料制作的厨房、餐厅家具,营造了温馨的气氛。

(四) 注意处理好空间构图

家具的布置应符合空间构图美的法则,应注意有主有次、有聚有散。空间较小时,宜

聚不宜散；空间较大时，宜散不宜聚。在具体布置时，通常有对称和不对称两种方式。

家具的对称式布置，具有明显的轴线，其特点是严肃、庄重，因此常用于会议厅、接待厅和宴会厅，主要家具布置成圆形、方形、矩形或马蹄形。

家具的不对称布置，没有明显的轴线，其特点是气氛自由、活泼、富于变化，因此常用于休息室、起居室、活动室等处。这种格局在现代建筑中最常见，因为它随和、亲切，适应现代生活的要求，见彩图25。

复习思考题

1. 家具分为哪几类？
2. 家具的使用功能是什么？
3. 家具在室内空间中的作用是什么？
4. 家具在精神方面的作用是什么？
5. 家具设计的基本要求是什么？
6. 如何配置室内家具？

第六章

室内照明设计

第一节 光现象及其应用

光是一种电磁波,可视光线的波长范围在380~760nm之间,大于760nm的红外线和小于380nm的紫外线,人的肉眼均无法看见。由此可见,光是客观存在的一种能量,并且与人的主观感觉有着密切的关系。

物体有发光体和非发光体两种。发光体有太阳、电灯、荧屏、萤火虫等,它们本身就是光源;非发光体则很多,如砖石、树木、花草等,这些物体在光源的作用下产生反射、透射和吸收三种现象,人们通过光对物体的作用而获得对该物体的视觉印象。

光可分为自然光和人工光两大类。自然光即日光,它是太阳不断发热过程中产生的光波。自然光是白天照明的主要光源。人工光以灯光为主,是夜间照明的主要光源,同时也是白天室内照明的辅助部分。正是由于自然光与人工光的存在,才构成了昼夜各异、丰富多变的光环境世界。

一、自然光

通常将室内对自然光的利用,称之为"采光"。根据自然光的来源方向,采光可分为侧面采光和顶面采光两种,如图6-1所示。侧面采光有单侧、双侧及多侧之分,而根据采光口位置高度的不同,又可分为高、中、低侧光。

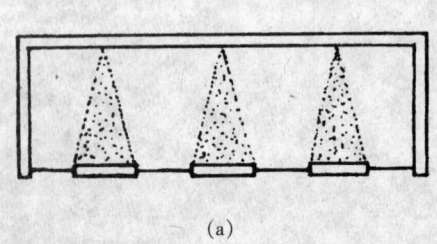
(a)

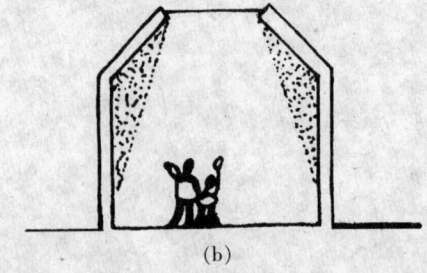
(b)

图 6-1
(a)侧面采光 (b)顶面采光

室内采光主要掌握两个要点：一是入射光的量；二是入射光的方向。即要以足够的光量和合适的入射方向，来满足室内正常的需求。

入射光量与室内采光口的大小、位置有关，通常采光口越大则采光量越多，顶部垂直采光远远大于侧面采光（等面积垂直采光的亮度是侧面采光的3倍左右），但垂直采光通常是直射光线，容易产生眩光，一般活动均不适合。除特殊原因（如房屋进深太大、空间太广）外，一般建筑均采用侧面采光的方式。

影响侧面采光的因素，主要有采光面的方位、光线的入射角度和窗户的开口大小。通常，北向采光面光线的入射角度小，相应入射光线的量就显得不足，但是北向采光时间长，而且强度稳定，最适合一般活动的需求。东西向采光入射光量较多，但光质变化较大，而且光线太强，不适于一般活动，所以在建筑上通常以遮阳等手段进行调节。

为了满足室内一般性活动的需求，通常侧窗面积应大于室内地面的1/5。若采光口过小，室内光线必然过弱，相应的室内视线质量就差些，易使人产生吃力感，造成身心疲惫；若采光口面积过大，光线过强，过分刺激视觉则会使人心绪不宁，产生烦躁的心理反应。

开窗位置的高低，也会给室内光线带来影响。开窗太低，光线则相对集中在某一部位，不利于光线的扩散；开窗高，光线均匀，利于产生柔和匀质光线的效果。在通常情况下，室内靠窗口区域的光线强度只相当于室外光线强度的1/10左右，室内远离窗口的光线强度又远低于靠近窗口的光线强度。所以，室内对光线要求高的活动，应尽量靠窗口安排；要求低的，可远离窗口布置，做到光线的合理利用。

二、人工光

人工光即"灯光照明"或"室内照明""人工照明"，是夜间活动的主要光源，同时又是白天室内光线不足时的重要补充。在进行室内照明的组织设计时，必须注意三个方面的问题：首先，必须合理地控制光照度，保持室内各项活动舒适自如地进行。为此，应注意不同功能的空间对光照度的要求，保证各项活动的持久，同时还要避免出现光线过强和照度不足两个极端。其次，必须保证安全，即要在技术上给予充分考虑，避免发生触电和火灾等事故，这一点特别是在公共娱乐性场所的照明设计中尤为重要。因此，必须考虑安全措施以及标志明显的疏散通道。再者，照明灯光的照射应有利于表现室内空间的轮廓、结构、层次以及室内家具的主体形象，同时还应有利于强调室内特殊装饰的效果。例如，壁挂、壁画、表面材料、室内色彩、地毯图案等。

第二节 照 明 质 量

高质量的照明效果是获得良好、舒适光环境的根本，而受照环境中的照度、亮度、眩光、阴影、显色性等因素则是左右高质量照明效果的关键。因此，只有正确处理好以上各要素，才能获得理想的光环境。

一、照度

照度,是指被照物体单位面积上的光通量值,单位是 lx(勒克斯),它是决定被照物体明亮程度的间接指标。在一定范围照度增加,可使视觉功能提高。合适的照度,有利于保护视力和提高工作与学习效率。在确定被照环境所需照度大小时,必须考虑到被观察物体的大小尺寸,以及它与背景亮度对比程度的大小,以均匀合理的照度保证视觉的基本要求。住宅建筑的照度标准,见表6-1;公共建筑的照度标准,见表6-2;商店、百货店的照度标准,见表6-3;商品的照度标准,表6-4。

表6-1 住宅建筑的照度标准值

场所或活动类别		照度标准值/lx	说　明
起居室	一般活动	20~30~50	
	看电视	10~15~20	避免在电视屏幕上出现光源的反射像
卧室	书写、阅读	150~200~300	宜设局部照明
	床头阅读	75~100~150	宜设局部照明
餐厅	一般活动	20~30~50	
	餐桌面	50~75~100	宜设局部照明
厨房		20~30~50	宜设局部照明
卫生间	一般卫生间	10~15~20	
	洗澡、化妆	30~50~75	宜设局部照明

表6-2 公共建筑的照度标准值

场所	照度标准值/lx	附　注
走廊、厕所	15~20~30	地面照度
楼梯间	20~30~50	地面照度
洗手间	20~30~50	
贮藏室	20~30~50	
电梯前室	30~50~75	地面照度
门厅	30~50~75	地面照度

注:根据建筑的级别分别选用高、中、低值。

二、亮度

亮度,是指发光体在视线方向单位投影面积上的发光强度,单位 cd/m^2。它表示人的视觉对物体明亮程度的直观感受。在室内照明设计中,应当注意保证适宜的亮度分布。在室内环境中,若彼此亮度变化太大,人的视觉从一处转向另一处时,眼睛就被迫经过一个适应过程,如果这种适应过程重复次数过多,则会造成视觉疲劳。背景环境的亮度应尽可能低于被观察物体的亮度,当被观察物体的亮度为背景环境亮度的3倍时,通常可获得较好的视觉清晰度。即背景环境与被观察物体的反射比宜控制在0.3~0.5的范围内。

表6-3 商店、百货店的照度标准值

照度/lx	商品的一般共同部分	日用品店(杂货、食品等)	超级市场(无人售货)	大型商店(百货商场、批发商店)	流行衣物店(衣料、随身物品、钟表等)	文化用品店(家电器、乐器、书籍等)	文玩店(相机、手工艺品、花卉、珍藏品等)	生活用品专卖店(木工制品、儿童用品、食物等)	高档商品专卖店(贵重金属、衣服、艺术品等)
3 000 2 000	最重点陈列部分	—	特别陈列	重点橱窗展览店内重点陈列	橱窗的重点部位	橱窗的重点、橱窗的陈列	—	—	橱窗的重点部位
1 500	—	—		问事处店内陈列	—	戏剧用品的重点部位	—	橱窗的重点部位	店内重点陈列
1 000	重点陈列部分、包装台、钞票记录器、电动楼梯上下口	重点陈列	店内一般照明(市中心商店)	店内层的一般照明、专卖商场一般照明、咨询处	重点陈列设计处、试装处	店内陈列处、实验室橱窗的一般照明	室内陈列的重点部位,模特儿表演橱窗一般照明	展览	一般陈列
750	电梯厅电动扶梯	重点部分橱窗	店内一般照明(郊区商店)	一般层的普通照明、高层建筑楼层的一般照明	特别部分的陈列、店内一般照明(特别部分除外)	店内一般照明、以强烈吸引人为目的的陈列	店内一般照明,特别陈列部咨询处	咨询处、店内一般照明	咨询处、设计处、试装处
500	一般陈列品、洽谈室					店内一般照明			接待处
300	接待室								
200	洗脸室、厕所、楼梯	店内一般照明	—	—	—	—	—		店内一般照明
100	休息室、最低层店内的一般照明				特别部分的一般照明	戏剧用品陈列部的一般照明	—		
50	—	—	—	—	—	特别部的一般照明	—	—	—

表 6-4 商品的照度标准值

照度/lx	场　　所
1 000	新鲜蔬菜、新鲜肉制品、食品、礼品
700	男士服装、深色服装、毛料制品、日常生活用品、玩具、书籍、文具、化妆品、餐具、家用电器、艺术品、雨具
500	女士服装、浅色服装、内衣、丝绒布料、鞋类、家具、床上用品、室内用织物、交通工具、五金交电

在具体设计中，通常用照度对比和墙面、顶棚、地板的反射比作为控制。我国《民用建筑照明设计标准》中推荐：视觉工作对象的比为 1 时，顶棚照度比为 0.25~0.9；墙面照度比为 0.4~0.8；地面照度比为 0.7~0.9；墙面反射比为 0.5~0.7；地面反射比为 0.2~0.4；顶棚反射比为 0.7~0.8；家具设备反射比为 0.25~0.45。

三、眩光

眩光，是指视野内出现过高亮度或过大的亮度对比所造成的视觉不适或视力减低的现象。例如，在白天看太阳，由于它的亮度太大，眼睛无法适应，睁不开眼。再如，在晚上看路灯，明亮的路灯衬上漆黑的夜空，黑白对比太大，同样感到很刺眼。在室内照明设计中，应尽量避免出现眩光。

眩光有两种形式，即直射眩光和反射眩光。由高亮度的光源直接进入人眼所引起的眩光，称为"直接眩光"；光源通过光泽表面的反射进入人眼所引起的眩光，称为"反射眩光"。因此，在室内灯光设计中，除应限制直射眩光的出现，同时也要注意避免由高光洁装饰材料（如镜面、不锈钢等）可能造成的反射眩光现象的出现。眩光与视线的关系，如图 6-2 所示。

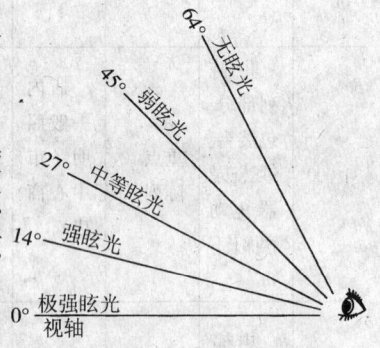

图 6-2 眩光与视线的关系

产生直射眩光的原因，主要是光源的亮度、背景亮度、灯的悬挂高度以及灯具的保护角不适当。根据其产生的原因，可采取以下办法来控制眩光现象的发生。

（1）限制光源亮度或降低灯具表面亮度　对光源可采用磨砂玻璃或乳白玻璃的灯具，亦可采用透光的漫射材料将灯泡遮蔽。

（2）可采用保护角较大的灯具　灯具的保护角，如图 6-3 所示。

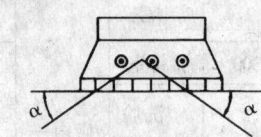

图 6-3 灯具的保护角

（3）合理布置灯具位置和选择适当的悬挂高度　灯具的悬挂高度增加后，眩光的作用就减少；若灯光与人的视线间形成的角度大于 45°时，眩光现象也就大大减弱了。当然，这种方式通常受房屋层高的限制，并且灯提得过高对工作面照度也不利，所以通常应与选用较大保护角的灯具结合使用。

（4）适当提高环境亮度，减少亮度对比，特别是减少工作对象和它直接相邻的背景间的亮度对比。

（5）采用无光泽的材料。

四、光源的显色性

光源的种类很多,其光谱特性各不相同,因而同一物体在不同光源的照射下,将会显现出不同的颜色,这就是光源的显色性。物体的颜色是它对照射光源吸收、反射、透射的结果。因此,光源不同,物体所产生的颜色效果也就不同。通常,人们习惯于在日光下分辨色彩,所以在比较显色性时通常以日光或接近日光光谱的人工光源作为标准光源,将显色指数定为100,离标准光谱越近的光源,其显色指数越高。不同显色指数的适用场所,见表6-5。

在需要正确辨别颜色的场所,可以采用合适光谱的多种光源混合的混光照明。表6-6对主要光源的特征及用途进行了综合,可供设计时作为选用光源的参考。

表6-5 不同显色指数的适用场所

显色分组	显色指数范围(R_a)	适用场所举例
1	$R_a \geq 80$	旅馆、饭店、商店、绘图室一类建筑
2	$60 \leq R_a < 80$	办公室、休息室、候车室一类建筑
3	$40 \leq R_a < 60$	行李包裹房
4	$R_a < 40$	仓库、人行天桥等

应当指出,除了色温不同会影响气氛外,色温与照度也会影响空间的气氛。若在基本照明上再使用色温高的光源时,若照度不够,则会产生阴晦的感觉;若使用色温低的光源,当照度较高时,则会有闷热的感觉,如图6-4所示。所以,在设计不同环境气氛的室内空间照明时,应选用适当的色温和照度。

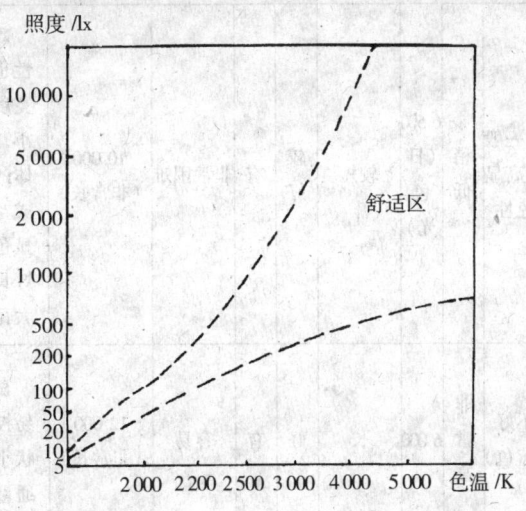

图6-4 照度与色温的关系

表6-6 常用光源的特征和用途

灯名	种类	效能/lm/W	显色性	亮度	色温/K	动作时间启动再启	耐震性	频闪	控制配光	寿命/h	特征	主要用途
白炽灯	普通型（扩散型）	10~15	低优	高	2 800	瞬时	较差	无	容易	1 000（短）	一般用途，易于使用，适合于表现光泽和阴影，暖光色适用于气氛照明	住宅、商店的一般照明
	球型（扩散型）	10~15	低优	高		瞬时	较差	无	稍难	同上	明亮的效果，看上去具有辉煌温暖的气氛照明	住宅、商店的吸引效果
	反射型	10~15	低优	非常高		瞬时	较差	无	非常容易	同上	控制配光非常好，点光、光泽、阴影和材料质感的表现力非常大	显示灯、商店、气氛照明
卤钨灯	一般照明用（直管）	约20	低稍良优	非常高	3 200	瞬时	差	无	非常容易	2 000（短、稍良）	体量大，大瓦数，容易控制配光	适用于体育馆的体育照明
	微型卤钨灯	15~20	低稍良优	非常高	3 200	瞬时	差	无	非常容易	1 500~2 000（短、稍良）	体量小，易于控制配光，用150~500W，光通量时也适当	适用于下射光和点光等的店铺照明
荧光灯		30~90	从一般高到高显色性	稍低	6 500（日色光）	较短	较好	有	非常困难	10 000（非常长）	效率高，显色性也好，露出的亮度低，眩光较小，难于产生物体的阴影，可做成各种光色和显色性的灯具，灯具大，不能做大瓦数的灯	最适用于一般房间、办公室、商店等的一般照明
汞灯	透明型	35~55	稍高不好（蓝色）	非常高	6 000	长	好	有	容易	12 000（非常长）	显色性不好，易控制配光，形状小，可得大光通量	用投光器的重点照明（最好同其他暖色系光源混光）

续

灯名	种类	效能 /lm/W	显色性	亮度	色温/K	动作时间 启动再启	耐震性	频闪	控制配光	寿命/h	特征	主要用途
汞灯	荧光型	40~60高	稍差	高	6 000	长	好	有	稍易	同上	涂红色的荧光粉,可使颜色稍微变好	工厂、体育馆、室外照明、道路照明等
	荧光型（蓝色改进型）	40~60高	稍好（实用上足够）	高	6 000	长	好	有	稍易	同上	涂以掺加红色荧光粉的蓝绿色荧光粉,能得到室内照明足够的显色性	银行、大厅、商店、商业街等,大瓦数用于高顶棚

五、阴影

阴影往往是由于光源的位置不当而造成的。阴影的出现,会造成视觉的错觉现象,增加视觉的负担,影响工作效率,设计中应予以避免。一般情况下,可以通过调整光源的位置、增加光源的数量等措施来加以解决。

六、照明的稳定性

照明的不稳定主要是因光源光通量的变化所致。光源光通量的变化带来工作环境中的亮度的变化,从而在视野内使人被迫产生视力跟随适应,如果这种跟随适应次数增多,它将导致视力下降。此外,若在短时间内光照迅速产生变化,也会分散工作人员的注意力。

光源光通量的变化,主要是因为电源电压的波动所引起的,大功率的用电设备和大容量的电动机都会影响供电系统的电压。因此,对照明质量要求较高时,照明供电电源应与有冲击负荷的供电线路分开,也可考虑采取稳压措施。

七、频闪效应的消除

气体放电光源(如荧光灯)的光通量是随交流电的频率周期变化的,因而用荧光灯观察物体转动时就会出现失实现象。如果快速转动的物体的频率是灯光明暗变化频率的整数倍时,转动物体就会被看成是静止不动的;当转动频率与灯光频率不成整数倍时,所看到的转动方向不是顺时就是逆时转动,不是快就是慢。这种现象就是所谓的"频闪效应",它会使人产生错觉甚至会引发事故,因此气体放电光源不能用于有高速转动或快速移动物体的场所。

消除频闪效应的办法是采用三相电源分相给三个灯管的荧光灯。对单相供电的双管荧光灯可采用移相法供电。

第三节 室内照明的作用、方式和种类

一、室内照明的作用

(1)保证室内活动的正常进行 室内照明的最基本功能是给各种活动正常进行提供需要的亮度。人们需要在适当的亮度下进行多种室内活动,以发挥最高的效率。不同的活动对亮度的要求也有所不同。通常,活动的时间愈长,工作性质愈精细,所需的照明质量也就愈高。因此,应根据室内活动的内容,合理地选择和确定光源、照度和投射方式,以发挥最高的效率。

(2)增强室内空间的感染力 室内照明除了要满足光照要求外,在丰富室内空间、渲染空间气氛、装饰空间艺术上同样也起着十分重要的作用。不同的照度、色光以及不同的照射方式,可以改变室内空间的大小感、冷热感和层次感。明亮的空间给人以宽大感,暗淡的空间则让人觉得窄小;暖色光能使人在室内空间感到温暖,冷色光却使人在室内空间感到清凉。通过照明方式和灯具的变换,能将一空间界定为若干虚拟的空间,从而丰富室内空间的层次感。

(3)保障身心健康 室内光线的质量,对人的身心健康有着直接的影响。当人们长期生活、工作在光线暗淡的空间环境里,会带来心理和生理上的不良反应,如疲劳感、紧张感、恐惧感等,同时也会导致视力减退。采光材料和方式的使用不当,还会对人产生相应的影响。出现眩光会干扰人的正常活动,并带来心理上的刺激,甚至造成伤害。例如,电影、电视中常出现的在审讯时用强光直照被审者双眼的做法,就是运用眩光对人身心破坏的原理。因此,在室内照明设计中,应尽量避免出现对人身心健康带来不良影响的光线。

(4)保证安全 室内光线是保障安全的有效因素之一。室内照明若能重视安全原则,会使各种活动免于"意外事件"的不幸伤害和损失。

二、室内照明的方式

(一)整体照明

它是指在工作场所内不考虑特殊的局部需要,为照亮整体被照面而设置的照度基本上均匀的照明。这种方式的照明灯具均匀地分布在室内空间的顶部,在工作面上形成均匀的照度(见图6-5)。整体照明适用于对光的投射没有特殊要求、在工作面上没有特别需要提高照度的工作点或者工作位置密集的场所,如教室、普通办公室等。

(二)局部照明

它是指局限于特定工作部位的固定或移动照明。它是在工作部位附近专门为照亮工作点而设置的照明装置。局部照明通常用于照度要求高且对光线方向性有特殊要求的地方,如台灯、床头灯、落地灯、定向射灯等。局部照明能灵活使用照明且合理利用能源,但要注意慎用单独的局部照明,以避免工作点与周围环境间产生较大的亮度对比,不利于视觉工作。彩图26为某陶吧货品展示的局部照明。

(三)混合照明

图 6-5 整体照明

它是整体照明和局部照明相结合的照明。混合照明既满足了室内空间的均匀照明，又满足了局部高照度和光方向的要求。混合照明是现代室内照明方式中使用最多的一种，被广泛应用于商场、医院、展览馆、图书馆等场所。彩图 27 为某大厅的混合照明。

(四) 成角照明

它是采取特别设计的反射罩，使光线射向主要方向的一种照明方式。这种照明是用于墙表面的照明，是为了表现装饰材料质感需要而发展起来的。

三、室内照明的种类

(一) 根据光源投射光量的不同分

根据光源的投射光量的不同，室内照明可分为以下五种(见图 6-6)。

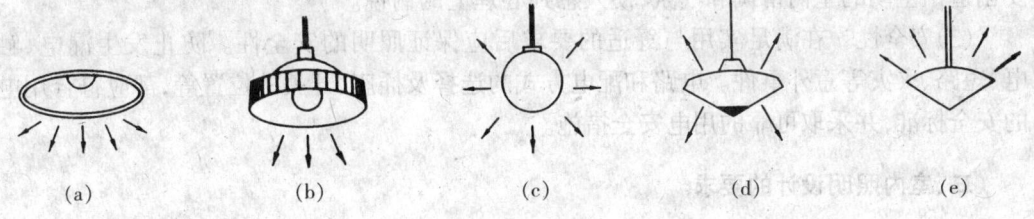

图 6-6 照明方式
(a)直接照明 (b)半直接照明 (c)漫射照明 (d)半间接照明 (e)间接照明

(1) 直接照明　它是指光源的 90%～100% 光量直接投射到被照物体上的照明方式。这种照明的特点是照明的光量大，但易产生眩光和阴影，不适合与视线直接接触。一般吸顶灯便属于这种方式，它常用于公共厅堂及局部区域的照明。

(2) 半直接照明　它是指光源的 60%～90% 的光量直接照射在被照物体上，而有 10%～40% 的光量是经过反射再投射到被照物体上的照明方式。半直接照明常常通过灯具外半透明材料或以反射板加以反射。它的照明特点是光量较大，但不刺眼，常用于商场、办公室等场所。

(3) 漫射照明　它是指光源的 40%～60% 的光量直接照射在被照物体上，而有 40%～

60%的光量是经反射后再投射在被照物体上的照明方式。这种照明的光亮度要差些,光质较为柔和。通常采用毛玻璃或乳白塑胶做灯罩。一般用于居住空间。

(4)半间接照明 它是指光源的60%~90%的光量是经过反射后照射到被照物体上,10%~40%的直射光投射到被照物体上的照明方式。这种照明减少了阴影的出现。

(5)间接照明 它是指90%以上的光量通过反射照在被照物体上的照明方式。这种照明光线柔和、不刺目、无阴影,具有安静、平和的效果,常用于卧室等场所。

(二)根据照明功能性质的不同分

根据照明功能性质的不同,室内照明可分为一般照明、重点照明、装饰照明和艺术照明四种。

(三)根据照明功能要求的不同分

根据照明功能要求的不同,室内照明可分为工作照明、应急照明、值班照明和警卫照明四种。

第四节 室内照明设计

一、室内照明设计的基本原则

(1)实用性 室内照明设计首先应该满足该空间的使用要求,这是第一位的。应根据室内活动的特征统盘考虑光源、光质、投射方向和角度,使室内的使用性质、活动特征、空间造型、色彩陈设等与之相统一、协调,以取得好的整体环境效果。

(2)舒适性 以良好的照明质量给人们心理和生理上带来舒适感。这要求保证室内有合适的照度,以利于室内活动的开展;同时,要以和谐、稳定、柔和的光质给人以轻松感;要创造出生动的室内情调和气氛,使人感到心理上的愉悦。

(3)安全性 在满足实用与舒适的要求后应保证照明的安全性。防止发生漏电、触电、短路、火灾等意外事件。电路和配电方式的选择及插座、开关的位置等,都应符合用电的安全标准,并采取可靠的用电安全措施。

二、室内照明设计的要求

室内照明设计除了应满足基本的照明质量外,还应满足以下几个方面的要求。

(一)灯光的照明位置

人们习惯将灯具安放在房子的中央,其实这种布置方式并不能解决实际的照明问题,甚至会导致有害双眼健康的不良后果。正确的灯光位置应与室内人们活动的范围以及家具的陈设等结合起来考虑。这样,不仅满足了照明设计的基本功能要求,同时也加强了整体空间的意境,充分表达了空间层次,增强了进深感。此外,还应注意把握好照明灯具与人的视线及距离的合适关系,即灯具的位置要与人们看物体的距离相适应,要做到清晰、适度,同时要控制好发光体与视线的角度,避免产生眩光,减少灯光对视线的干扰。

(二)灯光照明的投射范围

根据人们室内活动作业范围及相关物体对照明的要求,常采用局部照明,这里所指的投射范围即保证被照对象达到照度标准的范围。投射面积的大小与发光体的强弱、灯具外罩的形式、灯具位置的高低及投射的角度相关。照明的投射范围使室内空间形成一定的明、暗对比关系，能产生一种特殊的气氛，有助于人们集中注意力，专注于明区的事物，如室内桌球的灯光布置、剧院舞台的集中灯光等，见彩图28。在设计中，必须以具体用光范围为依据，合理确定投射范围，并保证照度。即便是装饰性照明，也应根据装饰面积的大小进行设计。

(三)灯具的选择与使用

人工照明离不开灯具，而灯具又是照明的集中反映，它既具建筑功能，是创造视觉条件的工具之一，又是建筑装饰的一个部分，是照明技术与建筑艺术的统一体。因此，对于灯具的要求必须具有功能性、经济性和艺术性的统一，在改善照明效果的基础上，形成建筑物所特有的风格。随着建筑空间、家具尺度以及人们生活方式的变化，光源、灯具的材料、造型与设置方式都会发生很大变化，灯具与室内空间环境结合起来，可创造出各种不同风格的室内情调，取得良好的照明及装饰效应。

(1)吸顶灯　直接固定于顶棚上的灯具称为"吸顶灯"。吸顶灯的形式相当多，有各样带罩或不带罩的吸顶灯，也有各种带罩或不带罩的荧光灯。以白炽灯作为光源的吸顶灯大多采用乳白玻璃罩、彩色玻璃罩和有机玻璃罩，形状有方形、圆形和长方形等几种；以荧光灯作为光源的吸顶灯，大多采用有晶体花纹的有机玻璃罩和乳白色玻璃罩，外形多为长方形。吸顶灯多用于整体照明。办公室、会议室、走廊等处都经常使用。

(2)嵌入式灯　嵌入顶棚中的灯通称"嵌入式灯"，灯具有聚光型和散光型两种。聚光型灯一般用于局部照明要求的场所，如金银首饰店、商场货架等处。散光型灯一般多用做局部照明以外的辅助照明。例如，宾馆的走道、咖啡馆的走道、商场的大面积顶棚等处。

(3)吊灯　吊灯是利用导线或钢管(链)将灯具从顶棚上吊下来。大部分吊灯带有灯罩。灯罩常用金属、玻璃和塑料制作而成。吊灯如用作普通照明时，多悬挂在距地面210cm处，用作局部照明时，大多悬挂在距地面100～180cm之间。吊灯一般用于整体照明、门厅、餐厅、会议厅等。因为其造型、大小、质地、色彩等对室内气氛会有影响，作为灯饰，在选用时一定要使它与室内环境条件相适应。有一种吊灯可调节高度和亮度，常用于餐厅的餐桌和茶几上，使围坐在一起吃饭用茶的人备感亲切和温暖。

(4)壁灯　壁灯设在墙壁上和柱子上，它除了具有实用价值外，也有很强的装饰性，使平淡的墙面变得光影丰富。壁灯的光线比较柔和，作为一种背景灯，可使室内气氛显得优雅，常用于大门口、门厅、卧室、公共场所的走道等，壁灯一般都应该装在视线以上的部位，同时还应注意与其他灯具的形式、位置、光源相配合，相协调。

(5)台灯　台灯主要用于局部照明。书桌上、床头柜上和茶几上都可用台灯。它不仅是照明器，又是很好的装饰品，对室内环境起美化作用。

(6)立灯　立灯又称"落地灯"，也是一种局部照明灯具。它常摆设在沙发和茶几附近，作为待客、休息和阅览区域照明。立灯的灯罩与台灯的灯罩相似。立灯和台灯的最大特点是便于移动和具有明显的装饰作用，使室内陈设别具一格，使房间增色不少。

(7)轨道灯　轨道灯由轨道和灯具组成。灯具沿轨道移动，灯具本身也可改变投射的角度，是一种局部照明用的灯具。主要特点是可以通过集中投光以增强某些特别需要强调的物体。轨道灯的轨道可以固定或悬挂在天棚上,必要时还可以布置成"十"字形或"口"字形。这样,灯具就能在很大的范围内移动位置,并通过转换灯具本身的投光角度,照射不同位置的物体。为了强化照射的物体的质地和使色彩更丰富,灯光照明在现代室内环境中扮演着越来越重要的角色,因此在设计中应将其看做与家具一样,有一个总体的设计构思,对灯具的使用进行合理的选择,必要时做专门设计加工。

现代灯具在材料和制作上可分为以下几类。

①高档豪华灯具　它由水晶灯、鎏金、高纯度铜等材料精制而成,在豪华公共场所使用较多。见彩图29。

②普通玻璃灯具　它分普通平板玻璃和吹模灯具两种,属普通型灯具,应用较为广泛,见彩图30。

③金属灯具　它由铜、铝、铁等材料经冲压、拉伸等工艺制成。

对于灯具的选择除了保证基本的实用功能外,还应注意以下几点。

①应注意灯具的造型与整个建筑的风格、处理手法等相协调一致。

②灯具的规格、尺度应与所用的空间相配,以保证良好的空间感受和气氛。

③灯具的质地应有助于增进室内环境的艺术气氛。同时,应避免豪华灯具的滥用。

④要注意体现民族风格和地区特点。在民族性和地区性较强的建筑中,应力求采用能够体现民族风格和地区特点的灯具。

三、建筑化照明

所谓建筑化照明,就是把建筑和照明融为一体,使建筑物的一部分光彩夺目的照明方式。这是建筑设计的一种新颖手法。建筑化照明是在建筑物的里边安装上光源或照明器具,采用埋入式,利用建筑物的表面反射或透过光线。因此,作为建筑物的顶棚和墙壁的尺寸选材、色彩图案要与照明的光色、配置、遮光、效率、照度等同时考虑,并且要协调统一,也就是建筑设计与照明设计必须同时进行。

(一)建筑化照明的优点

(1)大面积的建筑照明不宜过多地使用吊灯,通常多用嵌入式或半嵌入式建筑化照明。这样做,可以避免凸出灯具,使空间显得整齐美观。

(2)可将照明灯具、空调设备、消声设备、防灾设施等统一布置安装,并将建筑物梁及设备管道等隐蔽起来,使整个建筑物更美观。

(3)将不同光源、灯具和不同的建筑形式结合起来,实现建筑艺术多样化。

(二)建筑化照明的形式

(1)隐蔽反射照明　即将顶棚的一部分做得高些,在它的凹下部分和墙壁的上部分装进日光灯管,所有的光射到顶棚上,靠反射光照明室内的一种间接照明。由顶棚面的扩散光,使室内照明呈现出一种柔和的气氛。但是,由于低照度、阴影和缺少情调,所以只能作辅助照明使用。顶棚面的反射率直接关系到照度、顶棚面的亮度、灯泡的遮光等。

(2)镶板式照明　即在顶棚或圆顶上安装灯泡的照明。它适用于大厅、餐厅、门厅等地方,显得格外豪华。有在乳白色的嵌板上面装上灯泡的方法,也有将圆球灯泡或荧光灯吊在中心,靠顶棚反射的光来照明的方法。

(3)发光顶棚　即在整个顶棚上安装日光灯管,在其下边安装上扩散板(乳白透明片),得到扩散光的照明。即使装上很多照明器具,眩光也很少,所以适于高度照明,多用于门廊、展览室等处。但在照度低的情况下,容易产生阴天似的感觉。另外,扩散板面存在亮度不均的问题,所以不是十分理想。灯的间隔及灯与扩散板间隔的关系,也须充分考虑。

(4)满天星照明　即整个顶棚根据一定间距装上灯,在它下边装上搁栅的照明。扩散光受格栅结构的影响,格栅的反射率影响顶棚的亮度。但在反射率低的情况下,格栅效率低,工作面的照度也变低。

(5)光带照明　即镶嵌在顶棚的长久性发光照明。日光灯管不直接射到眼睛上,而安装上遮光板或扩散板,可以降低眩光。

(6)光梁照明　即将梁状的乳白塑料、乳白玻璃罩安装在顶棚上,中间装上灯管。安装方法有直接安装和半嵌入式两种。

(7)檐板照明　即在顶棚和墙壁的角上,安装上向下方发光的照明。这种照明会使墙壁和窗帘由上往下地被照亮,形成美丽明亮的光带。另外,也可使靠在墙边的沙发得到充足的照度。为使不能直接见到灯管,应该注意遮光,遮光角应大于45°。

(8)平衡照明　即安装在窗帘盒上边的部分的照明。射到上方的光使顶棚照亮,射到下方的光使窗帘照亮。之所以称"平衡照明",是因为使光照到上下两方。但是距顶棚的间隔狭小时(25cm以下),顶棚局部会变亮,所以应注意。

(9)高托架照明　即安装在墙壁上部的照明。它使光射到上方、下方,与平衡照明一样,使墙壁面形成美丽亮度层次。关于遮光,也和平衡照明、檐板照明一样需要注意。托架的安装高度,要根据门窗的高度来决定。如果与门窗无关时,可考虑与墙面平衡决定适当的高度。

(10)低托架照明　即在墙壁下部的照明。它能使光射到上方、下方,作为床头照明和洗涮池操作照明使用。托架的安装高度,要根据操作的高度来决定。这时的遮光要考虑操作者坐的位置和站的位置以及眼睛的高度,要注意眼睛不应直视灯光。托架的长度由家具或房间的大小来决定。

(11)棚面照明　即在装饰棚、钢琴、沙发、厨房、洗涮台等上部的顶棚或棚的下侧的照明,如浴室和洗脸间的镜前照明。

(12)人工窗　即安装在地下室或暗房的恰如窗户一样的照明。它适用于书房、机房、展览室等处。通常是在推拉窗或乳白的透光板里安装所需数量的灯。

第五节　建筑室外照明

亮丽的城市夜景照明不仅可为人们的夜间活动创造一个良好的光照环境,丰富人们的夜生活,而且对繁荣经济,发展旅游事业,特别是对树立和表现一个地区或城市夜间形象等都具有重要意义和影响。北京天安门广场和长安街的夜景照明,上海外滩、南京路和淮海路的夜景照明,广州环市中路、重庆山城、大连人民广场等城市夜景照明无不给人们留下深刻的印象,并产生了巨大的社会影响。

一、建筑物夜景照明

所谓建筑物的夜景照明就是利用灯光照明来塑造被照建筑物的夜间形象。良好的夜景照明可揭开夜幕,显示出建筑物靓丽的面孔和她固有的艺术风采。因此,夜景照明不仅在照明技术上要求合理,而且在艺术上的要求也很高。只有将照明技术和艺术有机地结合在一起,方能表现出建筑师所设计的建筑物的文化内涵和艺术特征。

建筑物夜间照明必须依附于城市环境而存在。这里"环境"的涵义包括社会、文化、时间、历史、心理等多方面的构成要素。因此,建筑物夜景照明是一个相当复杂的课题,不但受到建筑学的制约,还要考虑到经济学、美学、心理学、哲学等多方面的因素。要求照明设计师和建筑师一道从设计思维、设计观念和设计手法上透彻领悟其独特的创意规律。

(一)建筑物夜景照明的特征

建筑物的夜景照明和一般室内外功能照明差别甚大。它的显著特征就是照明具有很大的灵活性和多样性,而不是凭简单几个物理参量所能描述的。由于每个建筑物的自身功能、文化内涵、所处环境、建筑造型、外饰面的颜色、材料等不同,以致照明的用光用色、照明方式、投光方向以及照明器材的选取等也随之差别甚大。比如政府机关办公大楼的夜景照明和一些具有重大历史文化意义或艺术价值很高的纪念性建筑的夜景照明,商业建筑和文化娱乐建筑的夜景照明,古建筑和现代建筑的夜景照明等,要求和方法大不一样。具体说,对天安门地区和长安街上的建筑物的夜景照明,要求表现其雄伟、庄重、壮观和气势恢弘的夜间形象。对商业街建筑的夜景照明则五光十色、流光异彩,营造出繁华热烈的气氛,以吸引更多的顾客并激发人们的购物情趣。对休闲场所,如公园内的亭台楼阁、艺术小品的夜景照明则要求营造其艺术景观,为游人提供一个良好的夜晚休闲、娱乐的光环境。

(二)建筑物夜景照明的基本要求

尽管不同建筑的夜景照明的特点不一,但是以下基本要求则是一致的。

(1)着眼环境,重视文脉。城市环境是建筑物夜间照明设计所面临的最为直接、最为具体、最具影响力的元素,对它的理解和把握已成为在特定创作空间下夜景照明设计成败与否的关键。

(2)照明的主题突出,特征鲜明,强调建筑形象的塑造。在认真分析被照建筑的特征和形象内涵的基础上,用灯光重塑其夜间形象。

(3)照明既要突出重点,亦要兼顾一般。确保照明夜景的总体效果,并和周围环境照明协调一致。

(4)充分体现照明技术和艺术的有机结合,做到照明功能合理,并富有艺术性。也就是既要照得亮,又要照得好、照得美、照得有特色。

(5)照明不要违背有关城市规划的要求和有关夜景照明技术文件及标准规范的规定。在我国目前没有夜景照明标准的情况下,应按国际照明委员会(CIE)有关技术文件的要求进行设计。

(6)使用彩色光要慎重。鉴于彩色光的感情色彩强烈,而且它的亮度和显目性也不同,如何根据被照对象表面材料的质地合理选用色光,对表现被照体的特征、造成某种气氛、提高照明效果都很重要。

(7)根据被照建筑物的特征和要求,合理选用最佳照明方式。夜景照明方式有泛光照明、轮廓灯照明、内透光照明和特种照明等几种,设计时可使用其中一种或两种,也可综合使用多种照明方式,而不要千篇一律地使用单一的照明方式。

(8)节资节电。夜景照明需耗费可观资金和电力,为了节资节电、节约能源,需精心选用照明器材和照明方式。一是尽量选用光效高的照明光源、灯具和配套的电器设备;二是尽量选用质量上乘的国产器材;三是选用的照明方式和控光系统要有利于节约能源。

(9)夜景照明不能对建筑内的人员和建筑夜景观赏者产生眩光或光干扰(光污染)。

(10)照明控制系统的设计应灵活,一般应按平日和节日两种情况分别加以控制,防止出现节日亮丽、平日无光的现象。

(11)夜景照明设施要安全可靠,便于维修管理。

二、常用建筑夜景照明的方式

建筑物夜景照明的方式很多,一般来说不同被照对象和不同的环境使用的照明方法是不同的,最常用的有投光(泛光)夜景照明、建筑物的轮廓照明、建筑内透光照明和特种夜景照明四种。现分别就它们各自的特点、照明做法和效果、照明使用器材及使用注意事项作一简介,见表6-7。

表6-7 室外常用光源的特征和作用

灯的名称	做法	性能和特征	照明效果	应用场所
普通白炽灯或紧凑型节能灯	用30~60W白炽灯或9W紧凑型节能灯按一定间距(30~50cm)连续安装成发光带	光效低,约10~15lm/W,寿命约1 000 h,色温低,约3 200K,瞬时启动;紧凑型节能灯光效高约35lm/W,寿命约3 000 h,色温可选,也可瞬时启动	总体效果好,技术简单,投资少,一般维修方便,高大建筑轮廓灯维修困难,能形成显目轮廓,并可组织成各种文字、图案,但颜色不能变,只能开关造成动感	我国50年代以来,大量使用这种灯,全国各大城市应用实例很多,用紧凑型节能灯的实例如匈牙利布达佩斯链桥的轮廓照明
霓虹灯管	用不同直径和颜色的霓虹灯管沿建筑物的轮廓连续安装,勾绘建筑轮廓	光效较低,但灯管的亮度高、显目性好,灯的寿命长。颜色丰富,可重复瞬时启动,灯的启动电压高,变压器重量较大,安全保护要求高	照明效果好。特别是照明的颜色效果和动态照明效果较大。照明的夜间效果好,而白天的外观效果差	作为轮廓照明,在商业和娱乐建筑上应用的实例很多
美耐灯(彩虹管、塑料霓虹灯)	用不同管径和颜色的美耐灯管沿建筑轮廓连续安装,形成发光带	可塑性好,寿命长(号称1万h)。灯的表面亮度较低。每1m电耗在15~20W左右。技术简单,投资少(每1m约10~25元)	夜间照明效果较好,白天外观效果一般。但灯的颜色和光线可变。动态照明效果较好	各类建筑均可使用,我国南方不少城市如深圳、广州、珠海、海门等应用较多

续表

灯的名称	做法	性能和特征	照明效果	应用场所
通体发光光线管(彩虹光线)	用不同管径光线管沿建筑轮廓连续安装,形成发光带	可塑性好,可自由曲折,不怕水,不易破损,不带电も传光,灯的表面温度很低,颜色多变,省电安全,检修方便	照明效果好,特别是一管可呈现多种颜色,动态照明效果好,目前灯管表面亮度较低,一次投资大	适合使用在检修不便的高大建筑或有防水要求,或安全要求很高的建筑轮廓照明
通体发光的导光管或发光管	将通体发光的导光管或发光管沿建筑轮廓连续安装形成明亮的光带	导光管或发光管的管径远比光纤、美耐灯或霓虹灯大,表面亮度高,安全、省电、寿命长,检修方便	照明的显目性好,颜色可变,设备技术较复杂,一次投资大	适合高大建筑的轮廓照明,目前在美国、英国、德国、加拿大等国家应用较多,上海高架桥开始应用
镭射管(曝光灯)	将镭光管沿建筑轮廓连续安装,形成动感很强的闪光轮廓	一般管径49mm,长1 500mm,管内安装多只脉冲氙灯,程序闪光,亮度很高,动感强,节能、光型可变,安装方便	动态轮廓照明效果好,可组成各种闪光图案表现各种造型的建筑轮廓	不仅室外轮廓照明可用,室内场所的装饰照明实例也不少
贴纸电灯	将发光纸电灯沿建筑轮廓粘贴安装成发光带	起动电脉35VAC.最大电压135VAC.尺寸长600m,宽35cm.很节电,轻薄,不易碎,颜色丰富,可自选,寿命3~5年	发光均匀柔和,色彩鲜艳,照明效果好	中等高度的光滑饰面材料的建筑物,如玻璃幕墙、金属挂板、瓷砖饰面建筑等均可选用

(一)建筑立面的投光(泛光)照明

投光照明就是用投光灯直接照射建筑立面,在夜间重塑其建筑物形象的照明方式。这种照明方式不仅能显现建筑物的全貌,将建筑造型、立体感、饰面颜色恰当表现出来,而且所需照明器功率较小,可以节约电能消耗,所以在设计中应用较为广泛。比如,北京的八达岭长城、天安门城楼、人民英雄纪念碑等许多建筑的夜景照明均采用了这种方式,并获得了很好的照明效果。

良好的投光照明一是要确定好被照建筑立面各部位表面的照度和亮度,使明暗层次感强,照度大小的确定应视建筑物表现的主次关系、墙面材料的反射率和周围的亮度条件而定;二是正确安装投光灯的位置,力求建筑体量感强,能形成适当的阴影和亮度对比;三是巧妙设置投光灯的位置,尽量做到见光不见灯,营造出自然的感觉,以免细节上疏忽破坏了整体美感;四是灯光的颜色要淡雅、简洁、明快,防止色光使用不当而破坏建筑风格;五是投光不能对人产生眩光和光的干扰。

投光照明的照度或亮度取决于被照面的颜色、反射比及它所在的环境的明暗程度。设计时可根据国际照明委员会1993年公布的技术文件《泛光照明指南》所推荐的照度进行选取。设计时按选定的照度即可计算出用灯的数量。

当前使用投光夜景照明需要注意如下几点。

(1)建筑物照明不应盲目地追求亮,这样一是浪费电,二是造成光污染,危害人的正常工作和休息,危害天文观测。对汽车司机夜间开车和飞机夜航也都有影响。

(2)玻璃幕墙建筑不宜使用投光照明方式,因为玻璃是透光材料,反光率很低,投射到玻璃面的光线反射不出来,而是射入室内,不仅无照明效果,还对室内人员产生严重的光干扰。

夜景照明方式的种类不只投光灯照明一种,具体采用哪种最合适的照明方式,要根据建筑物的特征和要求而定。

(二)建筑轮廓照明方式

在我国建国以来的建筑夜景照明几乎都是使用轮廓照明方式。轮廓照明的做法是用点光源每隔 30~50cm 连续安装形成光带,或用串灯、霓虹灯、美耐灯、导光管、通体发光光纤等线性灯饰器材直接勾画建筑轮廓。对一些构图优美的建筑物轮廓使用这种照明方式其效果是不错的。但是应注意单独使用这种照明方式时,由于建筑物墙面是暗的,因此,一般做法是同时使用投光照明和轮廓照明,这样的效果较好。另外,对一些轮廓简单的方盒式建筑不宜使用这种照明方式,要用也要和其他照明方式结合起来使用,才能形成较好的照明效果。

几种常用轮廓灯的性能、特征和照明效果的分析比较见表 6-7 所示。在选用轮廓灯时应根据建筑物的轮廓造型、饰面材料、维修难易程度、能源消耗及造价等具体情况,综合分析后确定。

(三)内透光照明方式

内透光照明方式就是利用室内光线向外透射形成夜景照明效果。做法有两种,一是不安装内透光照明设备,而是利用室内一般照明灯光,在晚上不关灯,让光线向外照射。目前国外大多数内透光夜景照明属于这一种;二是在室内靠窗或需要重点表现其夜景的部位,如玻璃幕墙、柱廊、透空结构或艺术阳台等部位专门设置内透光照明设施,形成透光发光面或发光体来表现建筑物的夜景。

内透光照明的最大特点是照明效果独特,节省费用,维修简便。国际上许多城市的不少高大建筑,晚上一般不关室内照明,室内光线向外照射,大量的窗户形成明亮的发光面来装点建筑夜景,景观独特,富有生气。这对营造整个城市的夜景气氛很有帮助。在我国,如北京国际大厦,设计时考虑墙面颜色较深,反光率太低,加之建筑高大,不宜使用投光照明,而是设计了内透光和轮廓灯相结合的照明方案。后因实施内透光照明方案不合国情,又改为外投光,但照明效果明显下降。

(四)特种照明效果

随着激光、光纤、全息摄影,特别是电脑技术等高科技的发展及其在夜景照明中的推广应用,人们用特殊方法和手段营造特殊夜景照明效果的特种夜景照明方式也就应运而生。如我国建国 45 周年天安门广场的夜景照明,使用 25 台激光器,通过各种颜色的激光光束在夜空进行激光立体造型表演,为节日夜景增色不少,在人们心目中留下了深刻印象和美好的回忆。又如上海东方明珠电视塔上球的 360 个结点上使用端头出光的光纤,形成一个个明亮的光点做球体的夜景装饰照明,亮点的明暗和颜色变化(有红、绿、蓝、白四种颜色)由电脑控制,有规律变化,造成"礼花爆开""玉珠悬空"和"满天星斗"的奇特照明效果,给人们以美的享受。

一般来说,设计师大都会采用多种照明方法有机结合的夜景照明模式,逐步形成了一种所谓突出重点、兼顾一般的多元立体照明方法。为了创造远观近看都满意的照明效果，常用泛光灯、轮廓灯或内透灯来表现整个建筑物的形态特征，再用局部投光照明突出其重点部位的细部。比如英国伦敦的 Somerset 大楼的夜景照明。这是英国政府各部的办公大楼。这座18世纪建造的古建筑，最早采用均匀布光的泛光照明方式，照明立体感差，耗电量超过100kW。由于外投光，窗洞出现黑斑，整个建筑看起来很明亮，既单调乏味又失去历史感。后来改进了照明方式，一是突出入口，改变均匀布光的做法，降低次要部位的亮度；二是利用内透光照明方法，窗子亮了；三是利用湖面的灯光倒影，在岸边设置了庭院灯。这样整个建筑的夜景得到了很大改观，不但降低了耗电量，而且取得了出色艺术效果。

三、建筑夜景照明的技巧

正如前面所述，夜间照明不仅要把建筑照亮，而且要照得美，要富有艺术性。为此设计者必须针对建筑物的具体情况认真研究用光方法，创造出最佳的照明效果。夜景照明用光方法很多，现就几种基本用光技巧作一简介。

(1)突出主光，兼顾辅助光　也就是说夜景照明并不是要求把建筑物的各个部位都照得一样亮，而是按突出重点，兼顾一般的原则，用主光突出建筑的重点部位，用辅助光照明一般部位，使照明富有层次感。主光和辅助光的比例一般为3:1，这样既能显现出建筑物的视觉中心，又能把建筑物的整体形象表现出来。

(2)掌握好用光方向　一般情况下，照明的光束不能垂直(90°)照射被照面，而是倾斜入射到被照面上，以便表现饰面材料的特征和质感。被照面为平面时，入射角一般取60°~85°；如被照面有较大凸凹部分，入射角常取0°~60°，才能形成适度阴影和良好的立体感；若要重点显示被照面的细部特征，入射角取80°~85°为宜，并尽量使用漫射光。

(3)在建筑的水平或垂直方向有规律地重复用光，使照明富有韵律和节奏感。如大桥和长廊的夜景照明，可利用这种手法创造出透视感强，并富有韵律和节奏的照明效果，营造出"入胜"或"通幽"的意境。

(4)巧妙地应用逆光和背景光　所谓逆光是从被照物背面照射的光线。逆光可将被照物和背景面分开，形成轮廓清晰的三维立体剪影效果。例如，柱廊和墙前绿树的夜景照明，在柱廊内侧装灯或绿树后面装灯将背景照亮。把柱廊和绿树跟背景分开，形成剪影，其夜景照明效果比一般投光照射柱廊或绿树更好，更富有特色。

(5)合理地使用色光　前面提到色光使用要谨慎，但使用合理，则可收到无色光照明所难以达到的照明效果。由于色光使用涉及的问题很多，难以简而言之。对于纪念性公共建筑、办公大楼或风格独特的建筑物的夜景照明以庄重、简明、朴素为主调，一般不宜使用色光，必要时也只能局部使用彩度低的色光照射。对商业和文化娱乐建筑可适当使用色光照明，彩度提高一点，有利于创造其轻松、活泼、明快的彩色气氛。

(6)画龙点睛地使用重点光　在最佳方向使用好局部照明的重点光，如用远射程追光灯重点照明，可收到醒目、突出重点的照明效果。

(7)在特定条件下，用模拟阳光，在晚上重现建筑物的白日景观　因白天阳光多变，另有天空光，严格说完全重现建筑物的白日景观是不可能的，但在特定条件下，重现建筑物白天的光影特征是可能的。如北京国贸大厦的主楼东侧顶就设置了 1 800W 窄光束的射灯,照明中国大饭店前的屋顶花园,人们身临其境,好比白天阳光高照,光影特征类似午后三四点钟,效果较好。

对于大型建筑物,综合使用上述几种用光和照明方式是营造好建筑夜景的有效方法。

复习思考题

1. 室内照明有哪些作用?
2. 室内照明的方式是什么?
3. 室内照明分为哪几种类型?
4. 如何避免室内眩光的发生?
5. 室内照明设计的基本原则是什么?
6. 室内照明设计的要求是什么?
7. 什么是建筑化照明?它有何优点?
8. 建筑化照明的形式有哪些?
9. 常用建筑夜景照明的方式有哪些?
10. 建筑夜景照明的技巧有哪些?

第七章

室 内 陈 设

第一节 室内陈设的概念、作用和分类

一、室内陈设的概念和作用

室内陈设,是指对室内空间中的各种物品的陈列与摆设。它所包含的内容很多,范围极广。概括地说,在一个室内空间中,除了地面、墙面和顶面以外,其余所有的内容均可称为"陈设"。当然,也有一种观点认为,家具不应划为陈设。

在室内环境中,陈设是用来表达精神功能的媒介。从表面上看,陈设的主要作用是加强室内空间的效果;但从实质上看,陈设的最大功效是增进生活环境的性格品质和灵活意识。陈设始终以表达一定的思想内涵和精神文化为着眼点,对室内空间形象的塑造、气氛的表达和环境的渲染起着锦上添花、画龙点睛的作用。

二、室内陈设的分类

概括而言,室内陈设可以划分为功能性陈设和装饰性陈设两大类。所谓功能性陈设,又称"实用性陈设",就是不仅具有一定的实用价值,而且具有一定的观赏价值或装饰作用的实用品。它包括家具、灯具、织物和其他日用品。所谓装饰性陈设,又称"观赏性陈设",就是本身没有实用价值而纯粹用来观赏的装饰品。它包括艺术品、工艺品、纪念品、收藏嗜好品和观赏性动植物等。

三、陈设品的特点

人们用陈设品来美化建筑空间,已有几千年的历史。现代陈设品是由传统饰品发展而来的。一方面,现代陈设品与传统饰品之间有着传承关系,如现代陈设品中的绘画、雕塑、编制品,都是在传统的基础上发展而来的。另一方面,现代陈设品又是现代社会的产物,它不仅是现代科学技术的结晶,而且还烙上了现代人思想感情的印记。

现代陈设品具有科学性、时代性、审美性三个特点。

科学性主要表现在三个方面:古老品种和传统材料的现代科学技术加工,如织物中的地毯、台布、窗帘等,工艺品中的陶瓷彩绘、陶瓷雕塑等;传统形式的现代材料,如陈设品中的尼龙地毯、化纤地毯、塑料台布,雕塑中的混凝土雕塑等,这些产品的样式和门类都是传统的,但其制作材料却是现代的,是现代科学技术的产物;现代材料经现代科学技术手法加工而成的现代产品,如铝合金百叶窗、不锈钢小品等,这些产品与科学技术的联系更加紧密,是现代科学技术的直接成果。

时代性是指它所体现的现代人的思想感情、精神风貌、审美意识以及它的现代形态。现代陈设品的时代性主要表现在三个方面:反映现代人的生活内容与精神风貌;体现现代人的思想感情和审美情趣;展示具有现代品格的艺术形象。

陈设品作为装饰装潢的一种附属构件,除了具有实用价值,它的主要功能还在于对建筑空间的装饰性,它的特殊性质就是审美性,具体表现为形式性和技巧性。形式性是陈设品最突出的美学属性。换句话说,陈设品的美主要表现在线、形、色等方面。人们欣赏一幅地毯、一张台布,主要是看它的构图是否新颖,线条是否生动,形象是否独特,色彩是否和谐等形式方面的因素,而不强调它表现了什么内容,具体有什么寓意。尽管内容和寓意也是必不可少的因素,但它却不是人们欣赏的主要方面。陈设品的制作需要高超的技术水平,因此,欣赏陈设品还应看其工艺水平、制作技巧。如欣赏彩锦刺绣品,不仅要看其戳纱、纳锦的技术水平,而且还要看其格的规则匀称、线的色彩和折光反映等。

第二节　织　　物

室内织物包括窗帘、床单、台布、沙发蒙面、靠垫及地毯、挂毯等。它们除了具有实用功能外,还可以增强室内的艺术个性,可以调整室内在装饰方面的不足,充分发挥其材料的质感、色彩和纹理的表现力,烘托室内的艺术气氛,给人以艺术陶冶和享受。

由于织物在室内的覆盖面积大,所以对室内的气氛、格调、意境等起到很大的作用。如图7-1,在开放的酒吧中,巧妙地用织物围合出吧台的空间,形成既独立又统一的空间效果。织物具有柔软、触感舒适的特性,所以又能相当有效地增加舒适感,见彩图31。在一些公用的空间内,织物可作为点缀性物品出现;对私密性空间以织物为主,则可塑造出应有的温暖感。织物的选用应考虑与室内的环境气氛相协调,要能体现室内环境的整体效果。

一、窗帘

(一)窗帘的作用

窗帘的主要功能是遮蔽、隔声、调温等,同时它又具有强烈的装饰效果。

窗帘的遮蔽作用包括挡光、防尘和遮景。根据遮蔽的性质,可以分为近密遮蔽和远疏遮蔽两类。近密遮蔽的主要目的是全面遮蔽室内的景物,充分保持室内的私密性。用于近密遮蔽的窗帘要用厚质不透明的织物来制作。当白天、夜晚均需遮蔽时,应在厚质窗帘与窗子之间加设一层轻薄多褶的浅色窗帘,供白天使用,以便在遮蔽室内景物的同时,使室内保持足够的亮度。当房间处于较高楼层、私密性要求不高时,可以采用轻质透明的纱、绸或网扣、百叶等窗帘,这类窗帘有利于室内采光和通风。用这种窗帘遮蔽景物就称为"远疏遮蔽"。

图7-1 织物围合的会议空间

用于隔声的窗帘要用厚重织物来制作,尺寸要宽大,折皱要多。大量的折皱可以消耗噪声的能量,提高窗帘的隔声能力。

窗帘的调温作用有两种:一种是实际的,一种是心理的。实验证明,冬天用厚重的暖色窗帘,可以阻止冷空气的侵入,有助于保持室内温度;夏天用浅色的窗帘,可以阻止热空气的进入,减少热辐射,降低室内的温度。窗帘的保温和降温效果可以达到2℃。心理上的调温作用是由窗帘色彩的冷暖变化产生的,尽管这不能带来客观温度的升降,但在人们心理上确实能发生作用。

在室内织物中,窗帘的面积较大,形态多变,而且正好处在视平线的高度上,因此,其色彩、图案、纹理、悬挂方式和开合方式等都能极大地影响空间的格调和气氛。窗帘的色彩应与整个环境相协调。面积大的,色彩的彩度和明度要低些;面积小的,为突出其地位和装饰性,色彩的彩度和明度可高些。窗帘的色彩要与墙面、家具的色彩相呼应。一般地说,暖色墙面应配暖色窗帘,冷色墙面应配冷色窗帘,不宜采用对比过强的颜色。条件许可时,窗帘的色彩应随季节而改变。夏天用冷色,冬天用暖色,夏天淡一些,冬天浓一些。除单色窗帘外,还可根据需要选用条格或带有各色图案的窗帘。选用条格窗帘时,要以室内空间特别是窗口的比例为依据,要利用条纹的方向调整空间和窗口的比例,垂直条纹可使空间显得高些,水平条纹可使空间更舒展。选择窗帘图案的种类,应综合考虑空间的性质、窗帘的大小等因素。小型图案文雅、安静,并能扩大空间感;大型图案活泼、醒目,给人的印象强烈,能使空间向内缩;简洁、明快的几何图案容易与现代化的其他陈设相协调;动植物及人物、风景图案可以体现特定的意图,反映不同地区、不同民族的特点和风格。彩图32所示的窗帘与室内空间融为一体的淡雅格调,将会给人带来一个清凉的世界。但要注意,在选用窗帘的花样和图案时,不宜过多地追求变化。这是因为,窗帘在室内通常充当背景,宜统一甚至单一,忌色彩和图案的多变,否则会冲淡室内空间的主题。

(二)窗帘的材料

可作窗帘的材料很多,如竹、珠、塑料、金属薄片等,但作为织物窗帘,主要有粗布料、绒料、薄料和网扣四类。

粗毛料、仿毛化纤织物和麻类编织物,粗、实、厚、重,遮蔽性强,具有温暖感,还能从纹理上显示出厚实、古朴等特点。

平绒、条绒、丝绒、毛巾布等绒料做的窗帘,主要特点是厚、重、保温,有较强的遮蔽作用,自然下垂,能充分表现褶皱的自然美,适用于冬季或作双层窗帘中较厚的一层。绒料多是单色的或条格的。

薄料窗帘是用较薄的棉、麻、丝、化纤织物,如花布、府绸、丝绸、乔其纱和尼龙纱等制作。其特点是质地轻薄、装饰性强、花色品种多、经济实惠。多用于夏季,或作双层窗帘中轻薄的一层。

网扣、抽纱等窗帘,保温、遮蔽性能差,但装饰性极强。它多与厚重的窗帘配合使用,遮蔽阳光和视线,并成为室内的重要装饰物。网扣的图案有抽象的,也有写实的。许多写实图案能够烘托环境的气氛,表现空间的主题。

(三)窗帘的款式

窗帘的款式非常丰富,它与窗帘的层次、长度、开启方式以及构配件装饰相关。从层次上,窗帘有单层、双层、三层等几种方式;从长度上分,有通长式(落地)和半幅式两种;从构配件上分,有无窗帘盒、有窗帘盒、护罩式等;从开启方式上分,则有单向、双向、上拉等。并且这几种方式是以相互组合的方式出现的,所以显示了窗帘款式的多样性。从窗帘的形态和使用特征看,窗帘可分为以下几个类型。

(1)单幅式　单幅式是由独幅帘构成的窗帘,如图7-2(a)所示。它常用于墙面或窗户较小处,以单向或拢起方式开启。其优点是悬挂、开启方便,常用于卫生间、厨房、门带窗的墙面等。

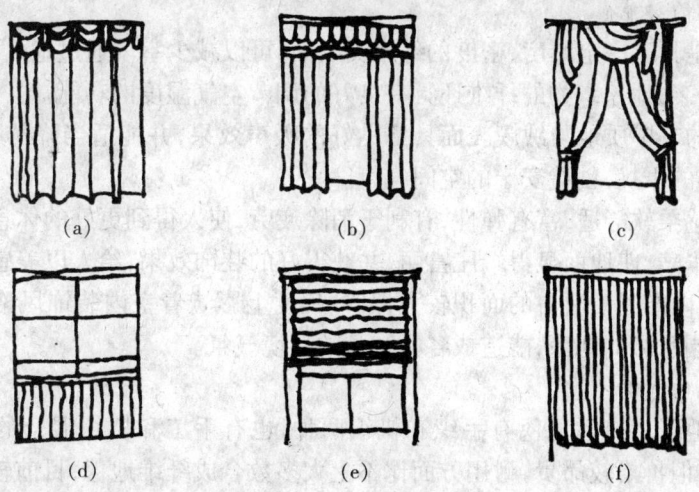

图7-2　不同种类的窗帘
(a)单幅式　(b)双幅式　(c)束带式　(d)半帘式　(e)上启式　(f)纵向百叶式

(2) 双幅式　双幅式是窗帘中应用最多的款式,适用于中间开窗或大窗上。窗帘分左右两幅,给人以均衡、平稳的感觉。双幅式通常为双向开启,窗帘上部设有导轨,具有开启方便、灵活等优点,常用于卧室、宾馆客房中,如图7-2(b)所示。

(3) 束带式　束带式窗帘是指窗帘上部的悬挂为固定式,窗帘的开启是以束带束系的方式,如图7-2(c)所示。这种方式装饰性很强,常用于采光面较大的窗户或玻璃幕墙墙面。一般出现在公共场所,如办公、餐厅等场所。制作这种窗帘的材料应富有弹性、柔软、悬感好。

(4) 半帘式　半帘式是指遮住半幅窗户(通常为下部)的窗帘形式,如图7-2(d)所示。半帘式能遮住下部人的视线,并能通过上半部看到室外景色,透进直射阳光,一般用于采光不足的临街建筑或相对较近的建筑的窗户。

(5) 纵向开启的窗帘　纵向开启的窗帘多为上启式,如图7-2(e)所示。它的优点在于能灵活地控制室内光线,可随着早晚阳光入射角的变化进行调节,且用料较省。

(6) 纵向百叶式　纵向百叶式是以挺括、垂感好的面料做成百叶薄片组合而成的窗帘,如图7-2(f)所示。它常以浅色面料制作,具有采光、调光自如,进光柔和等优点,常用于办公等场所。

窗帘的选用应根据房间的使用要求和装饰特点来确定。在窗帘的层数和窗帘护罩、窗帘配件的选用上应与室内的整体风格和细部处理相协调。

二、地毯

地毯是铺设类装饰织物,不仅在宾馆、会堂、舞台等公共建筑内得到普遍的应用,而且随着人们生活水平的提高,它也进入了千家万户。地毯具有防潮、保暖、吸声、弹性好等优点,还能以本身的色彩、图案和质感,美化环境,渲染空间气氛。例如,彩图12中,一块花毯使原本单调的小屋变得妩媚动人。

(一) 地毯的功能

(1) 地毯是具有一定厚度、密度的纤维类绒面,可以减少室内通过地面散失热量,阻止地面寒气的侵袭;地毯织物的纤维还具有良好的调节空气湿度的功能。

(2) 地毯的丰厚质地与绒簇表面具备良好的吸声效果,并能适当降低噪声影响,减少周围杂乱声响的干扰,创造安宁的空间气氛。

(3) 脚踏感柔软舒适,富有弹性,有利于消除疲劳,使人得到更好的休息和放松。

(4) 外观华美,使地面显得端庄富丽,并获得好的装饰效果,给人以美感和享受。

地毯在室内空间中所占的面积较大,某种程度上影响着室内装饰风格的基调。选用不同花纹、不同色彩的地毯,能造成各具特色的环境气氛。

(二) 地毯的种类

(1) 纯毛地毯　纯毛地毯有手织和机织两种,也有手工和机织混合的。它的图案优美,质地厚实,但价格较昂贵,耐用方面比不上大多数合成纤维地毯,目前较多应用于高档宾馆、会堂、舞台、高级办公室、高档公寓的地面。

(2) 混纺地毯　混纺地毯是以毛纤维和各种合成纤维混纺而成,它比纯羊毛地毯价格低,耐磨性能也较好,适用于一般中、低档客房、办公用房、公寓和住宅。

(3)合成纤维地毯 合成纤维地毯是以丙纶、腈纶等合成纤维经簇绒法和机织法制成面层,再与麻面背衬或胶背衬加工而成,外表与触感均像羊毛,耐磨而富有弹性,重量轻、色彩鲜艳、价格低廉。可用于一般旅馆、饭店等公共建筑及普通家庭。

(4)塑料地毯 塑料地毯是用聚氯乙烯树脂、增塑剂等材料,经混炼塑制而成的。它具有质地柔软、色彩鲜艳、自熄、可以水洗除污等特点,价格较低,但耐磨性较差,容易老化,弹性差,易变形。

此外,还有丝毯、植物编织毯等。丝毯质地柔软细腻,光泽度高,是各类毯中的上品,但价格昂贵,用做地面的较少,较多地用于挂饰。

(三)地毯的选用与铺设

从种类上看,羊毛地毯弹性好、柔软感强,适宜铺于卧室;化纤地毯弹性较差,较粗糙,光泽较暗,但耐腐蚀、易清洗、价格低,适宜于客厅和走廊铺用,也适于一般家庭。

从色泽和图案上看,地毯选择必须与房间的色彩相协调。一般红色、金黄色、橘黄色的地毯艳丽华贵,如配以浅色家具,房间会显得富丽堂皇;驼色、米黄色等浅色地毯较雅致,如配以浅色家具,则房间显得幽静、淡雅。一般会客室宜选用色彩较暗、图案较大的地毯;客房、起居室的地毯可选用色彩较明快、图案较小的地毯。

地毯的铺设,应根据室内陈设艺术的结构来设计,在不破坏整体空间艺术效果的前提下,起到烘托空间气氛、集聚室内陈设的作用。它可使室内陈设中的某一组家具连成一片,构成虚拟空间,成为室内一个完善的构图中心。地毯有满铺和局部铺设两种形式,满铺较舒适,避免毯边绊脚,但费用较高,布置不当会造成拥塞或单调;局部铺设的地毯,常能衬托室内布置的重点。地毯的图案和色彩不宜过分复杂、强烈,以平稳安静、淡雅朴素为佳。

满铺的地毯需承受家具器物的压力和人们经常走动的摩擦,因此,要求有很好的坚牢性和回弹性,并易去污。会议室、展览馆、工作室常采用满铺地毯的形式。这类地毯目前一般选用腈纶、丙纶、锦纶等化纤机织地毯、簇绒地毯。

局部铺设的地毯一般放置于居室中央或会客室座椅前、钢琴下、非室内主要通道部位,即没有频繁走动的部位,由于面积不大,可根据气候的变化而经常更换。局部铺设的地毯多使用羊毛地毯、丝毯,以高贵优良的质感保持室内华美、舒适的环境。

三、床罩与桌布

床罩、桌布不仅有实用功能,而且对房间能起到较好的装饰作用,影响室内的效果气氛。有用腈纶棉制的床罩,具有较强装饰效果的网扣式床罩,拉毛、剪绒床罩及棉织、丝光、的确良为面料的床罩四种。在用色选择上要考虑使用者的年龄、性别、爱好等特点。不同的地区、不同的民族和不同季节对颜色的要求也不一样。棉织床罩适合于普通家庭使用,丝织床罩则多用于高级宾馆。

床罩的色彩图案、用料应与室内其他织物及周围环境相协调。床罩、窗帘等采用同种面料和缝制手法,是获得统一协调的最常用的手法,并能形成整个空间的基调。

桌布主要用于餐桌,通常有布质和塑料两种,前者质感柔和,后者便于清洁。如图7-3,选用清新淡雅、花样简洁的桌布作背景,更有助于突出桌上的果盘和桌上工艺品。

图7-3　桌布的背景作用　　　　　图7-4　装饰趣味浓厚的靠垫

四、沙发蒙面、靠垫

沙发蒙面的选用，首先必须满足坚固、耐用的要求，其次在色彩、图案、质感上必须与室内环境气氛相协调。蒙面材料品种较多，必须适当选用。

皮革和仿皮沙发具有厚重、高贵等特点，适用于比较讲究的会客厅。一般人造革的沙发可以用于气氛轻松、活泼的场所。丝绒、平绒、锦绒等蒙面的沙发典雅、华丽，宜采用古典的款式。一般毛呢、化纤织物蒙面的沙发经济实惠、朴素大方，可以用在住宅或气氛不太隆重的场所。

沙发蒙面的色彩通常应明快些，色彩上应与整个室内色彩基调相统一。当沙发蒙面在室内所占的比重不大时，也可采用适当的对比色，图案、花样宜大不宜小，宜整不宜碎。

靠垫是沙发的附件，常被做成方形、圆形等。靠垫可以调节人们坐、卧、倚、靠等不同的姿势，放在腰后可以起到托腰的作用，也可以作为扶手、枕头等用。靠垫套可用棉、麻、丝、化纤等素色、提花或印花织物制作，也可用几种不同颜色的零星小料拼成，其图案比较自由活跃，强调装饰趣味，表现手法不拘一格。例如图7-4就是一组靠垫，上面所印的民族图案表现出很强的装饰趣味。靠垫必须以沙发的造型、蒙面质地、色彩、图案为依据，力求起到积极的点缀作用。

第三节　艺术品与工艺品

艺术品和工艺品是装饰性陈设品的主体。艺术品包括绘画、雕塑、书法和摄影等作品，工艺品则由实用类与欣赏类两个部分构成。无论是实用类还是欣赏类，作为工艺品其形态的艺术性都是首位的，只具实用性而无艺术性的物品不能称之为"工艺品"。

一、艺术品

艺术品是最珍贵的室内陈设品，具有较强的艺术感染力。在选择上，应该注意作品的内涵是否符合室内的格调,造型、色彩是否与室内空间的气氛相统一,否则,非但无助于装饰效果,反而可能造成相反的效果,因此,必须慎重选用。

室内常用的艺术陈设品有西式绘画、书法、国画、摄影作品、小型雕塑等。

(一)西式绘画

西式绘画以油画为代表,也包括水粉画、水彩画等。油画的特点是画面饱满、色彩浓郁、层次丰富、空间透视感强,极具表现力,且耐久性好,便于保存,是艺术陈设的上品。但油画对空间的要求较高,通常应有较大的墙面供其挂放,如大厅、会议室、客厅等。当然也有小幅面油画,同样可用于书房、卧室或餐厅。

西式画通常以人物、风景为主要题材,画面较规整,常以画框作边饰以张挂。挂画的位置应注意与人的视线关系、墙面的大小以及光线条件等因素。

(二)书法、国画

书法、国画是我国传统文化、艺术的瑰宝。书法、国画艺术中蕴藏着深厚的思想、哲理和道德伦理观。书法、国画中的写意达到了一种较高的艺术境界,同样具有极强的艺术感染力。

在民族形式建筑及现代建筑内的中式餐厅、中式客房、会议厅等的室内设计中,常配以中国书法。中国书法往往与中国绘画相结合,使中国民族形式建筑的室内更增添了古朴典雅的情趣。中国书法的字体有篆法、正楷、草书、行书、隶书几种。篆法是秦代通行的文字。秦始皇推行统一文字的政策,以小篆为正字,淘汰通行于其他地区的异体字。正楷形体方正、笔画平直,始于汉末,一直通行至今。草书是为书写便捷而产生的一种字体,上下字之间的笔势往往牵连相通,偏旁相互假借的为"今草";笔势连绵回绕,字形变化的为"狂草"。行书是介于草书与正楷之间的一种字体。隶书是由篆书简化而成的一种字体,"隶书"把篆书复杂的笔画变成简单的笔画,以便书写。书法艺术便是以这几种字体为基础,以书法家的书写风格,加之对书法内容的理解后的艺术创作。

中国画的主要表现对象有花鸟、山水和人物三种。国画采用画图和文字相结合的做法,融绘画艺术和书法艺术于一体,图文并茂。国画以水墨为主要颜料,外加少量色彩,画面总体上清新淡雅,其视觉上的强烈程度不如西式画,但其构图、意境则能给人以联想与寻味。中国字画用的是很薄的宣纸,所以在张挂前须经托裱、裱糊等工艺处理。

二、工艺品

(一)工艺品的分类

工艺品可分两类。一类是实用工艺品,一类是欣赏工艺品。实用工艺品包括瓷器、陶器、搪瓷制品、竹编和草编等。其基本特征是既有实用价值,又有装饰性。欣赏工艺品专供人们欣赏,没有实用性。欣赏工艺品的种类很多,如挂毯、挂盘、牙雕、木雕、石雕、贝雕等都属于这一类。欣赏工艺品中,有很多品种不同程度地反映了民族的文化传统和习惯。我国的许多民间工艺品如泥塑、面人、剪纸、刺绣、织锦、漆器等,都具有浓郁的乡土气息,成为民族文化的一部分。

(二)工艺品的作用

(1)构成主要景观点　不少工艺品可以陈设在视线的焦点上。当工艺品体量较大,内容也与空间的性质和用途相贴切,这种位置显赫、主题突出的工艺品,可以成为空间的标志。

(2)填补空间　用小壁挂等挂于墙上,可填补墙面的空白,起到充实空间的作用。

(3)调整构图　室内陈设要符合构图原则,在大局初定的情况下,用体量较小的工艺品加以调整,能使室内构图更完美。如在有棱有角的墙壁上挂上一个圆形的小挂盘,可减弱墙面的单调感;在多用柜里摆上几件小玩具,可使多用柜的立面出现虚实对比,富有层次感。

(4)体现民族和地区特点　许多工艺品具有明显的民族特色和地区特点,北京的景泰蓝、福建的漆器、广东的象牙雕、宜兴的茶壶等早已驰名中外。将这样一些工艺品陈设在室内能使环境更有性格。在进行异国情调或少数民族的室内设计时,应采用能够体现这个国家或民族特点的工艺品。

(三)工艺品的配置

配置室内工艺品,要遵循以下原则。

(1)以空间用途为依据　配置室内工艺品要以空间的用途和性质为依据,挑选能够反映空间意境和特点的,并要使其格调统一,切忌杂乱无章,甚至相互矛盾和排斥。

(2)要符合构图法则　符合构图法则就是要使工艺品与空间和其他陈设的关系符合形式美的基本原则。应注意把握好比例和尺度的关系,并注意统一变化的规律。

(3)应注意质地对比　质地的对比也是相当重要的。在大理石的台板上放置绒制的小动物、纹理粗糙的竹编或者古朴的陶器,既能突出这些工艺品的地位,又能反衬大理石台板的光洁度。

(4)与环境色彩协调　要注意工艺品与整个环境的色彩关系。小型艺术品往往作为点缀而存在,色彩不妨艳丽些;较大的工艺品,对室内的色彩关系影响较大,确定色彩时应考虑面积效果,持慎重态度。

工艺品的陈设要注意欣赏者的视觉条件,包括欣赏者的位置和视野范围等。应把重点工艺品放到视线的焦点上,其高度要与人的正常视线相近,以便人们能在不弯腰、不翘首的常态下欣赏。

第四节　日　用　品

日用品的主要功能是实用,但现代日用品的造型已日趋美化,加之使用频率很高,所以它们同样在室内陈设中占有相当的比重。日用品的种类较多,主要包括家具、器具、灯具、家电、音乐器材、体育运动器材等等。

一、器具

室内器具的种类较多,如陶瓷器具、玻璃器具、金属器具等。

(1)陶瓷器具　陶瓷器具风格多变,有的简洁流畅,有的典雅娴静,有的古朴浑厚,有的艳丽夺目,很能体现环境的意境和主人的审美观。我国景德镇的白瓷、醴陵及宜兴的陶器、龙泉瓷器均制作精雅,富有艺术感染力,常作为餐厅、起居室的陈设。

(2)玻璃器具　玻璃茶具、酒具、果盘、花瓶、花插等具有玲珑剔透、晶莹透明、闪烁反光等特点,在室内陈设中,往往可以加重华丽、新颖的气氛。国内生产的玻璃器皿,可以分为三类:第一类是普通的钠钙玻璃器皿;第二类是高档铝品质玻璃器皿,其特点是折光率高,晶莹透明,能制成各式高档工艺品和日用品;第三类是稀土着色玻璃器皿,其特点是在不同光照条件下,能够显示不同的色彩效果,五彩缤纷,瑰丽多变。

(3)金属器具　以银、铜为代表金属制作的日用品具有较好的陈设效果,银常用于酒具和餐具上,其光泽性好,且易于雕琢,可以制作得相当精美。铜器物品则显得沉着、很有份量,其表面光洁度好,同样显示出华贵。

二、家电

随着人民生活水平的不断提高,包括视听设备、空调、洗衣机、电冰箱、微波炉等在内的家用电器日益普及,并且成了室内的重要陈设。

家用电器造型简洁、工艺精美、色彩明快,能使空间环境富有现代感,它们与组合柜、沙发椅等现代家具相配合,十分和谐相宜。

(一)视听设备

视听设备能展现清晰画面,传播动听声音,是人们在休闲时欣赏文艺节目、了解时事动态的主要途径。视听设备本身又是造型简洁、工艺精巧、现代感强、实用价值高、极富装饰性的陈设品,因此视听设备应兼顾实用与装饰两个方面的效果。从使用的角度讲,要考虑到视听设备怕热、怕震、怕湿、怕积灰等特点,以及视听时的高度、远近距离等问题。例如,电视机放置的高度不宜超过 1.3m,远近距离由电视机的大小而定,一般可按屏幕高度的 5～7 倍计算。音箱布置考虑的重点是其声域和音响效果,大小和功率要与空间的大小相匹配,两个音箱与收听者的位置最好构成等腰三角形,以便取得良好的音响效果。通常,体积大、造型新、音量足的设备,可放在室内相对固定的位置,如橱柜、桌子的两侧或房间的偏角处,既可避免过分居中放置的呆板性,又能形成室内视觉焦点,从而达到美化居室的效果。而对于体量较小、轻便灵活的小设备,可置于书桌上、橱柜中、沙发旁,对家居环境起到点缀的作用。

(二)电冰箱

电冰箱是一种最普及、最实用的储存类家用电器,又是一种现代化的富于装饰性的日用消费品。冰箱的种类很多。按国际标准分类,低温部分的标记有一星(－6℃)、二星(－12℃)、三星(－18℃)、四星(－24℃)。食品的保质期与温度的高低相关,通常在 －18℃是最合适的,这个温度可以有效抑制食品中有害生物的繁殖而不会导致食品变味变质。按容量大小来分,主要有 130L、150L、165L、170L、180L、185L、200L、210L、230L 等若干种。按门的多少分类,主要有单门、双门、三门等。近年组合冰箱和家用冰柜也开始走入寻常百姓家庭。

冰箱的选择首先要考虑其实用性,应根据家庭成员的多少来决定冰箱容量的大小、开门的多少:单身家庭,可选择 130L 的单开门冰箱;二人家庭,可选用 150L、165L、170L 的双开门冰箱;三人或三人以上的家庭,则可选用大容量的冰箱。这样,既满足不同家庭贮存食物的需要,又能做到经济节约。

冰箱作为家电中的大件,它的装饰效果也是不容忽视的。在色彩方面,除了传统的乳白色和淡绿色外,现在还有明黄色、宝石蓝色等,选择的余地比以往大了许多。人们可以根据房间家具的整体色彩和风格选择冰箱的颜色,既可以统一协调也可以通过色彩对比突出冰箱的醒目位置。

冰箱的搁置位置应灵活安排。电冰箱在冷冻时会散发热量,并有轻微的噪声。一般来说,放置在厨房、餐厅或厨房与餐厅连接的部位较为合适,这样既不会造成对其他空间的干扰,又比较方便操作时取放食品。无论放于何处,都要保证其不能倾斜,而且应与墙壁保持10cm宽的距离,以保持空气流通,便于散热,保证冰箱的正常运行。

(三)洗衣机

洗衣机也是现代家庭使用频率较高的家用电器。洗衣机的种类繁多,所以在选购洗衣机时,应根据其服务人数、使用频率等需求情况和市场供应状况选择洗衣机的规格、型号和牌号。从实用的角度,主要考虑将其放置在进水、排水方便的盥洗室、卫生间和厨房,这样能避免使用中带来的潮湿和噪音干扰等问题。从美化空间的角度看,洗衣机外形大方、色彩淡雅、线条清晰,装饰意味也较强。

三、音乐、体育运动器材

音乐、体育器材的陈设通常能体现主人的爱好和情操。音乐器材造型优美、精致,作为室内陈设可让人产生音乐的联想,并营造出一定的室内情调。常见的室内音乐器材有钢琴、古琴、笛、箫等。体育运动器材则能表现刚劲强健、爽朗活泼的生活气息。特别是造型优美的网球拍、高尔夫球具、刀剑、弓箭、枪支等。

除以上几类实用性陈设外,生活中的许多用品也都具有一定的表现力,如书籍,它不仅可以阅读,且能使室内充满文雅脱俗的书卷气息。

第五节　室内陈设的选择

一、陈设品风格的选择

陈设品的风格是多种多样的,它具有历史代表性,能反映民族风情和地方特色;既能代表一个时代的经济技术,又能反映一个时期的文化。陈设品的风格选择主要涉及与室内风格的关系问题。因此,选择途径主要有两条,一是选择与室内风格相协调的陈设品,二是选择与室内风格相对比的陈设品。选择与室内风格协调的陈设品,可使室内空间产生统一的、协调的感觉,也很容易达到整体和谐的效果。选择与室内风格对比的陈设品,能在对比中获得生动、活泼的趣味。但在这种情况下陈设品的变化不宜太多,因为少而精的对比可使其成为空间的视线中心,多则会产生杂乱之感。总之,陈设品的风格选择必须以室内整体环境风格作为依据,去寻求适宜的格调和个性。

二、陈设品形式的选择

室内陈设品的形式包括造型、色彩、质感,其形式的选择应从这三个方面来考虑。

(一)陈设品色彩的选择

陈设品的色彩在室内环境中所起的作用很大,对于不同的陈设品,其色彩选择不同。大部分陈设品的色彩是处于"强调色"的地位,少部分陈设,如织物陈设中的床单、窗帘、地毯等,其色彩面积较大,有时可作为背景色。处于"强调色"的陈设品,能丰富室内色彩环境,打破过分统一的格局,创造生动活泼的气氛,但是也不宜过分突出,而缺乏与整个环境色的联系。尤其是陈设品数量较多时,处理不当,更易产生杂乱之感。

处于"大面积色彩"的陈设如床罩、窗帘、地毯等,都具有较大的面积,且大都处于较醒目的位置,对于室内整体环境色彩起着很大的影响作用。它与整体环境色彩的关系,可以选同类色产生统一感,或选对比色产生变化,但后者在处理上应慎重考虑,因大面积的色彩变化易使室内整体环境色彩显得刺目而失去整体感。

陈设品的色彩选择应首先对室内环境色彩进行总体控制与把握。即室内空间六个界面的色彩一般应统一、协调,但过分的统一又会使空间显得呆板、单调,因此最好的点缀色便是室内陈设品。虽然陈设品千姿百态的造型和丰富的色彩赋予室内空间以生命力,但是为了丰富空间层次而选用过多的点缀色,会使室内空间显得凌乱。因此,宜在充分考虑总体环境色彩协调统一的基础上适当点缀,真正起到锦上添花的作用。

(二)陈设品造型、图案的选择

由于现代室内设计日趋简洁,陈设品在造型上采用适度的对比也是一条可行的途径。陈设品的形态千变万化,带给室内空间丰富的视觉效果。例如,家用电器简洁和极具现代感的造型,各种茶具、玻璃器皿柔和的曲线,盆景植物婀娜多姿的形态,织物陈设丰富的图案及式样等等,都会加强室内空间的形态美。再如,在以直线构成的空间中陈列曲线形态的陈设,或带曲线图案的陈设,能产生生动的形态对比,也使空间显得柔和舒适。

(三)陈设品的质感选择

自然界的材料有许多不同的质感,用作室内陈设品的材质也各不相同。例如,木质纹理自然朴素,玻璃、金属光洁坚硬,未抛光的石材粗糙,丝绸织品细腻光滑而柔软等。总之,材料质地对视觉的刺激因其表面肌理的不同而影响审美心理。形状、疏密、粗细、大小均会产生不同的美感,如精细美、粗犷美、均匀美、华丽美、工艺美、自然美等等。光滑平整的表面常给人轻巧柔美之感,而粗糙的表面却显得粗犷浑厚。

对质地的感受是随着对比而加强的。例如,有许多光滑而反光的表面材料如金属、玻璃等制品装饰于现代室内环境,正是通过与天鹅绒、粗呢、粗糙的石材等陈设的质感对比而加强其视觉效果的。陈设品的形状,也可以通过与背景质感的对比来加强和突出。因此,对于陈设品质感的选择,也应从室内整体环境出发,不可杂乱无序。在原则上,同一空间宜选用质地相同或类似的陈设以取得统一的效果,尤其是大面积陈设。但在陈列上可采用部分陈设与背景质地形成对比的效果,使其能在统一之中显出材料的本色。须重点突出的陈设可利用其质感的变化来达到丰富的效果。

第六节 室内陈设品的陈列方式

一、墙面陈列

墙面陈列,是指将陈设品张贴、钉挂在墙面上的展示方式。墙面陈列的陈设品以书画、编织物、挂盘、浮雕等艺术品为主,也可悬挂一些工艺品、民俗器物、照片、纪念品、个人收藏品及文体娱乐用品等。将陈设品陈列于墙面,可以丰富室内空间,避免大面积的空白墙面产生空洞单调之感。但墙面陈列方式主要应注意下列两个方面。

(1)陈设品在墙面上的位置与整体墙面及空间的构图关系。陈设品在墙面上的位置,必然会与整体墙面的构图及靠墙放置的家具发生关系,因此要注意构图的均衡性。墙面陈设的陈列可采用对称式构图与非对称式构图。对称式的构图较严肃、端正,中国传统风格的室内空间常采用这种布置方式;非对称式的构图则比较随意,适合各种不同风格的房间。

(2)成组陈列的陈设,自成一体,应注意其本身的构图关系及与整体环境的构图关系。成组陈列的陈设,可采用水平、垂直构图或三角形、菱形、矩形等构图方式组合,使其有规律或有节奏、有韵律感。成组陈列的陈设品,往往在墙面上所占面积较大,因此在整个空间构图中是否均衡、轻重关系是否适当,应仔细推敲。图7-5就是用成组陈列的陈设品装饰墙面的一个范例,乐器与装饰画在背景墙上大量地交替使用,达到了既丰富又有秩序感的视觉效果。

图7-5 用成组陈设品装饰的墙面

此外,墙面陈列的陈设,还可与其相邻的家具形成一个整体,如悬挂于床头、沙发上方的挂件,可以挂得稍低一些,以使它们成为床或沙发组的一部分。但应注意悬挂高度不宜过低,以免碰头或影响家具的使用。

二、台面陈列

台面陈列,主要是指将陈设品搁置于水平台面上。台面陈列的范围较广,各种桌面、柜面、台面均可陈列。例如,书桌、餐桌、梳妆台、茶几、矮柜等等。

台面陈列是室内空间中最常见、覆盖面最宽、陈设内容最丰富的陈列方式。例如，床头柜上陈列台灯、闹钟、电话等，使用方便；梳妆台上有许多化妆品需要陈列；书桌上多陈列台灯、文具、书籍等；餐桌上可陈列餐具、花卉、水果；茶几上则陈列茶具、食品、植物等等。此外，电器用品、工艺品、收藏品等都可陈列于台面上。应当指出，虽然室内的台面都可作为展示陈设品之处，但应注意整体效果，不可五花八门或者杂乱混淆，也不应对人的活动产生妨碍。事实上，精彩的东西不需要多，只要摆设恰当，就能让人赏心悦目，回味无穷了。因此，在台面展示的处理上应注意以下几点。

(1) 陈置灵活，构图均衡　通常台面陈列的陈设品不止一件，往往成组设置，因此几件陈设品的组合，应注意构图合理、有序但又不呆板，高低错落则更显丰富的效果。

(2) 色彩丰富，搭配得当　每件陈设品都有各自的色彩，要注意色彩间的相互关系，搭配在一起是否协调，多数陈设宜选择与室内环境色协调的颜色，而少数几样陈设可选用较突出的与环境色相对比的颜色，起到画龙点睛的点缀作用，使空间色彩丰富，又不至于俗气。

(3) 轻重相间，陈置有序　材料的质感不同，会给人以轻、重、粗、细等感觉，各种陈设品由各种不同的材料构成，便对人产生不同的心理影响。例如，玻璃器皿，其晶莹透明的玻璃质感使人感觉其轻；一件深色陶瓷花瓶，给人厚重之感；石雕使人感觉硬；丝绸使人感觉软。一般来说，深色物重，浅色物轻；透明物轻，不透明物重，这是各种形态的物品给人的轻重之感。因此，在陈列各种质感的陈设品时，应注意轻重、粗细相间布置，不应一组全是厚重的陈设，另一组又是轻巧的陈设，这会使人感觉构图不均衡，轻重无序。

(4) 环境融合，浑然一体　陈设品展示于台面，而许多台面往往是靠墙设置，必然会产生与墙面陈设品的协调关系问题。因此，除台面陈设本身的构图关系应合理外，还应考虑与墙面挂件及家具之间的整体构图关系。

图7-6就是一组台面陈列的图片。

(a)

(b)

图7-6　台面陈列

三、橱架陈列

橱架陈列是一种兼具贮藏作用的展示方式。将各种陈设品统一集中陈列，使空间显得整齐有序，尤其是对于陈设品较多的空间来说，是最为实用有效的陈列方式。

适合于橱架展示的陈设品很多，如书籍杂志、陶瓷、古玩、工艺品、奖杯、奖品、纪念品、一些个人收藏品等等，都可采用橱架展示。对于珍贵的陈设品如一些收藏品，可用玻璃门将橱架封闭，使陈列于其中的陈设品不受灰尘的污染，起到保护作用，又不影响观赏效果。橱架还可做成开敞式、空透式的，分格自由灵活，可根据不同陈设品的尺寸分隔架的大小。例如，中国传统的博古架就是典型的橱架展示陈设品的方式。

橱架陈列方式应考虑的因素有：

(1)橱架的造型、风格与陈设品的协调关系。橱架的造型、风格、色彩等都应视陈列的内容而定。例如，陈列古玩，橱架以稳重的造型、古典的风格、深沉的色彩为宜；若陈列的是奖杯、奖品等纪念品，则以简洁的造型，较现代感的风格为宜，色彩深、浅皆适合。如图7-7中的曲线橱架恰到好处地衬托了陈设品，两者共同构成了活泼有趣、构图简洁的墙面装饰。总之，橱架的造型、风格、色彩应与所陈列的陈设品协调，而且应有效地突出陈设品的美感。

图 7-7 橱架陈列

(2)橱架与其他家具以及室内整体环境的协调关系。橱架除与陈设品风格协调之外，更重要地是应与室内整体环境相协调，应与室内全套家具配套统一。因此，在考虑橱架的造型、风格的时候，应将多方面因素考虑进去，力求整体上与环境统一，局部与陈设品协调。

四、其他陈列方式

除了以上所述几种最普遍的陈列方式外，还有一些其他的陈列方式，如地面陈列、悬挂陈列、窗台陈列等等。

对于有些尺度较大的陈设品,可以直接陈列于地面。例如,灯具、钟、盆栽、雕塑艺术品等;有的电器用品如音响、大屏幕电视机等,都可采用地面陈列的方式。这种陈列方式随意、方便,但占地面积较大,不利于充分利用空间,因此地面陈列的陈设品不宜多。

悬挂陈列的方式在公共性的室内空间常常使用,如大厅的吊灯、吊饰、帘幔、标牌、植物等等。在居住空间中也有不少悬挂陈列的例子,如吊灯、风铃、垂帘、植物等等。悬挂陈列的优点有两个:一是充分利用空间,不影响人的活动;二是悬挂的陈设使空间生动活泼更有情趣,也使空间层次更为丰富。

居室窗台也常常作为陈设品陈列之处,尤其是窗台较宽的凸形窗,窗台陈列更是妙趣横生。窗台陈列最常见的是花卉植物,当然也可陈列一些其他的陈设,如书籍、玩具、工艺品等等。窗台陈列应注意的是窗台的宽度应足够陈列,否则陈设品易坠落摔坏;其次是陈设的设置不应影响窗户的开关使用。

五、室内陈设品的布置原则

(1)格调统一,与整体环境协调 陈设品的格调应遵从房间的主题,与室内整体环境统一,也应与其相邻的陈设、家具等协调。

(2)构图均衡,与空间关系合理 陈设品在室内空间所处的位置,要符合整体空间的构图关系,即应遵循一定的构图法则,使陈设品既陈置有序,又富有变化,而且其变化有一定规律。

(3)有主有次,空间层次丰富 将过多的陈设品不加考虑地陈列于室内会产生杂乱无章之感,因此陈设品的陈置应主次分明,重点突出。例如,精彩的陈设品应重点陈列,必要时可加灯光效果,使其成为室内空间的视觉中心;而相对次要的陈设品布置,则应有助于突出主体。

(4)注意观赏效果 陈设品更多的时候是让人欣赏,特别是装饰性陈设,因此布置时应注意观赏时的视觉效果。例如,墙上的挂画,应考虑它的悬挂高度,最好略高于视平线,以方便人们观赏。再如,一瓶鲜花的布置,也应使人能方便地欣赏到它优美的姿态和闻到芬芳的气味。

第七节 几种常见空间的陈设品应用

一、宾馆(饭店)建筑中的陈设品应用

宾馆(饭店)是提供给出差、旅行在外的人一个临时的栖身处,因此其所有方面都应围绕着来店的客人考虑,包括室内设计,应使客人感觉舒适,有"宾至如归"之感。

宾馆(饭店)除了提供给客人完善的服务外,其优美的室内环境应提供给客人一个精神享受的场所。现代人逐渐有更高品味的要求,例如,崇尚大自然、追求高格调,身居异乡则希望能领略到当地的风土人情和传统文化等。所以,在陈设品的选择与布置上,应适应现代人的要求,应多从旅行者的生理和心理特点来考虑。

正因为如此,曾经有人提出宾馆(饭店)的室内设计应为"疲惫"的旅客考虑。若从"生理"上考虑,舒适性要求高。旅行者一般白天在外奔波,回到客房都很疲惫,希望室内舒适性强。例如,织物陈设宜选用质地柔软、图案雅致、色彩柔和的设计,以便产生安宁、愉快之感,利于恢复体力。若从"心理"特点考虑,一般外出旅行的人都希望看到甚至体验到异乡风情,欣赏到具有异国他乡独特风格的东西,因此陈设品的选用应能体现地方文化和民族风格,使游人不但在大自然中感受到当地特有的风光,而且回到宾馆(饭店)也能感受到是生活在一个与自己从前所处环境完全不同的具有他乡情调的环境中。

宾馆(饭店)的陈设品,除功能性陈设外,作为主要体现精神内容的观赏性陈设,较为讲究。例如,书画、摆件、插花、植物等等。书画有中国书法、国画、西画、版画等等,对于西画,国际上有统一的画框规格尺寸。画的挂放位置,可以在大厅、餐厅、客房等处,尺幅大小可根据空间大小的不同来确定。其色彩则一方面考虑季节、气候的影响;另一方面还应考虑客人的习俗、忌讳和宗教信仰,真正体现出对客人的关怀。

装饰摆件品种较多,是最能体现地方文化与民族风格的媒介。例如,中国的宾馆(饭店),多陈设景泰蓝、青铜器、唐三彩、清花瓷、玉雕等,使外国客人来到中国,处处都能领略到中国古老的文化和悠久的历史。

插花、盆景也是宾馆(饭店)中选用较多的陈设品。因为花卉植物天然的色彩、自然优美的形态和不断生长变化的动态过程,都给人以生机勃勃、犹如置身于大自然之感。所以,插花、盆景在宾馆(饭店)室内环境中起着很重要的作用。将它布置在大厅,使旅客有被欢迎光临之感;在餐厅、客房布置鲜花,使客人产生亲切之感,心情愉快。插花在东、西方都很流行,日本最讲究"花道",许多世界著名的宾馆(饭店)每年都要花费很大支出购买花卉,以营造出温馨、浪漫的氛围。

总之,宾馆(饭店)的陈设品选择与布置,应以宾馆的整体风格、环境要求为依据,有助于给客人营造一个亲切的环境。

二、商业建筑中的陈设品应用

商场是出售商品之处,因此室内环境中所有的布置、设计都应以突出商品为宗旨,以促使顾客产生购买欲望。在现代商场中,在陈列商品时,要逐步打破传统观念而引入一些装饰性的陈设,以烘托商品。因此,商场内商品以外的陈设品选择宜与商品类别、风格结合考虑,以突出商品为目标。

餐饮空间是人们就餐之处,应使人感觉干净、整洁、宁静。陈设品的布置,应有助于营造愉快轻松的氛围,提高人的进餐情绪。

餐饮建筑中的室内实用性陈设品,主要是各种餐具、酒水具、灯具等。餐具的选择,体现了室内环境的风格、品味和档次;而餐饮建筑中气氛的营造,则还需要一些其他装饰性陈设来实现。例如,壁饰、挂画、花卉植物等,都是点缀餐饮环境的有效手法。

三、办公建筑中的陈设品应用

现代办公室具有高效、灵活的特点,是处理行政事务和信息的场所。根据研究表明,办公空间环境的舒适性对办公效率的影响是非常大的。办公环境应以简洁为主,主要的陈设品应是与办公有关的物品。例如,办公用具、灯具、电脑、打字机、电话等。为了不至于使办公环境显得单调,可通过一些设计手法的运用来丰富环境。其中,最简单易行的就是布置一些陈设品。例如,挂几幅画、放几座小型雕塑。但是,最重要的是绿色植物和花卉,它带给枯燥的办公室以生气,人们长时间坐在桌前处理公务,脑、眼都很疲劳,观看绿色植物或美丽的花草,对调节身心、提高办公效率是十分有益的。办公空间的陈设品布置,除了满足使用方便、有助于提高办公效率外,陈列的位置也应恰当,不应对工作产生妨碍。

四、居住建筑中的陈设品应用

居住建筑中的室内陈设品内容最丰富、种类最多,也最能体现一个家庭的风格特点。因此,居住环境的陈设品布置,应反映出一个家庭的兴趣、爱好和个性。

(1)客厅、起居室　随着时代的发展,新的生活方式导致建筑设计产生出新的标准,客厅的变化也很大,它已成为一个不太正式且轻松的场合。不论是个人或集体,可以在这里进行不同的活动,它是一家人生活的中心。因此,陈设品应有助于表达出家庭的个性与趣味,给人以轻松、随和之感。

(2)卧室　卧室要求宁静、舒适,织物陈设选用常采用柔软的地毯,它有助于消除脚步声和其他噪声,窗帘选用厚实的织物,可控制光线和减少外界噪声。卧室除了睡眠之外,许多个人活动也在其中进行。卧室是私密性的休闲区域,在室内陈设布置上要尽量表现主人的性格及爱好。优美雅致的卧室,应布置轻巧的陈设品;而男性房间里,则应选择造型粗犷有力的陈设,陈设品的选用,有助于完善卧室环境,既能使人感觉身心松弛,又提供了自我发展、自我平衡的机会。

(3)儿童房　儿童的成长环境,对其今后的性格和兴趣有一定的影响,作为室内环境的设计,应考虑儿童的生理和心理特点来布置,有益于他们的成长,因此陈设品的布置也应注意以下几方面:①孩子喜欢玩耍、嬉戏,陈设品的布置不应占据太多孩子玩耍的空间。②陈设品的色彩应利用鲜明的调子来塑造明朗的性格,明快、深沉、寒暖的颜色都能给孩子不同的感觉和想象。③造型、图案应活泼、生动,如动物、植物、人物等等较为形象生动的造型。④质地宜光滑,不易摔碎,尤其是对较小的幼儿,易碎的陈设容易发生危险。⑤儿童的好奇心强,富有幻想的天性,因此陈设品的选用,尽可能给孩子以启迪,激发他们的想像力和创造力。

(4)书房　书房宜布置雅致的陈设品,以便于人们集中思想学习和工作;或有一定涵义的陈设,激发人的上进心。书房中除了常用的文具外,宜多陈列一些古玩、陶艺作品、书画、盆景等,这些陈设风格较"雅",适于学习环境。陈设品的色彩也应以素淡为主。如图7-8,一盆放置在书桌上的盆景,使人既能欣赏到它优美的姿态又能闻到它清新的气味,给书房增添了不少情趣。

(5)浴室　浴室往往给人湿、冷之感,这是由于材料的质地和房间的使用功能所造成的。因此,为了改变这种令人不舒服的感觉,常常在浴室中布置一些花卉、织物帘产生柔和感,而且采用较鲜艳的色彩点缀,与浴室常见的白色或浅色墙面形成对比。

图7-8 书房里的陈设

复习思考题

1. 什么是室内陈设?它分为哪两类?
2. 室内织物包括哪些?它们各有何作用?
3. 艺术品、工艺品、日用品在室内布置中有哪些相同点?又有哪些不同之处?
4. 室内陈设品的陈列方式有哪些?

第八章

室内绿化

第一节 室内绿化的概念、内容和发展

一、室内绿化的概念和内容

室内绿化,是指把自然界中的植物、水体和山石等景物移入室内,经过科学地设计和组织而形成的具有多种功能的自然景观。室内绿化就其内容来说,可以划分为两个层次。

第一个层次是盆景和插花,这是一种以桌、几、架等家具为依托的绿化。这类绿化一般尺度较小,通常是作为室内的陈设艺术而存在。

第二个层次是以室内空间为依托的室内植物、水景和山石景。这类绿化在尺度上与人及所在的空间相协调,人们既可以静观,又可以游憩在其中,因而是一种更为公众性、实用性和多样性的绿化形式,在各类建筑中的运用比较广泛。这一层次的绿化就其设计而言,它不是在室内工程完成后添加进去的装饰物,而是作为室内环境整体的一部分予以同步考虑;就其技术而言,必须考虑维护室内植物、水景和山石景的有效措施,因而常被室内设计人员所关注。本章所介绍的就是这一类室内绿化,其内容包括室内植物、室内水景、室内山石、室内小品和室内庭园等。

二、室内绿化的发展

众所周知,人们崇尚大自然、热爱大自然、喜欢大自然、接近大自然,欣赏自然风光、与大自然共呼吸是人们生活中不可缺少的重要组成部分。不仅如此,人们对大自然的热爱,还常常洋溢于各种诗画之中。正因为如此,自古以来我国人民就有踏青、修禊、登高、春游、野营、赏花、游山、玩水等习俗,并且一直延续至今。随着生活水平的提高,人们对欣赏大自然、崇尚大自然和返璞归真的要求将会愈来愈高。

室内绿化在我国具有十分悠久的历史,最早可追溯到新石器时代。考古学家在浙江余姚河姆渡新石器文化遗址中,就已发现了一块刻有盆栽植物花纹的陶块;河北望都一号东汉墓的墓室内也有盆栽的壁画,绘有内栽红花绿叶的卷沿圆盆,置于方形几上,盆为长椭圆形,内有假山几座,长有花草;另一幅也画着高髻侍女,手托莲瓣形盘,盘中有盆景,长有植物一棵,植物上有绿叶红果。

在西方,古埃及画中就有列队手擎种在罐里的进口稀有植物。古希腊植物学志记载的室内植物共有500种以上,并在当时能制造出精美的植物容器。在古罗马宫廷中,已有种在容器中的进口植物,并在云母片作屋顶的暖房中培育玫瑰花和百合花。到了意大利文艺复兴时期,花园已相当普遍,英国、法国在17~19世纪已在暖房中培育柑橘。欧洲19世纪的"冬季庭园"(玻璃房)已很普遍。自20世纪60、70年代以来,室内绿化已引起各国人民的重视而被引进千家万户。

目前,在城市环境日益恶化的情况下,人们对改善城市生态环境,崇尚大自然、返璞归真的强烈愿望和要求已经十分迫切。因此,通过室内绿化把人们的工作、学习、生活和休息的空间变成"绿色的空间",是改善城市环境最有效的手段之一。与此同时,随着城市和郊区建筑的不断发展,绿地相应减少,人们对失去的绿地都有自然的眷恋之情。特别是生活或工作在多层或高层建筑内的人们,更渴望周围有一个绿色的环境。因此,将绿色植物引入室内已不单纯是为了装饰,而是作为提高环境质量、满足人们心理需要所不可缺少的因素。正因为如此,室内绿化不仅有利于社会环境的美化和生态平衡,而且有利于人们工作质量和生活质量的提高。

第二节 室内绿化的作用

一、美化环境

室内绿化对室内环境的美化作用,主要表现在两个方面:一是绿色植物本身的自然美,包括其色泽、形态、体量和气味等;二是通过对各种植物的不同组合而与室内环境有机地配置所产生的环境效果。室内绿化的美化作用,主要是通过下列对比来体现的。

(1)形态对比　花草树木千姿百态、疏密相间、高低不齐、曲直多变的形态,与现代建筑的造型简洁、轮廓分明、几何构图之间形成了鲜明的对比。这种对比不仅会使生动、清新的绿化效果油然而生,而且会消除建筑物内部空间的单调感,使彼此间相得益彰,从而增强室内环境的表现力和感染力。

(2)质感与肌理对比　室内环境中的界面、家具和设备的质地大多细腻光洁,而绿化所用植物的整体质地则比较粗糙,这样两者之间在质感与肌理上就会产生强烈的反差。花草树木受到室内界面和家具、设备的衬托,则显得形态丰满、富有层次,整个室内空间也显得更加丰富、更有活力。

(3)色彩对比　室内环境的色彩,不管怎么变化,都带有较强的人工痕迹;而植物的色彩尽管是以绿色为主调,但由于各种植物的绿色各不相同,因而可以反映出十分丰富的自然色彩和风韵。这种对比会给室内色彩带来不少生气。此外,当植物花期之时,缤纷的色彩更会为室内添色增辉。

(4)软硬对比　花草树木以其柔软飘逸的神态和生机勃勃的生命,与僵硬的室内界面、家具和设备形成强烈的对比,能使室内空间予以一定的柔化和生气。这也是其他任何室内装饰、陈设所不能代替的。例如,乔木或灌木可以以其柔软的枝叶覆盖室内的大部分空间;蔓藤植物以其修长的枝条,从这一墙面伸展至另一墙面,或者由上而下垂直在墙面、柜、橱、书架上，如一串翡翠般的绿色枝叶装饰着，改变了室内空间形态；大片的宽叶植物，可以在墙隅、沙发一角，改变着家具、设备的轮廓线，从而使人工的几何形体的室内空间予以一定的柔化和生气。另外，植物修剪后的人工几何形态，以其特殊的色质与建筑在形式上取得协调，在质地上又起到刚柔对比的效果。

(5)植物对比　室内绿化还能通过不同植物之间形成的对比来美化空间。

二、净化环境

室内绿化能通过植物本身的生态特性，起到调节气候、净化空气、减少噪声等方面的环境净化作用，有益于室内环境的良性循环。

(1)调节气候　这主要表现在①植物通过光合作用，可以吸收二氧化碳，释放氧气；而人在呼吸过程中，可以吸入氧气，呼出二氧化碳，从而使室内空气中的氧气和二氧化碳达到动态平衡，使空气保持新鲜。②植物的叶片吸热和水分蒸发，可使室内气温降低。③植物能调节室内相对湿度。在干燥季节，植物能提高室内相对湿度；而在雨季，则又具有吸湿性，可降低室内相对湿度。

(2)净化空气　这主要表现在①植物能吸附空气中的尘埃而使空气得到净化。②有些植物，如夹竹桃、棕榈、梧桐、紫薇、大叶黄杨等，可以吸收有害气体。③有些植物，如松柏、樟树、臭椿、悬铃木等的分泌物，具有杀灭细菌的作用，能减少空气中的细菌含量。

(3)减少噪声　植物具有良好的吸声性，因此它能降低室内噪声，使室内环境更安宁。另外，靠近门、窗布置绿化带能有效地减轻室外噪声的影响。

应当指出，由于室内绿化可在建筑中用分层建构这样一种独特的空间利用方式，因而是在目前城市人口密度偏大、生活用地偏紧、公共绿地偏少的情况下，增加绿化覆盖率的有效途径。

三、陶冶情操

自然景物一旦经人们引入、构筑室内，便可获得与大自然异曲同工的胜境。植物、水体、山石所形成的空间美、时间美、形态美、音响美、韵律美和艺术美，极大地丰富和加强了室内环境的表现力和感染力，因而会使人赏心悦目、怡情养性，或者产生某种联想和情感，产生物外之意、景外之境。

绿色植物，不论其形、色、质、味，或其枝干、花叶、果实，所显示出蓬勃向上、充满生机的力量，都会引人奋发向上、热爱自然、热爱生活。植物生长的过程，是争取生存及与大自然搏斗的过程，其形态是自然形成的，没有任何掩饰和伪装。不少生长于缺水少土的山岩、墙垣之间的植物，盘根错节，横延纵伸，广布深钻，充分显示其为生命斗争的无限生命力，在形式上是一幅抽象的天然图画，在内容上是一首生命赞美之歌。它的美是一种自然美，洁净、纯正、朴实无华，即使被人工剪裁，任人截枝斩干，仍然显示其自强不息、生命不止的顽强生命力。所以，树桩盆景之美与其说是一种造型美，倒不如说是一种生命之美。因此，人们从室内绿化中，可以得到万般启迪，使人更加热爱生命，热爱自然，陶冶情操，净化心灵，和自然共呼吸。

四、抒发情怀

一定量的植物配置，使室内形成绿化空间，让人们置身于自然环境中，享受自然风光，不论工作、学习、生活或休息，都能心旷神怡、悠然自得。同时，不同的植物种类有不同的枝叶花果和姿色。例如，一簇簇鲜红的桃花，一串串硕果累累的金橘，会给室内带来喜气洋洋，增添欢乐的节日气氛；苍松翠柏，给人以坚强、庄重、典雅之感；如遍置绿色植物和洁白纯净的兰花，能使室内清香四溢。

东、西方对不同植物花卉，均赋予一定的象征和含义。例如，我国喻荷花为"出污泥而不染，濯清涟而不妖"，象征高尚情操；喻竹为"未曾出土先有节，纵凌云霄也虚心"，象征高风亮节；称松、竹、梅为"岁寒三友"，梅、兰、竹、菊为"四君子"；喻牡丹为高贵，石榴为多子，萱草为忘忧等。在西方，紫罗兰为忠实永恒；百合花为纯洁；郁金香为名誉；勿忘草为勿忘我等。

植物在四季时空变化中，会形成典型的四时即景：春花，夏绿，秋叶，冬枝。一片柔和翠绿的林木，可以一夜间变成腥红金黄色彩；一片布满蒲公英的草地，一夜间可变成一片白色的海洋。时迁景换，此情此景，无法形容。因此，不少宾馆设立四季厅，利用植物季节变化，可使室内改变不同情调和气氛，使旅客也获得时令感和常新的感觉。此外，也可利用赏花时节，举行各种集会，为会议增添新的气氛，适应不同空间使用目的。

五、方便游憩

随着经济的发展和精神文明建设进程的加快，人们生活中"劳"和"逸"的时间结构将会发生变化，信息和交往成为日常工作和生活的纽带，因而城市公共活动空间也越来越需要。一个充满绿化的室内公共空间，往往因其亲自然性和气候适宜性而成为人们乐于趋向的场所。

六、组织室内空间

室内绿化通过适当的组合和处理，在组织空间、丰富空间层次方面能起到相当积极的作用。

（1）引导空间　由于植物在室内可产生多种对比关系，所以植物在室内环境中通常显得比较"跳"，能引人注目。因此，在室内空间的组织上常用植物作为空间过渡的引导。将绿化用于不同品格空间的转换点，特别是人流密集的空间，是极好的引导和暗示。它有利于积极地组织人流，导向主要活动空间和出入口。见彩图33。

（2）限定空间　室内绿化对空间的限定有别于隔墙、家具、隔断等，它具有更大的灵活性。被限定的各部分空间既能保证一定的独立性，又不失整体空间的开敞完整，因而常被采用。

（3）沟通空间　以绿化将不同的空间相互沟通，并使之相互渗透，是现代室内设计常用的手法之一，特别是处理室内外空间上的效果更为理想。用植物作为室内外空间的联系，将室外植物延伸至室内，使内部空间兼有外部空间自然界的要素，有利于空间的过渡，并能使这种过渡自然流畅，扩大了室内的空间感。

(4)填补空间　室内空间组织中,当完成基本的物质要素布置时,往往会发现还有一些空间似乎缺少点什么。这时,绿化就是最理想的补缺品,可以根据空间的大小选用合适的植物。这样,室内除构图完美外,还增添了不少活力和生机。绿化的这种作用是其他任何东西所无法替代的。所以,当室内出现一些死角和无法利用的空间时,用绿化能补活空间。

第三节　室内植物

一、室内植物的种类

室内植物的种类很多。根据植物的观赏特性及室内造景的角度不同,可以把室内植物划分为观叶植物、观花植物、观果植物、赏香植物、藤蔓植物、室内树(水)生植物和假植物等七大类。

(一)室内常用的观叶、观花植物

(1)木本植物　主要有印度橡胶树、垂榕、蒲葵、假槟榔、苏铁、诺福克南洋杉、三药槟榔、棕竹、金心香龙血树、象脚丝兰、山茶花、鹅掌木、棕榈、广玉兰、海棠、桂花、栀子等。

(2)草本植物　主要有龟背竹、海芋、金皇后、银皇帝、广东万年青、白掌、火鹤花、菠叶斑马、金边五彩、斑背剑花、虎尾兰、文竹、蟆叶秋海棠、非洲紫罗兰、白掌吊竹草、水竹草、兰花、吊兰、水仙、春羽等。

(3)藤本植物　主要有大叶蔓绿绒、黄金葛(绿萝)、薜荔、绿串珠等。

(4)肉质植物　主要有彩云阁、仙人掌、长寿花等。

(二)假植物

假植物,是指用人工材料如塑料、绢布等制成的观赏性植物,也包括经防腐处理的植物体经再组合形成的植物。随着假植物制作的材料及技术不断改善,一般家庭和公建没有足够的资金提供植物所需的环境条件,使这种非生命植物越来越受到人们的欢迎。虽然假植物在健康效益、多样性方面不如真植物,且价格更贵一些,但在某些场合确实比真植物更适用。假植物更适合的场所如下。

(1)光线阴暗处　没有足够的光,植物难以生存。但如想在这些地方增加绿意而又不想增加配置人工光源的费用,最好的办法就是用假植物。

(2)光线太强处　过强的光线对植物不利,要么使植物过度生长,很快超过所在的空间;要么强光及其引起的高热会伤害植物。而采用假植物就没有这些副作用。

(3)温度过低或过高的地方　室内植物多为热带、亚热带植物,不能忍受过低或过高的温度。例如,北方门厅的植物会因经常性的推拉门而受寒风影响,时间长了就会伤害植物。

(4)人难到达的地方　为了增加生气,有的想在暴露的梁或高窗等处布置植物,但因经常性的养护困难,不如采用假植物更好。

(5)结构不宜处　大型植物生存要求的种植土荷载是很大的,如深根性植物生存的种植土荷载为 $600\sim1\,200\,kg/m^2$,要能开花结果,荷载应提高到 $1\,200\sim1\,500\,kg/m^2$。有的建筑

最初并未考虑植物,而后装饰又需大型植物,此时以假植物可兼顾两方面要求。

(6)特殊环境　例如,某些家庭有防止花粉过敏性反应的要求,可采用假花卉以美化环境。

(7)需降低养护费用的地方　要保持植物正常的形态和正常的生长,需要经常性的浇水、施肥、剪枝、清洗甚至替换,而假植物不需或很少需要这些工作。因此,在需要降低养护开支的地方就可以采用假植物。

二、室内植物的选择

室内植物的选择,首先应注意室内的光照条件,这对于永久性室内植物尤为重要,因为光照是植物生长的最重要的条件。同时,房间的温度、湿度也是选用植物必须考虑的因素。因此,季节性不明显、在室内易成活的植物是室内绿化的必要条件。

其次,形态优美、装饰性强,亦即植物的观赏性,是室内绿化选用的重要条件。植物的种类不同,观赏特征也有所不同。

此外,室内植物的选用还应与文化传统及人们的喜好相结合,并避免选用高耗氧、有毒性植物,特别不应出现在居住空间中,以免造成意外。

三、室内植物的配置

室内植物的配置应考虑尺度、品格、构图等因素。

(1)尺度　室内植物小可至几厘米,大可及数米,因此在植物配置上应注意与室内空间的协调。在小空间用大型植物或大空间以小型植物装点,都难以获得理想的效果。

(2)品格　每种植物都具备自身的品格,这主要体现在其形态、质感、色彩和生长特点上。不同的室内空间,具备不同的品格。因此,在配置上应使两者尽量吻合、一致。

(3)构图　室内绿化配置应符合室内总体构图的要求,尽量避免因种类过多而带来的杂乱无序和无性格现象。同时,还应考虑到四季色彩的变化等。例如,同样是在家居环境中的绿化布置,图8-1不对称构图和图8-2对称构图都起到了美化居室的作用,但图8-3中由于植物品种较多,没有重点主次,不但不能优化环境,反而使房间更凌乱。

图8-1　不对称构图的绿化布置

图8-2　对称构图的绿化布置

图8-3 不得当绿化布置

四、室内植物的布局方式

室内植物布局的方式多种多样,灵活多变。从其形态上可将之归纳为以下四种形式。

(1)点状布局 点状布局,也称"独立式布局",是指独立或组成单元集中布置的植物布局方式。这种布局常常用于室内空间的重要位置,除了能加强室内的空间层次感外,还能成为室内的景观中心。因此,在植物选用上更加强调其观赏性。点状绿化可以是大型植物,也可以是小型花木。大型植物通常放置于大型厅堂之中;而小型花木,则可置于较小的房间里,或置于几上或悬吊。点状绿化是室内绿化中采用最普遍、最经常性的方式。

(2)线状布局 线状布局,是指绿化呈线状排列的形式。它可以是直线,亦可以为曲线。线状绿化常以带状花池的藤蔓、连续排列的花盒等方式出现。线状绿化在组织室内空间上起着十分积极的作用。

(3)面状布局 面状布局,是指成片布置的室内绿化形式。它通常由若干个点组合而成,形态有规则和自由两种。面状绿化常用于大面积空间和内庭中。

(4)综合式布局 综合式布局,是指由点、线、面有机结合构成的绿化形式,是室内绿化布局中采用最多的方式。它既有点、线,又有面,且组织形式多样,层次丰富。布置中应注意高低、大小、聚散的关系,必须在统一中有变化,使之主题突出、内容丰富,见彩图34。

第四节 室 内 水 体

水体在室内能丰富空间的造型特征,增强空间的意境。它性格鲜明、表现力强,常与山石、植物组合成景,多用于室内庭院及室内外过渡空间中。

一、室内水体的形式

水体有动、静态之分。静态水体犹如明镜,给人以宁静平和之感;动态水体则千姿百态而且伴有悦耳的水落声,令人欢快、愉悦。同时,水面能映照、反射周围的景物,进而扩大了空间且丰富了空间层次。现代水体设计与现代科学技术的结合,使水体更具魅力。通过声、光与水体的有机结合,能创造出更为丰富的造型效果,使人获得视、听等多方位的感受。室内水体形式多样,主要有以下几种。

(1)水池　水池是静态水体在室内的主要形式,它能给室内增加清新、自然、宁静的气氛。水池常建于庭中、室内外空间过渡地带、楼梯下等处,具有扩展空间、引导空间的作用。

(2)喷泉　喷泉是通过压力对水的方位、高度、喷出方式的控制所形成的具有一定形状的水体。它具有很强的水体造型能力,所呈形态千变万化,加上与声、光、电的结合,表现力极强。喷泉中的音乐喷泉将音乐内容与喷泉形式相结合,加上绚丽的灯光配合,使人们能从这种立体的、多感官的感受中更好地理解音乐的内涵。

(3)瀑布　室内瀑布,是指有一定落差的自落式水体,它是对自然瀑布的模仿。由于瀑布具有的落差,水体下落能造成一定的气势,加上落水的声响,能使人更多地体会到大自然的情趣。

(4)跌落水体　跌落水体是指水体由高至低层层跌落的方式。跌落水体通常由不同高度的人工水池所构成,也可以是溪流式水体。跌落水体层次丰富、变化较多,并兼备动、静态水体的特征,因此适用面较广,是室内水景采用较多的一种方式。

二、水体在室内的作用

水体在室内主要起造景、丰富室内空间、增添情趣的作用。

(1)造景　喷泉、瀑布、跌落水体等形态自然多变而且富有动感,能成为室内空间场所的主要景观,增添室内空间的情趣,烘托空间的情调和气氛。广州白天鹅宾馆中庭以"故乡水"立意的瀑布组景,以瀑布水景为中心,获得了较好的空间艺术效果,见彩图34。

室内山石、绿化、建筑小品(亭、廊、桥)等常以水体为伴,这时的水体为室内景观起到了较好的背景作用。在水体的衬托下,亭、廊、桥、岛顿生灵气,水草、莲花、游鱼也格外生动醒目。这种水体以水池为主,水池大小应与室内空间相协调,水池形式也应与室内环境的整体风格相统一。

(2)沟通与分隔空间　沟通与分隔空间是室内水池的另一主要作用。室内外空间常以水体作为纽带,将内部与外部较好地融为一体,使室内环境更为自然欢快,富有趣味。例如,上海龙柏饭店的水池与庭园相连通,中部仅以一玻璃窗相隔,从而使室内外空间环境更紧密地融合为一体。

水体分隔室内空间的作用有异于其他分隔方式,它所分隔的空间在功能上具有相对的独立性,但在视觉上则是相通的,空间感觉上仍是一个整体。这种既分又合的分隔方式,使用恰当可以获得较好的空间效果。水渠、跌落式水体是分隔空间常采用的方式。

第五节　室内山石

在中国古代园林中,山石在造景中的份额是非常高的,它能表现出宽大的景观场景和内涵,并具有较强的可观赏性。在现代建筑中将山石引入室内,不仅拓宽了山石的使用范围,同时也给室内空间注入了传统文化的基因。

山石的运用常与水体发生关联,构成山水交融的情景。"山因水活,水随山转""水得山而媚"正是山水不可分的写照。水边的岩石形态决定了水体的形态,山石的形态又限定了泉水和瀑布的形态。

山石的形态千姿百态、各具性格,但理想的山形必须是"雄、奇、刚、挺",即雄伟、奇特、刚硬、挺拔。古人对堆山叠石的用料选择非常讲究,常以"皱、透、漏、瘦"作为标准。"皱"是指山石的纹理应起伏多姿;"透"是指有孔有眼,玲珑剔透;"漏"是指有坑有洼,轮廓丰富;"瘦"是指石形细长苗条,孤峙无依。当然,能满足这几条标准的自然山石是较少的,达到标准的山石本身就是一件难得的艺术陈设佳品了。由于生成山石的条件不同,所以山石自身的形象特征也有所不同。

一、室内山石的种类

室内绿化所用的山石,分自然生成的山石和人工合成的山石两大类。在自然生成的山石中,常用的主要有太湖石、房山石、英石、黄石、青石、宜石、斧劈石、石笋、钟乳石、鹅卵石、浮石、黄蜡石、珊瑚石和花岗石等。

二、室内山石的配置

室内山石的配置有别于室外,它受着室内空间的制约,其常用方式有假山、石壁、石洞、峰石、散石等。

(1)假山　在室内堆砌假山,必须有一个较为高大的空间。假山的尺度应与室内空间相匹配,切忌过高过大、"顶天立地"。同时,应注意与植物配置,使之具有较强的真实感,以免失去自然情趣。

(2)石壁　室内石壁的砌筑,应使壁势刚挺,壁面凹凸起伏,以产生悬崖峭壁之势。

(3)石洞　石洞能增加室内的自然情趣,其大小应满足观赏功能需求。洞与相邻空间的关系,应自然流畅、浑然一体。

(4)峰石　单独放置的峰石,应选用形状、纹理优美而具有动势的山石;砌筑的峰石,则要上大下小,在中央平衡和稳定中求动感,并应注意整体效果,不要露出人工垒砌的痕迹。

(5)散石　散石,即零散的石头。它在室内空间中可起到一定的点缀作用,同时也可兼有某种功能。散石有的用于岸边,有的置于水中,有的立于草坪上,有的嵌在泥土中。在组织散石时,应注意大小相同、距离相宜、三五聚落、错落有致,力求观赏性与实用性的良好结合,使人们依石可观鱼、坐石可小憩、扶石可留影。

散石在室内设计中用得较多,它对空间有较大的适应性,经过精心布置,巧妙地与水体、植物进行组合,能获得较为丰满、自然的空间效果。

第六节　室内小品

一、亭

亭由于体量小而集中,并有其相对独立而完整的建筑形象,正越来越多地被运用到室内庭园中来。它们以玲珑秀丽、多样的形象成为庭园一景。在庭园之中,亭子与山石、水体、绿化等结合,构成一幅幅动人的画面。亭子在这里成为画面的中心和人们驻足观景或休息之所,因此亭子往往同时具有"点景"和"观景"的作用。单独设置的亭子可以成为庭园的构图中心,或者以其独特的造型表达某种寓意,反映庭园的风格与特征。

(1)亭子设计应考虑的因素。

①亭子的设置应充分发挥其"点景"和"观景"的作用。例如,广州白天鹅宾馆庭园。园中的主景"故乡水"由假山、瀑布、绿化和亭子组成。位于制高点的亭子成为人们观景的驻足之所,也是主景的视觉中心,成为人们的观赏对象,体现了中国传统山水园林中画龙点睛的手法特征。

②亭子的体量、造型、材料与色彩应根据亭子所处的环境,以及亭子所表达的主题而定,使之与环境融为一体,切忌照抄照搬,画蛇添足。

③亭子有时也作为庭园中空间限定的手段之一。由于亭子通透开敞,亭子内的空间与外部空间互相渗透与流动,给人以既分又合,隔而不开之感。

(2)亭子的形式与造型　亭子的体量不大,但其形式和造型却是多样和灵活的,这主要取决于其平面形状、平面组合形式、屋顶造型和所用材料等。中国传统的亭子平面形式有方形、多边形、三角形、圆形、扇形和组合形等,立面造型有单檐、重檐和三重檐等。另外,中国传统亭子的形式和造型还根据其所处的地区不同,分为北式亭和南式亭两种。北式亭雄浑粗壮,体量较大;屋面坡度小,屋脊曲线平缓,屋角起翘小;色彩艳丽浓烈,装饰华丽,常施彩画;屋面用琉璃瓦。南式亭俊秀轻巧,形象活泼,体量较小;屋顶坡度陡峭,屋脊曲线弯曲,屋角起翘高;色彩素雅古朴,装饰精巧,不施彩画;屋面用青瓦。

中式亭子所用材料以木结构为主,间或采用砖石、竹子、茅草、树皮等。现代中庭所用的许多亭子,其形式和造型不拘一格,没有定式,而是根据需要而设计,只求神似而不求形似。其所用的材料有木材、竹子、砖石、混凝土和金属等。

二、桥

以水面见长的庭园,桥是必不可少的构景因素。它们起着联系和导引作用,同时又点缀着水面景色和增加景观层次。庭园设桥多采用小桥,大致有以下几类。

(1)单跨平桥　小水面架桥,取其轻快质朴,常用单跨平桥。

(2)曲折平桥　这种桥多用于稍宽的水面,为了打破单跨直线平桥过长的单调感而架设曲折平桥。曲折平桥有两折、三折、多折等。广州白天鹅宾馆内庭水面上的三折桥,从高处俯视,轻快活泼。

(3)拱桥　庭园拱桥多以小巧取胜。

(4)旱桥　陆上架桥称为"旱桥",室内也常以旱桥来带出水意。

三、雕塑

雕塑是室内庭园中富有生气的小品,它既是构成空间环境的一部分,又常以其宜人的尺度,精美的造型点缀着庭园,成为画龙点睛之笔。庭园雕塑按所起的作用,可以分为纪念性雕塑、主题性雕塑、装饰性雕塑和功能性雕塑四类。

(1) 纪念性雕塑　这是以雕塑的形式来纪念人或事,常布置在空间的重心位置或视线的焦点处。

(2) 主题性雕塑　主题性雕塑是为了揭示某一主题,它不具体表现某人或某事,但包含有深刻的思想内容和丰富的文化背景。

(3) 装饰性雕塑　此类雕塑常结合庭园环境的需要而设计,或独立设置,或配合水体、绿化等起点缀装饰之作用,使室内景观更丰富多彩。

(4) 功能性雕塑　某些雕塑除具观赏性外,还具有某种功能。如时钟、大型玩具等,以雕塑手段令其有美的造型,提高其趣味性和生动性。此外,雕塑按表现方式又可分为具象雕塑和抽象雕塑。具象雕塑常以某一历史事件、名人轶事或动物等为题材,形象结构现实。抽象雕塑则以其抽象性给人带来更多的想像和思考的余地。

复习思考题

1. 什么是室内绿化?
2. 室内绿化有何重要作用?
3. 室内植物的布局方式有哪些?
4. 室内水体的形式有哪些?
5. 如何布置室内山石?

第九章

色彩与建筑装饰设计

人们在观察物体时,首先引起视觉反映的就是色彩。在造型设计的诸多要素中,色彩是最活跃、最实际的一种,它能强烈地、直接地影响人的感觉。可以说,色彩是建筑装饰设计中最经济的"奢侈品",即花少量的费用,就可以获得新而强烈的艺术效果。当然,这种效果必须以较好地运用色彩为前提;否则,如果乱用色彩,则会令人产生烦躁不安、无所适从之感。

在建筑装饰设计中,色彩占有相当重要的地位。装饰对象的效果不仅与空间处理以及家具、陈设和灯光的布置及款式有关,而且与色彩有关。如果离开了色彩,就很难让人产生美感。色彩在建筑装饰设计中的巧妙应用,不仅会对视觉环境产生影响,弥补某些不足,还会对人的情绪和心理活动产生影响;不仅会改变空间的量感,还会创造出各种不同的气氛和情调。

第一节 色彩的基本概念

一、色彩的来源

色彩是光作用于人的视觉神经系统所引起的一种感觉。有光必有色彩,正因为有了色彩,世界才显得绚丽多彩。光是一切物体颜色的惟一来源,没有光的作用,就没有物体的颜色可言。物体的颜色只有在光的照射下,才能被人们所识别。

光是一种电磁波能,又称"光波"。一般来说,光线照射到物体上,可以分解为三部分:一部分被吸收,一部分被反射,一部分透射到物体的另一侧。人们通常所看到的物体的色彩,实际上就是物体反射光的颜色,而并非物体自身带有什么颜色。不同的物体有着不同的质地,它们在光照后对光的吸收、反射、透射情况也各不相同。正因为如此,世界才显示出多种多样、千变万化、丰富多彩的色彩。

通常,人们所感受到的颜色,主要取决于物体对光波的反射率和光源的光谱。现代色彩学将太阳作为标准发光体,并以此为基础来解释光色等现象。太阳发出的白光,是由多种颜色的单色光组成,这已被科学实验所证实。早在1666年,英国科学家牛顿就已进行了著名的色散实验,他把一束平行的白光(日光)通过三棱镜分解后,成为鲜明的红、橙、黄、绿、青、蓝、紫七色光谱,即七原色。后来,法国化学家祥夫鲁尔和斐尔德认为蓝色只不过是青与紫之间的一种色,主张把蓝色去掉,认为真正的原色只有红、橙、黄、绿、青、紫六种。因此,在色彩学上把红、橙、黄、绿、青、紫六种颜色作为标准色。

需要说明的是,我国的青色,既有蓝色的意思,即天蓝或绿味的蓝,又有黑色、灰色的意思;而色彩学中的青色,则不包括黑色或灰色。因此,色彩学中的青色在我国习惯上称为"蓝色"。正因为如此,本书把青色一律改为蓝色。

太阳发出的白光照射到物体上,被反射的光色就成了该物体的颜色,又称"表面色"。物体表面在白光的照射下呈现的颜色,取决于它所反射的每一种波长光的比例。例如,阳光照在白纸上,白纸仅吸收15%的光,85%的光被反射,所以白纸呈现白颜色;有色纸吸收25%的光;黑色表面的物体吸收96%~98%的光,只有2%~4%的光被反射,所以呈黑色。

物体的各种颜色是相对的。这是因为,在自然界中,既无纯净的白,也无绝对的黑,物体对光的吸收与反射是相对的。

二、色彩的三要素

色相、明度和彩度是色彩的三种基本属性,通常又称为"色彩的三要素"或"色彩的三属性"。这三者同时存在于一个物体上,不可分割,因而是分析色彩的标准尺度。

(一)色相

色相,即色别,是指不同颜色的相貌或名称。它反映不同颜色各自的品格,即物体反射光线的波长特征。不同波长的光,会给人不同的色彩感受。色相是色彩最基本的要素,并以此区分色彩的颜色。红、橙、黄、绿、蓝、紫等色彩名称,就是色相的标志。由这六种标准色及介于这六种标准色之间的中间色会构成十二种颜色,这十二种颜色称为"十二色相",如图9-1色相环所示。这十二色相相互调合,可以产生成千上万种不同色相。色相的心理反应特征是冷和暖,因而又将色相分为冷色和暖色两类。

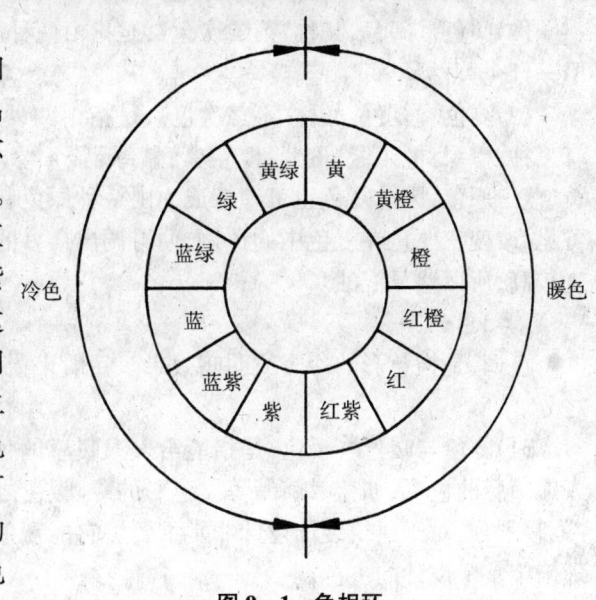

图9-1 色相环

十二色相以及由它们调和变化出来的大量色,称为"有彩色";黑、白两色为色彩中的极色;黑、白及介于黑白之间的灰色,统称为"无彩色";金、银色光泽耀眼,故称为"光泽色"。

(二)明度

明度,又称"光度",是指色彩的明暗程度。同一色相的物体表面反射光线的能力不同,所以呈现出不同的明暗程度。白色明度最高,黑色明度最低,介于两者之间的为灰色。不同色相的明暗程度不同。光谱中的各种色彩,黄色明度最高,明度由黄至紫逐渐减弱,紫色的明度最低。色相的明度等级,见表9-1。

表9-1 色相的明度等级

明度等级	白	高明	明	次明	中间明度	稍暗	暗	深暗	黑
色相		黄	橙黄、绿黄	橙、绿	橙红、蓝绿	红、蓝	红紫、蓝紫	紫	

(三)彩度

彩度,又称"饱和度"或"纯度",是指颜色的纯净程度。一种颜色所含的有效成分越多,色彩的纯度也就越高。纯度最高的色彩是三原色。在三原色中无论加入什么颜色,其纯度都会降低。例如,在原色中加白,其彩度降低,但明度提高;在原色中加黑,其彩度降低,明度也随之降低。彩度高的色彩明快艳丽,彩度低的色彩混浊不清,而彩度居中的色彩则平和稳定。

三、调色与色调

(一)调色

(1)原色　自然界的色彩是千变万化的,但是无论怎样变化,都离不开基本色。大多数颜色都可以由红、黄、蓝三种颜色调配出来,而这三种颜色无法由其他颜色来调配。因此,红、黄、蓝三种颜色,称为"三原色",也叫"第一次色"。

(2)间色　间色,又称"第二次色",是指由两种原色调配而成的颜色。间色共有三种:橙=红+黄;绿=黄+蓝;紫=红+蓝。

(3)复色　复色,又称"第三次色",是指由两种间色调配而成的颜色。主要的复色也有三种:橙绿:橙+绿;橙紫:橙+紫;紫绿:紫+绿。可以说,每种复色中都同时含有红、黄、蓝三原色,因此复色也可理解成为由一种原色和不含该原色的间色调配而成的。由此可见,改变三原色在复色中的比例,便可调出众多的复色。与原色、间色相比较,复色含灰度较高,所以略显混浊。

(二)色调

色调,是指色彩的冷暖或明暗效果。一般来说,色调又有暖色、冷色、互补色、调和色之分。

(1)冷色与暖色　暖色,是指能给人温暖感的色彩,如红、橙、黄等;冷色,则是指能给人凉爽感的色彩,如蓝、绿、紫等。色彩的冷、暖色之分,见图9-1色相环图。掌握色彩的冷、暖划分,对于建筑装饰设计非常重要。它能帮助人们根据设计对象的使用性质,来合理确定整个设计的主色调。

(2)互补色与调和色　互补色,是指一种原色与另外两种原色调成的间色之间的对比关系。例如,红与绿(黄+蓝);黄与紫(红+蓝);蓝与橙(红+黄)等。

在十二色相环中,处于相对位置的色彩均有一定的对比性,所以有时也将互补色称之为"对比色"。对比色之间,通常存有冷暖、明暗间的强烈反差,因此二者并用,会获得对比强烈、鲜明、活跃的效果。

调和色,一般是指色相环上相邻色相间形成的色相类似的关系。例如,黄与黄绿、黄橙之间的关系。调和色以某一色相为主调,加上稍带变化的色彩构成协调、和谐的色彩韵味。调和色被广泛应用于建筑中,它的运用一般不会出现大的问题,但应注意避免造成单调沉闷。

第二节　色彩在建筑装饰设计中的作用

在建筑装饰设计中,各种物质要素与色彩是无法分离的。正确认识和理解色彩的作用,对于建筑装饰设计非常重要。

一、色彩的物理作用

色彩的物理作用,是指色彩通过人的视觉系统所带来的物体物理性能上的一系列主观感觉的变化。例如,物体的冷暖、远近、大小、轻重等。

(一)温度感

人们看太阳和火自然会有一种温暖感,久而久之,一看到红色、橙色和黄色也就相应地产生温暖感。蓝天、海水、月光常常给人以凉爽的感觉,于是人们看到蓝和蓝绿之类的颜色,也就相应地会产生凉爽感。由此可见,色彩的温度感只不过是人们的习惯反应,并非色彩自身的温度。

人们常把红、橙之类的颜色叫"暖色",把蓝类的颜色叫"冷色"。从十二色相环上看,红紫到黄绿属于暖色;蓝绿到蓝属于冷色,以蓝为最冷;紫色是由属于暖色的红色与属于冷色的蓝色合成的,绿色是由属于暖色的黄色与属于冷色的蓝色合成的,所以紫和绿称为"温色";黑、白、灰和金、银等色称为"中性色"。

色彩的温度感不是绝对的,而是相对的。无彩色和有彩色比较,后者比前者暖,前者比后者冷;从无彩色本身来看,黑色比白色暖;从有彩色本身看,同一色彩含红、橙、黄等成分偏多时偏暖,含蓝的成分偏多时偏冷。因此,绝对地说某种色彩(如紫、绿等)是暖色或冷色,往往是不准确、不妥当的。

色彩的温度感与色彩的明度有关。含白的明色具有凉爽感,含黑的暗色具有温暖感。

色彩的温度感还与色彩的彩度有关。在暖色中,彩度越高越有温暖感;在冷色中,彩度越高越有凉爽感。

此外,色彩的温度感还涉及物体表面的光滑程度。一般来说,表面光滑时色彩显得冷,表面粗糙时色彩显得暖。

因此,在建筑装饰设计中,正确地运用色彩的温度效果,可以制造出特定的气氛和环境,弥补不良朝向造成的缺陷。通常,色彩的冷暖感觉差别可达 3~4℃。因此,在不同使用要求的空间,应慎重选用好主色调,同时要兼顾一年四季温度的变化特点,用好中性色。

(二)距离感

色彩可以改变物体的距离感,即使人感觉进、退、凹、凸、远、近的不同。能缩短观察者与物体之间距离的颜色,称为"近感色"或"前进色";能使观察者和物体之间距离拉大的颜色,称为"远感色"或"后退色"。

色彩的距离感与物体的色相有关。一般来说,暖色和明度高的色彩具有前进、凸出、接近的效果,冷色和明度较低的色彩具有后退、凹进和远离的效果。所以,红、橙、黄色被列为近感色,蓝、紫等色被定为远感色,主要色彩由前进到后退的排列秩序为:红 > 黄 >

橙＞紫＞绿＞蓝。

色彩的距离感还与明度有关。一般来说,高明度的颜色有前进感,低明度的颜色有后退感。在日常生活中,人们总是感觉朝光的表面向前凸,背光的表面向后凹。

正因为如此,利用色彩的距离感来改善空间的特征,是建筑装饰设计中常用的手法。

(三)体量感

色彩会给空间、体量带来大、小变化,从体量感的角度来看,色彩可分为膨胀色和收缩色。当物体具有的某种颜色使人看上去增加了体量时,那么该颜色即属膨胀色;反之,缩小了物体的体量,该颜色则属收缩色。

色彩的体量感主要取决于明度。明度越高,膨胀感越强;明度越低,收缩感越强。

色彩的体量感也与色相有关。暖色具有膨胀感,冷色则有收缩感。

实验表明,色彩膨胀或收缩的范围,大约为实际面积的4%。

在建筑装饰设计中,可以利用色彩的这一特性来改善空间效果。当空间过大时,适当采用收缩色,以减弱墙面的空旷感;当空间过小时,则应采用膨胀色,以减弱其局促感。

(四)重量感

色彩的重量感主要取决于色彩的明度、彩度和色调。明度高、彩度高、暖色调者显得轻,而明度低、低彩度、冷色调者则显得重。从这个意义上,有人又把色彩分为轻色和重色。

正确运用色彩的重量感,可使色彩关系平衡和稳定。例如,在室内采用上轻下重的色彩配置,就容易获得平衡、稳定的效果。有时,巧妙运用色彩的重量感,还可改变室内空间感觉。若室内空间感觉过高时,则天棚可采用具下沉感的重色,地面可采用具上浮感的轻色,使高度感减低;若室内空间又低又小,则以单纯轻色为宜,只有在室内空间宽敞时,才可运用轻重感的变化。

二、色彩的心理作用

色彩的心理作用主要表现在它的悦目性和情感性两个方面。它可以给人以美感,影响人的情绪,引起联想,具有象征的作用。

不同年龄、性别、民族、职业的人,对于色彩的爱好是不同的;在不同的时期内,人们喜欢色彩的基本倾向也是不同的。

色彩的情感性主要表现为它能给人以联想,即能够使人联想起过去的经验和知识。由于人的年龄、性别、文化程度、社会经历、美学修养的不同,色彩所引起的联想是不同的:白色可以使小男孩联想到白雪和白纸,小女孩则容易联想到白雪和小白兔。

色彩给人的联想可以是具体的,也可以是抽象的,就是使人联想起某些事物的品格和属性。

(1)红色　红色是血与火的颜色,最富刺激性。它与热情、热烈、喜悦、吉祥、活跃等相关,也可以使人想到危险、动乱。

(2)橙色　橙色是丰收之色,象征明朗、甜美、温情和活跃,可以使人想到成熟和丰美,也可以引起烦躁的感觉。

(3)黄色　黄色是古代帝王的服饰和宫殿的常用色,它能给人以辉煌、华贵、威严、神秘的印象,还可以使人感到光明和喜悦。

(4)绿色　绿色是森林的主调,富有生机,可以使人想到新生、青春、健康和永恒,也是安详、平和、宁静的象征。

(5)蓝色　蓝色最易使人联想到碧蓝的天空和大海。它使人想到沉静、纯洁、安宁、理智和理想,但也容易激起阴郁、寂寞、冷淡等情感。

(6)紫色　紫色通常与夜色和阴影联系在一起,中国古代的将、相也常将紫色用于服饰。它可使人想到高贵、古朴庄重、神秘,也可使人想到疲劳、忧郁和阴暗。

(7)白色　白色象征清洁、纯真、光明、神圣、平等,也可使人与哀怜、冷酷、平淡、乏味相联系。

(8)灰色　灰色朴实大方,使人与平凡、沉默、阴冷、忧郁和绝望产生联想。

(9)黑色　黑色可以使人感到坚实、含蓄、庄严、肃穆,也可以使人联想起黑暗与罪恶。

(10)金银色　金银色又称"光泽色",它质地坚硬,表面光洁,给人以辉煌、华丽、富贵之感。

当然,色彩的联想作用还受到历史、地理、民族、宗教、风俗习惯等多种因素的影响。有些民族以特定的色彩象征特定的内涵,从而使色彩的情感性发展为象征性。如藏族视黑色为高尚色,常用黑色装饰门窗的边框;朝鲜族则常以白色作为内外装饰的主调,认为白色最能反映美好的心灵。

三、色彩的生理作用

色彩的生理作用首先在于对视觉本身的影响。

人眼对光线的明暗有一个适应的过程,称为"视觉的适应性"。视觉器官对于颜色也有一个适应的问题,由于颜色的刺激而引起的视觉变化称为"色适应"。

色适应的原理经常被运用到室内色彩设计中,通常将视觉关注中心色彩的补色作背景色,以减缓视觉疲劳,使视觉器官从背景色中得到平衡和休息。如外科医生在手术过程中要长时间地注视鲜红的血液,如果采用白色的墙面,就会呈现出血液的补色——深绿色;设计中若主动采用淡绿、淡青的墙面,当医生在手术过程中抬头注视墙面时,就能使眼睛获得休息的机会,从而可提高手术的效率和质量。同样,在商店、剧院等设计中都应注意使关注的颜色与背景色成为某种对比色。

色彩的生理效果还表现为对人的脉搏、心率、血压等具有明显的影响。因此,正确地运用色彩将有益于健康,反之将有损于健康。

(1)红色　红色能刺激神经系统,加快血液循环,增加肾上腺素的分泌,加速脉搏的跳动。接触红色过多,会使人感到身心受压,出现焦躁感,时间长了会感到疲劳甚至有精疲力竭的感觉。因此,起居室、卧室、会议室等场所不应过多地使用红色。

(2)橙色　橙色能产生活力,诱人食欲,有助于钙的吸收。因此,可用于餐饮等场所,但彩度不宜过高,否则很可能使人过于兴奋。

(3)黄色　黄色可以刺激神经系统和消化系统,有助于提高逻辑思维的能力。但大量使用金黄色容易出现不稳定感,引起行为上的任意性。因此,不宜过多用于办公室或其他公共场所。

（4）绿色　绿色有助于消化和镇静，能促进身体平衡，对好动者和身心受压者很有益。自然的绿色对于克服缓解昏厥、疲劳和消极情绪有一定的作用。

（5）蓝色　蓝色能缓解紧张情绪，缓解头痛、发烧、昏厥、失眠等症状，有助于调整体内平衡，使人感到幽雅、宁静。常用于办公室、教室和治疗室。

（6）橙蓝色　橙蓝色有助于肌肉松弛、减少出血，还可减轻身体对于病痛的敏感性。

（7）紫色　紫色对运动神经、淋巴系统和心脏系统有抑制作用，可以维持体内的钾平衡，具有安全感。

在建筑装饰设计中，色彩对生理的作用特点应予以充分认识，并注意设计对象的功能、气氛、效果，使之更好地配合使用要求，避免消极不良影响，提高工作效率。

四、色彩的光线调节作用

不同的颜色具有不同的反射率，因此，色彩的运用对光线的强弱影响较大。

理论上，白色的反射率为100%，黑色的反射率为零。实际上，白色的反射率常在70%～90%之间，灰色的反射率在10%～70%之间，黑色的反射率在10%以下。

色彩的反射率主要取决于色彩明度的高低。彩度和色相对调节室内光线的作用则非常小，因此，在运用色彩调节室内光线时首先应注意颜色的明度，其次才是其他方面的因素。高明度的颜色反射率高，能提高室内亮度；低明度的颜色反射率较低，则减弱室内亮度。所以，当室内光线过强时，可选用反射率低的色彩，如各种灰色系列的颜色；当室内光线不足时，可选用反射率高的高明度色彩。

在实际运用中，应注意配合建筑朝向不同所带来的不同光线特征。通常，朝南的房间特别是东西向的房间光照较强，可选用中性色或冷色调的颜色加以调节；朝北的房间，尽管光线较为持久稳定，但显得偏沉闷冷暗，常使用高明度暖色系列的色彩以改善室内的光线和气氛；背光的房间宜采用高反射率的色彩。

第三节　建筑装饰设计中色彩的设计

一、色彩设计的基本原则

色彩设计应综合考虑功能、美观、空间、材料等因素，并注意地理、气候、民族等特点。

(一)充分考虑功能要求

由于色彩具有明显的生理效果和心理效果，能直接影响人们的生活、生产、工作和学习，因此在色彩设计时应首先考虑功能上的要求，力争体现与功能相适应的性格和特点。

医院的室内色彩要有利于治疗和休养，并使病人对医院产生信任感。常用白色、中性色或其他彩度较低的色彩做基调，这类色彩能给人以安静、平和与清洁的感觉。

小学校的教室常用黑色或深绿色的黑板，青绿或浅黄色的墙面，其基本出发点是有利于保护儿童视力和集中学生的注意力，创造明快、活泼的气氛，使教室成为有利于教学、有利于儿童身心健康发展的场所。

餐厅、酒吧的色彩应给人以干净、明快的感觉。大型宴会厅应具有欢快热烈的气氛，在设计中,常以乳白、浅黄等色为主调。橙色等暖色可以刺激食欲,提高人们的兴致,也常被采用,但应注意彩度要合适。彩度过高的暖色可能导致行为上的随意性,易使顾客兴奋和激动。

商店的营业厅,商品琳琅满目,色彩极其丰富。在这种情况下,墙面的色彩应该采用较素的颜色,以突出商品,吸引顾客。

剧场的中心是舞台。因此,应通过色彩设计把观众的注意力集中到舞台上。台口和大幕可用大厅的对比色,舞台的背景则常用浅蓝等偏冷的颜色。

住宅中的起居室是全家团聚和接待客人的地方,色彩设计要呈现出亲切、和睦、舒适、优雅的气氛,可用浅黄、浅绿、浅玫瑰红等做主调;住宅中的卧室主要供人休息,色彩处理应着重强调安静感,一般可用乳白、淡蓝做主调。

考虑功能要求不能只从概念出发,对具体情况应作具体分析。首先,要分析空间的性质和用途。同时,还要处理好整个房间内的色彩关系。其次,要分析人们感知色彩的过程。如在办公室、卧室等处,人们置身于其中的时间较长,色彩应该稳定和淡雅些,以免过分刺激人们的视觉。有些空间,如机场候机室、车站候车室和餐厅、酒吧等,人们停留的时间较短,使用的色彩就应明快、艳丽些,以便给人留下较深的印象。最后,要注意适应生产、生活方式的改变。色彩设计应更加科学化、艺术化,在处理手法上应该显得更加轻松和亲切,给人以赏心悦目之感,见彩图35。

(二)符合构图法则

要充分发挥室内色彩的美化作用。色彩的配置必须符合形式美的原则,正确处理协调与对比、统一与变化、主景与背景、基调与点缀等各种关系。

(1)基调　色彩中的基调很像乐曲中的主旋律,在创造特定的气氛和意境中发挥主导的作用。基调外的其他色彩则起着丰富、润色、烘托、陪衬的作用。

室内色彩的基调是由画面最大、人们注视得最多的色块决定的。一般来说,地面、墙面、顶棚、大的窗帘、床单和台布的色彩等,都能构成室内色彩的基调。

色彩基调具有强烈的感染力。在十分丰富的色彩体系中要做到有主有从、有呼有应、有强有弱,主要是看能否把它们统一在一个调子之中。

形成色彩基调的因素很多。从明度上讲,可以形成明调子、灰调子和暗调子;从冷暖上讲,可以形成冷调子、温调子和暖调子;从色相上讲,可以形成黄调子、蓝调子、绿调子等。

采用暖色调容易形成欢乐、愉快的气氛。一般是以彩度较低的暖色做主调,以对比强烈的色彩作点缀,并常用黑、白、金、银等色作装饰。黑、白、金恰当地配置在一起,可以形成富丽堂皇的气氛;白、黄、红恰当地配置在一起,可以给人以光彩夺目的印象。

冷色调宁静而幽雅,也可以与黑、灰、白色相掺杂。

温色调以黄绿色为代表,这种色调充满生机。

灰色调常以米灰、青灰为代表,不强调对比,从容、沉着、安定而不俗,甚至有点超尘出世的感觉。

可以肯定,没有基调色彩,就没有倾向、没有性格,就会给人造成无序、混乱的感觉,色彩也就无法体现其意境和主题。

(2)统一与变化　基调是使色彩关系统一协调的关键。但是,只有统一而无变化,仍然达不到美观耐看的目的。从整体上看,墙面、地面、顶棚等可以成为家具、陈设和人物的背景;从局部看,台布、沙发又可能成为插花、靠垫的背景。因此,在进行色彩设计时,一定要弄清它们之间的关系,使所有色彩部件构成一个层次清楚、主次分明、彼此衬托的有机体。

一般大面积的色块不宜采用过分鲜艳的色彩,小面积的色块则宜适当提高明度和彩度。这样,才能获得较好的统一与变化的效果。

(3)稳定感与平衡感　上轻下重的色彩关系具有较好的稳定感。因此,在一般情况下,总是采用颜色较浅的顶棚和颜色较深的地面。采用深颜色的顶棚往往是为了达到某种特殊的效果。

色彩的重量感还直接影响到构图的平衡感,应在设计中加以注意,避免产生不稳、失重等现象。

(4)韵律感与节奏感　室内色彩的起伏变化要有规律性,形成韵律与节奏。为此,要恰当地处理门窗与墙、柱、窗帘与周围部件等的色彩关系。有规律地布置餐桌、沙发、灯具、音响设备;有规律地运用装饰书、画等,以获得良好的韵律和节奏感。

(三)注意色彩与材料的配合

色彩效果与材料主要解决两个问题:一是色彩用于不同质感的材料,将有什么不同的效果;二是如何充分运用材料的本色,使室内色彩更加自然、清新和丰富。

同一色彩用于不同质感的材料效果相差很大。它能够使人们在统一之中感受到变化,在总体协调的前提下感受到细微的差别。颜色相近,统一协调;质地不同,富于变化。这使人能够很容易地从坚硬与柔软、光滑与粗糙、木质感与织物感的对比中领略到设计者的匠心。

充分运用材料的本色,可减少雕凿感,使色彩关系更具自然美。我国南方民居和园林建筑中常以不加粉饰的竹子作装饰,其格调清新淡雅、纯朴自然,极具个性。

(四)把握色彩的地域性、民族性

色彩的运用和审美是以多数人的感受所决定的,但受不同的地理环境和气候状况的影响,不同的民族与人种对色彩也有着不同的喜好。例如,汉族习惯将红色作为喜庆和吉祥的象征;藏族由于身处白雪皑皑的自然环境和受到宗教活动的影响,多以浓重的颜色和对比色装点服饰和建筑;意大利人和法国人喜欢明快的颜色,如黄色和橙色等;非洲人黑肤色者居多,服饰和建筑装饰多用黄色和白色;北欧人却钟情于木材的本色等。因此,在进行装饰色彩设计时,既要掌握一般规律,又要了解不同人种和民族的特殊习惯。

气候条件对色彩设计也有很大的影响。我国南方多用较淡或偏冷的色调,北方则多用偏暖的颜色。潮湿、多雨的地区,色彩明度可稍高;寒冷干燥的地区,色彩的明度可稍低。同一地区不同朝向的室内色彩,也应有区别。朝阳的房间,色彩可以偏冷;阴暗的房间,色彩则应暖一些。

照明灯具也是影响室内色彩的重要因素。各式各样的灯具置于同一空间、同一陈设、不同光源的情况下,都会使室内色彩造成各种不同的心理感受。因此,在设计中应充分考虑该因素。

二、色彩设计的步骤

装饰设计中的色彩设计并非是完全独立的过程,它必须与整体设计相协调,并在总体方案确定的基础上进行具体的色彩深化,以获得更好的效果,具体步骤见表9-2。

表9-2 色彩设计步骤表

设计步骤	主要任务	主要资料
方案图	绘制透视图,确定大方案	设计草图、材料色彩样本
考虑整体和局部	协调总图与各使用空间设计	方案设计图(平、立、剖面)
研讨建筑节点	编制节点一览表并予以考虑	施工图
参阅标准色彩图	准备必要的色彩	设计标准色、使用材料样本
确定基调色、重点色	确定色彩,编制色彩表、色彩设计图	
施工监理	现场修正、设计变更	

三、色彩设计的方法

色彩设计能否取得令人满意的效果,在于能否正确处理各种色彩间的关系,其中最关键的问题是解决协调与对比的问题。只有当色彩符合统一之中有变化、协调之中有对比的原则,才能使人感到舒适,给人以美的享受。

处理色彩关系的一般原则是"大调和、小对比"。即大的色块间强调协调,小色块与大色块要有对比,或者说大关系上强调协调,有重点地形成对比。

(一)色彩的协调

色彩的协调包括调和色协调、对比色协调和有彩与无彩的协调。

(1)调和色协调 调和色,是指色相、明度、彩度相近关系的色彩,包括单纯色、同类色和近似色。

单纯色协调,是指色相相同但深浅不同的颜色构成的协调关系。用单纯色处理色彩关系很容易取得协调的效果,如浅绿色的地面镶上深绿色的边就很协调。但是只用单纯色处理,色彩容易出现单调的毛病。因此,应加大色彩浓淡的差别,最好以小面积的浓色块包围大面积的淡色块。

同类色协调,是指色相环上相距很近的色彩构成的协调关系。同类色处理部件和器物,可使整个室内环境具有同一的基调,呈现平和、大方、简洁、清爽、完整、沉着的气氛。由于同类色之间又有冷暖、明暗、浓淡等差异,还可使人感到细微的变化。

同类色协调的特征是大同小异,最宜用于庄重、高雅的空间,也可用于不需引人注目、不宜分散精力的卧室和书房。由于同类色协调有利于空间净化和使部件、器物一体化,因此又适用于体积较小而陈设杂乱的空间。

同类色协调的方法容易掌握,效果比较明显。但是,也会使人感到过于朴素、沉闷和单调。应酌情采取一些弥补手段,以改善这种不足。

近似色协调,是指通过色相环上色距大于同类色而未及对比色相的应用所构成的协调关系。近似色的色距范围较大。色距较近的色彩相协调具有明显的调和性,色距偏远的色彩相协调则有一定的对比性。因此,采用近似色处理室内色彩关系,必然会出现色彩的丰富性。与同类色相比,容易形成色彩的节奏与韵律,形成富于变化的层次。

运用近似色处理室内色彩关系的一般做法是:用一两个色距较近的淡色做背景,形成色彩的基调,再用一两个色距较远的彩度较高的色彩装点家具、陈设,形成重点,以取得主次分明、变化自然的效果。由于近似色的色距范围比同类色的大,可以形成多种层次。用近似色处理色彩关系的方法,适用于空间较大、色彩部件较多、功能要求复杂的场所。

(2)对比色协调　对比色冷暖相反,对比强烈,容易形成鲜明、强烈、跳跃的性格,能增强器物和环境的表现力和运动感。

对比色具有相互排斥的性质,在色块面积较大,色彩明度、纯度较高,对比色的组数过多时,很容易出现过分刺激的情况。要避免这种弊病,必须注意色彩的主次关系,"万绿丛中一点红"和画龙点睛都是讲应主次分明。只有将对比色用于重点部位,才能获得好的总体效果。

(3)有彩与无彩的协调　黑、白、灰是装饰设计中的常用色,因为它们没有彩度和色相的变化,在与有彩色相配时,既能表现出差异,又不互相排斥,具有较大的随和性。所以,无彩色系与有彩色系很容易协调。

黑色深沉、凝重,白色明快、纯净,灰色兼容性极强,所以在色彩设计中白色与各种明度的灰色能很好地起到中和、过渡的作用。黑色则常用于小块面,常与彩度大、色彩浓郁的部分结合使用,能稳定重点色块。

(二)色彩的对比

相邻区域的不同色彩相互影响,改变人们的感受,这就是色彩的对比作用。色彩对比分同时对比和连续对比两大类。恰当地运用色彩对比,可以增强色彩的表现力,有助于创造某种特定气氛。

同时对比,是指被同时看到的两种颜色的对比。它可以表现为色相对比、明度对比和冷暖对比。

在色相对比中,原色与原色、间色与间色对比时,各色都有沿色相环向相反方向移动的倾向。例如,红、黄相对比,红色倾向于紫色,黄色倾向于绿色;橙、绿相对比,橙色倾向于红色,绿色倾向于青色。原色与间色对比时,各色都显得更鲜艳,正像黄花与绿叶相对比,黄花显得更黄,绿叶显得更绿。补色相对比,对比效果更强烈,如绿叶与红花相对比,绿者更绿,红者更红,所谓绿叶衬红花正是这种对比的应用。

明度不同的色彩相对比,如黑白对比,浅红与深红对比,明者越明,暗者越暗。对比双方明暗差别越大,对比效果越明显;明暗差别越小,对比效果也越差。

彩度不同的色彩相对比,高者越显得高,低者越显得低。

冷暖色彩相对比,冷者更显得冷,暖者更显得暖。

当两种不同的色彩一先一后被人看到时,两者的对比称为"连续对比"或"先后对比"。连续对比的效果属于色适应,对人的视觉条件和疲劳感都有较大的影响。因此,在室内设计中,常常利用其有利的方面,避免其不利的方面,以满足实用上的要求。

正确掌握和运用色彩的对比规律,对装饰色彩设计很重要,特别是在处理前景与背景、固有色和条件色的关系时常被采用。

(三)色彩的选用与确定

在建筑装饰设计中,当总体方案确定后,须进一步明确色彩的选用,这时可以通过色彩核对表(见表9-3)来重点校核各部分色彩的使用情况与效果,以确认设计效果。

表9-3 色彩校对表

核对项目	核对具体内容
色彩总平面是否合适	分区、分组
部位色彩是否选择正确	部位的标准色、是否强调或减弱、部位面积、部位明暗、涂面划分
与色彩外的属性的关系	光泽、透明度、底色花纹、类型、质感
配色的协调	秩序、共性、明显性、基调色组与重点色组均衡点
是否正确利用色彩效果	面积效果、相互反射、色适应、对比色、识别性、可读性、湿度、距离、重量等、记忆、喜好、联想、象征、感情效果
与照明关系	人工光源种类、光色、光性、照明效率、眩光
是否符合建筑要求	表现符合建筑的感觉色彩从属于材料和形式、显出人物背景管道识别系统为多数人接受
与外部色彩的关系	外部与内部的区别、自然环境的协调与外部人工环境的关系

四、色彩的界面处理

装饰设计中,通常不同的界面所用的色彩各不相同,甚至同一界面也可能采用几种不同的材料和色彩。如何使不同的色彩交接得自然、明确、合理,这就要求处理好几个空间界面的关系。

(一)墙面与顶棚

墙面是装饰设计中面积最大的界面,色彩常以明快、淡雅为主调。顶棚是室内空间的顶盖,一般采用明度高的色彩或白色,以避免产生压抑感。因此,墙面与顶棚的色彩间相对比较调和,反差不大(一般情况)。当两个界面色相不一致时,通常采用以下方法处理:

(1)墙面与顶棚采用同种粉刷时,色彩的交接位置常设在弧形线脚的下部,如图9-2(a)所示。

(2)在墙面与顶棚交接位置可设置盖缝条,也可兼作挂镜线,如图9-2(b)所示。

(3)当墙面与顶棚均采用板材饰面时,可在交接处设凹缝,如图9-2(c)所示。

(4)当墙面采用粉刷层而顶棚采用板材时,可在板材四周留缝,把顶棚与墙面划分开,如图9-2(d)所示。

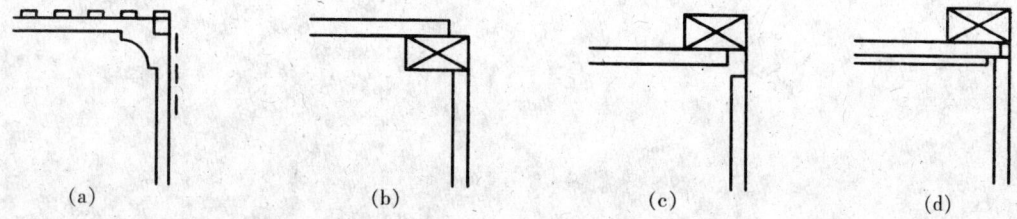

图9-2 墙面与顶棚的处理方式

（二）墙面与地面

地面与墙面交接处应设踢脚板。当踢脚板和墙面处于同一平面时，可以把踢脚板作为地面的一部分延伸上来。但通常踢脚板作凸出墙面的处理较多，也有凹进墙面的做法。

墙面色彩明度较高，而作为地面与墙面交接的踢脚板，通常采用色彩较深、明度偏低、能与墙面、地面协调的色彩。地面的明度较低，这样便于保持地面清洁，同时具有较好的稳定感。

（三）同界面不同色彩

同一界面采用不同材料或色彩，其交接处可以做成不同形式的接缝，如凹缝、三角缝、高低缝等，也可另加盖缝板。采用接缝时，其宽度不宜太大，颜色也不宜太鲜艳。板材间的缝隙尤其要窄些。当需要特别强调接缝效果时，可用金银色涂料或盖缝条，因为金、银色的接缝，既可与任何颜色的界面相协调，又有较强的装饰性。当界面采用无光材料、金银色的接缝采用有光时，其装饰效果更强烈。

总之，色彩的界面处理应把握分得开、分得清，但又不过分突出的原则（特殊处理除外）。

复习思考题

1. 色彩的三要素是指什么？三者间的关系如何？
2. 色彩在装饰设计中有什么作用？
3. 色彩设计的基本原则是什么？
4. 如何处理室内色彩的调和与对比间的关系？

第十章

不同类型的建筑室内装饰设计

在前面的章节中,对室内空间装饰设计的基本问题进行了介绍,但是建筑的种类很多,不同的建筑从使用到形式、从空间到性格,都具有很大的差异;同一种建筑的不同空间之间也各不相同。因此,如何在建筑装饰设计中把握好这种个性,并能协调好它们之间的关系,需要做更进一步的研究。为此,本章专门介绍具有代表性的几类建筑的室内装饰设计。

第一节 居住建筑室内装饰设计

住宅是现代人的家庭生活空间,人的一生中60%的时间是在家庭空间中度过的。居住环境的优劣美丑,对人们的身体健康、心理平衡有着举足轻重的作用。优美舒适的环境可以调节人的情绪,鼓舞人的精神,净化人的灵魂,塑造健康人格。现代社会科学技术日新月异,物质文明和精神文明建设都有了长足的进步,人们对居住建筑的室内装饰要求也越来越高,希望能拥有一个洁净、优美、雅致、舒适的居住空间。

要实现这一目标,就要认识到住宅装饰既是一个技术问题,也是一个美学问题。因此,应该从美学和技术的结合上探讨居住建筑的室内设计。

居住建筑作为人类生活的重要场所,为人们提供了工作之外的休息、学习和生活空间。随着人民生活水平的不断提高,人们对室内的生活环境也有了更高的要求。今天的住宅已不仅仅是给人们提供一个休息的场所,更重要的是要为人们提供一个舒适、幽雅、安静、充满情趣和具有个性化的生活环境,使人们在工作之余精神能够得到松弛,体力能够迅速恢复,在精神和物质上都能得到最大的满足。

为了达到这一目标,居住建筑室内设计必须解决好以下几个问题:室内空间大小和灵活多变的可能性的确定;空间布局上功能分区的合理性与明确性;室内空间装饰的整体性;墙面、顶棚、家具灯光布置等的合理性及室内色彩的应用等。

就人类生活的主要内容来说,它包括了工作、休息和娱乐三大方面。居住建筑的主要功能就是为人们提供休息场所。而休息又包括了很多内容,如睡眠、饮食、活动、生理卫生等。根据人们的生活特征,可以将居住建筑划分为不同的功能空间,即卧室、餐厅、起居室、书房、厨房、卫生间等。这些不同的空间又有各自的内容和要求,处理好这些功能空间,就意味着解决了居住建筑室内设计的根本。

一、起居室设计

起居室具有多功能的特点,它是家人团聚、起居、休息、会客、娱乐、视听活动等的场所。除了睡觉在卧室、吃饭在餐厅,其余的休息时间几乎都是在起居室中度过的,因此起居室的设计非常重要,它的好坏直接影响着整个设计的成败。

(一)起居室的尺度与布置

不同起居室的面积差别很大。过去人们常把小间作起居室,而现在人们越来越认识到起居室的重要性,一般把户内最大的空间作起居室。设计者在设计建筑平面布局时也有意强调起居室的位置,并且在允许的情况下,尽可能扩大起居室的面积。这一变化主要是因为随着生活水平的提高,人们对生活舒适性的要求也在提高,人们更加重视在紧张的工作之余与家人团聚的重要性。因此,起居室的规模与布置要尽可能跟上时代的变化,适应人们的心理要求。

起居室的布置因人而异,这是因为不同的人有不同的爱好、习惯和生活要求。有的人追求清新、自然,喜欢把大自然的纯朴带入室内;有的人则追求华丽,喜欢用色彩、陈设把室内布置得富丽堂皇。因此,起居室的布置没有一个固定的模式,设计者总是首先根据居住者的要求,确定一个意向设计,即起居室的风格,然后再做具体的布置。

起居室的主要用具有沙发、茶几、电视机、音响设备、灯具、组合柜等。布置时,要根据房间的大小和使用的要求,合理布置。

(二)空间界面设计

地面装饰材料一般采用木地板,也有塑胶地板、石材地面、地砖、地毯等,它们各有优缺点。

墙面可以用粉刷、墙布、塑料喷涂、装饰板等多种方法处理,但应注意维护清洁的方便性,以及色彩、质地与整个室内环境的关系。

如果顶棚与墙面使用同样色彩和质地的装饰材料,就能突出地板与家具。当采用不同的装饰材料时,为了避免与地板和家具引起混乱,就必须考虑与之相协调的色相和材料。

(三)起居室的陈设设计

起居室的主要陈设是家具。这里的家具主要是沙发,一般以茶几为中心设置沙发群作为交谈的中心。其次,是电视机、录放像机、音响、电话和空调等,这些设备都不能单独设置,常与家具统一考虑和布置。除了考虑这些家具的布置外,还要考虑人的视线高度、看电视的最佳视距、音响的最佳传声、空调机的安装高度或摆放位置等。

墙壁上的壁挂、壁画、挂画,可以根据墙面的容量和家具的尺寸,在符合构图平衡的前提下进行布置。

此外,根据主人的爱好,安排一些附属装饰小品,如陶器、雕刻或是私人收藏品等,既营造了生活气氛,又能让人感受到主人的爱好和情趣。彩图36为某起居室陈设。

(四)照明设计

起居室是起居生活的中心,活动内容比较丰富,采光要求也富于变化。在会客时,可采用全面照明;看电视时,可在座位后面设置落地灯,有微弱照明即可;听音乐时,可采用低照度的间接光;读书时,可在左后上方设一光源。选择灯具时,要选用具有装饰性的坚固的灯具,并且灯具的造型、光线的强弱要与室内装饰协调。

二、卧室设计

卧室主要是睡眠和休息的空间,有时也兼作学习、梳妆等的活动场所。卧室可分为主卧室和次卧室,主人夫妇的卧室为主卧室。卧室要求有安宁舒适的睡眠环境,还要求有较好的私密性。卧室的环境设计在空间尺度已确定的情况下,受到已定尺度的制约。图 10-1 是卧室内各种活动所需的空间尺度,为环境设计提供了必需的数据参考。

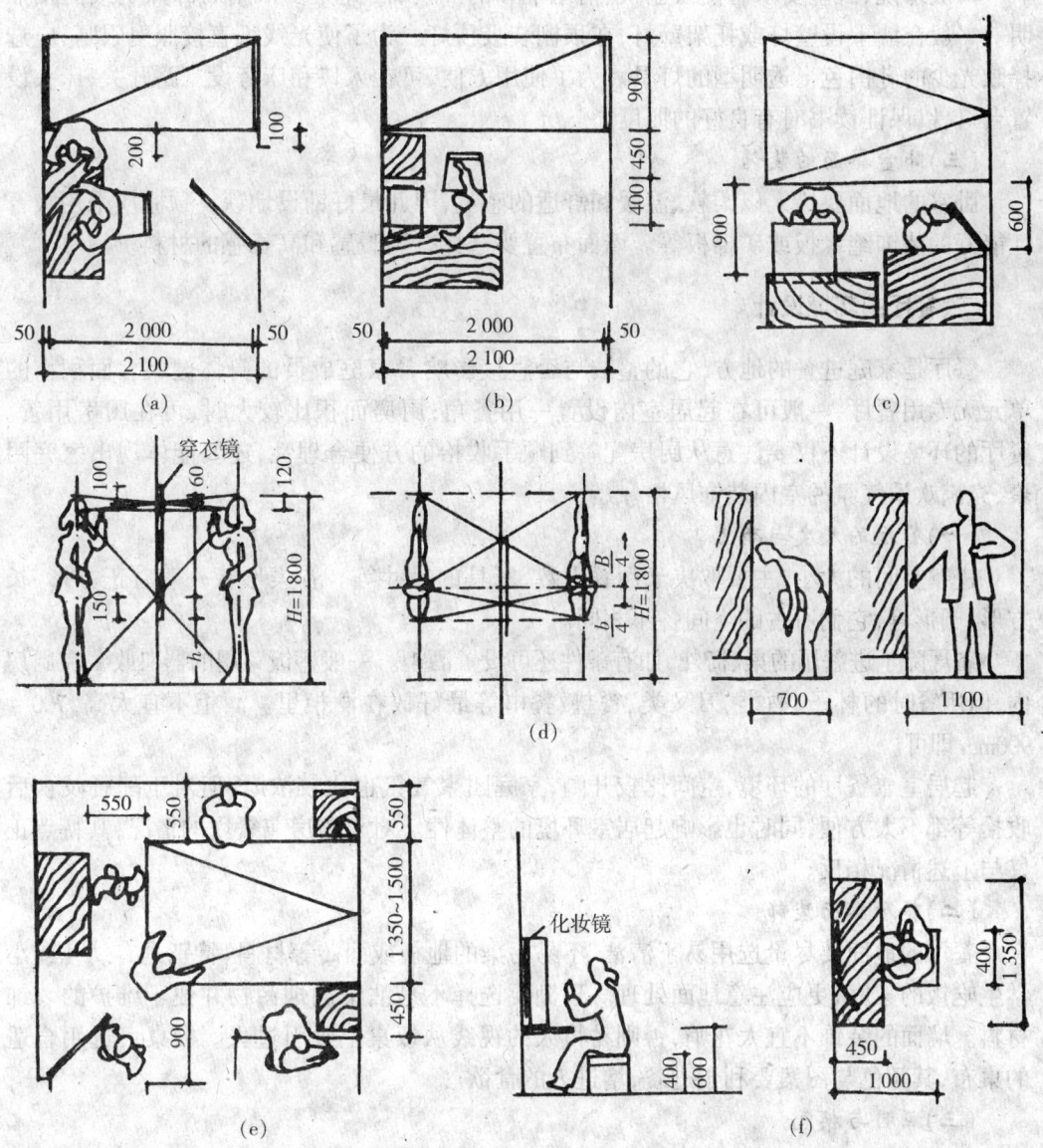

图 10-1 卧室内各种活动方式所需尺寸

(一) 卧室的尺度与布置

主卧室要布置一张双人床,宽度一般为 1 350~1 500mm;或者布置两张单人床。卧室家具还包括床头柜、收藏衣服和卧具的壁橱、化妆用的穿衣柜、书写用的写字桌和椅子,以及安乐椅等。住宅标准高的卧室中还有浴室、厕所等。家具的摆放要尽可能沿墙布置,把活动的空间集中在卧室中心。彩图 37 为某主卧室室内布置。

(二) 卧室的隔音与照明

室内外的隔音除了采用隔音效果好的墙体材料外,还要注意窗户的密闭性处理。

一般来说,卧室要求有使人愉快、情绪平和的照明,因此大多采用局部照明或间接照明。一般在墙上设壁灯或托架壁灯,在顶棚装吸顶灯。为了使光线不直接照射眼睛,应选择眩光少的乳白色半透明型的灯具。为了使用方便,可在入口和床旁设三路开关;床头设置台灯,以保证读书时有良好的照度。

(三) 卧室界面的装饰

卧室的地面要给人以柔软、温暖和舒适的感觉,因此最好铺设地毯。顶棚应采用吸音性能好的装饰绝缘板或矿棉板等。墙面布置要选择有温暖感和高贵感的材料。

三、餐厅的环境设计

餐厅是家庭进餐的地方,它的整洁与否直接影响着家庭成员的身体健康。面积小的单元无专用餐厅,一般可在起居室内设置一用餐角;厨房面积比较大时,可在厨房用餐。餐厅的环境设计不仅要注意从厨房配餐到顺手收拾的方便合理性,还要能体现出家庭团聚、充满欢乐气氛的室内装饰风格。

(一) 餐厅的尺度与布置

进餐空间的大小,主要取决于用餐人数、家具的尺寸等。餐桌形状一般有正方形、长方形、圆形等,它们所占的空间各不相同。

餐厅除了进餐用的桌、椅外,如有条件还可设置酒柜。一般盛饭菜用的器皿收藏在厨房内,但用餐时的杯子、酒类、刀叉类、餐垫、餐巾等最好放在酒柜里。酒柜不宜太高,700~900mm 即可。

起居室兼餐厅的环境,空间比较开阔,家庭团聚气氛也比较浓厚,但对于配餐及食后收拾等都不太方便,同时也影响起居室环境的整体性。对于厨房兼餐厅的情况,其特点正好与上述情况相反。

(二) 餐厅界面装饰

餐厅的地面要尽量选用易于清洁、不易污染的地板或面砖等材料,特别是有幼儿或小学生吃饭的家庭,更应注意地面处理。顶棚要选择不易沾染油烟污物并便于维护的装饰材料。墙面的装饰不宜太花哨,否则易将人的视线从饭桌上吸引过去。餐桌可选用合适的桌布,其颜色与图案要利于进餐,增进人的食欲。

(三) 照明与换气

餐厅内要设置一般照明,以使整个房间有一定照度。在餐桌上方设置悬挂式灯具,保证局部照明,既能突出餐桌的位置,又使菜肴色彩鲜艳。整个餐厅的灯光均以暖色调为宜。桌面上方顶棚,还应安装埋入式换气扇或穿墙型换气扇,以便菜肴热气及时排出。

四、厨房的环境设计

调理饭菜的操作空间是厨房,它与人们一日三餐关系密切。现代化的厨房要求光线充足、通风良好、环境洁净、使用方便。

(一)厨房的尺度和布置

厨房的布置主要从方便性出发,使从事炊事劳动者能按照粗加工、洗切、细加工、配制、烹调、备餐这一系列的程序进行活动,避免相互间的干扰。

L型厨房的环境布置主要是针对面积较小的厨房而设计的。一般来说,洗涤池安装在窗口下,这里的光线最强;洗涤池的边上布置操作台,便于洗后进行细加工;操作台的边上还要设置一工作台,存放调料等物品,菜的配制也在这里进行;接着就是煤气灶,其安装高度要适于操作。

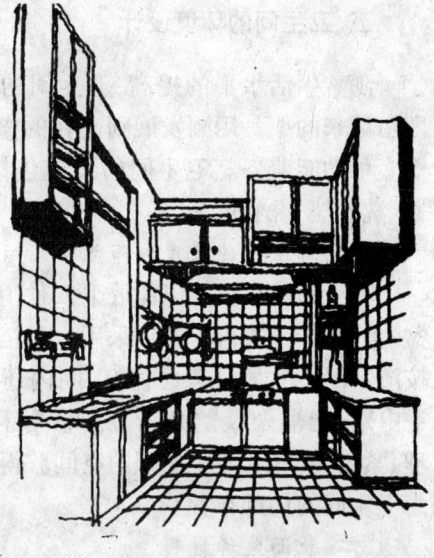

图10-2 U型厨房布置

图10-2为U型厨房的环境布置。操作台设在窗下,操作台的一侧是洗涤池,另一侧是煤气灶。洗涤池、操作台、煤气灶下面全部做成贮藏柜,便于存放主食、锅盆等。在不妨碍操作的墙面上布置吊柜,主要用于存放炊具。这样的布置紧凑合理,是现在应用较为普遍的方式。

图10-3所示的开放式厨房的布置,近年来也很受年轻家庭的青睐。但这种厨房由于操作和用餐在同一空间中,所以对通风和排油烟的要求特别高。

图10-3 开放式厨房布置

(二)厨房的换气

厨房烹饪会产生油烟,因此应在灶台的上部设置抽油烟机或换气扇。厨房的自然通风也很重要,最好能有两个相对的窗户,借空气的对流而进行自然通风调节。若室内是单面窗,那就要常开换气扇或油烟机,以保持室内的清洁。

(三)厨房的装饰、采光与照明

厨房内的油烟大,且食品的粗加工也在这里进行,因而厨房的墙面、地面、炊具上易沾染污渍,在装饰时应考虑到这一特点。墙面、地面应采用便于清洁的装饰材料,如墙面用面砖,地面用地砖。顶棚用PVC装饰板、石膏板、金属板等装饰,既美观又防火。

为了舒适、健康、卫生,厨房内的自然采光是必需的,因此洗涤池前的窗或转角处的角窗都非常必要。

厨房以一般照明为主,灯具多布置在天棚或墙上。在操作面上可设置局部照明,宜柔和而明亮。由于厨房内蒸汽、油气较大,宜采用拆换、维修简便的灯具。

五、卫生间的环境设计

随着生活水平的提高,卫生间的功能也趋于多样化。即由原来的单一用厕发展到现在的盥洗、用厕、洗脸、洗衣等多种功能兼备。卫生间的设施包括浴缸、淋浴器、坐便器、洗脸池、洗衣机等。

(一)卫生间的尺度和布置

卫生间的尺度要以能放下四件卫生设备即浴缸、洗脸盆、坐便器、洗衣机为准。采用大型浴缸或变形浴缸时,要按浴缸的尺寸另做考虑;卫生间内还要布置附属的镜箱、毛巾架、肥皂架及贮藏箱等。整个卫生间的布置要以合理、紧凑为原则,使小面积的空间获得多种用途。图10-4为卫生间的局部布置。

(二)表面装饰材料

卫生间的墙面应选用光洁的瓷砖等防水材料做贴面,

图10-4 卫生间局部布置

它的规格、色彩有多种选择,但一般以素净的色调为宜。地面可采用地面砖或马赛克贴面,亦可用大理石铺面,但在选用面砖时应注意防滑要求。天棚可采用既卫生又不易结露的材料,如塑料或铝制长条材,背面衬以隔热的材料。

(三)卫生间的照明、采光及换气设备

卫生间的照明要选择防潮、防水型的灯具,可采用小型埋入顶棚的射灯或防潮吸顶灯等。洗脸池上方宜布置重点光源。

换气设备也是卫生间必不可少的,因为潮湿易产生霉渍和恶臭。通常在卫生间设置换气扇。彩图38为某卫生间室内布置。

第二节 商业建筑室内装饰设计

商业建筑是与人们生活联系非常密切的场所,好的购物环境,不仅能带来较好的商业效益,而且也能给顾客以美的享受。

商业建筑种类较多,通常有日用品店、超级市场、大型百货商店、文化用品店、文玩店、高档商品专卖店等等。但无论哪种商店,都应该满足人们使用和精神两个方面的需求,即一方面要保证各类人员的行走、购物等活动的舒适性,并尽量扩大商品的陈列面积及交易面积,减少不必要的无收益室内空间;另一方面,则要创造商店良好的室内空间环境,满足购物者的精神需要。

由于建筑性质、使用要求、投资水平、购物者的不同,商业建筑室内设计在物质功能和精神功能这两方面的侧重点也有所不同。例如,日用品店主要经营杂货、食品等,它的规模小,投资也少,购物对象主要是家庭主妇、儿童、学生;高档商品专卖店主要经营贵重物品,如首饰、服装、艺术品等,它的规模不要求很大,但投资大,购物对象也以中产、富裕阶层为主。因此,日用

品店的设计偏重于满足物质功能的需求,而专卖店的设计则偏重于满足精神功能的需求。

一、功能组织

在商品销售中,商店的内部功能组织直接影响着商店的效益。因为商品的合理布置、人流的组织安排、合理的空间形式等,都直接影响着顾客购物的便捷性。

(一)百货商店

大型综合性百货商店的内部功能相当复杂,它涉及商品在商店中的位置安排和由此而带来的顾客人流情况、货物与商品的进出线路、购物环境是否符合人的生理与心理要求以及商店的经营效果等问题。通常,在商品的布置上,购买频率较高的商品宜布置于入口处或底层,如日用品类;使用频率和购买人流较少的商品宜布置于商店的深处或高处,如家电、文具、乐器类等,这样可以减缓因人流穿梭和购物所造成的压力。底层的柜台布置宜宽敞些,以便留出足够的交通空间;自动扶梯的位置应与入口保持良好的关系。此外,还应注意留出安全出入口,以免因发生意外而造成人员伤亡。

中小型百货商店的功能关系则相对简单些,但同样应注意人流的组织问题。

在百货商店内,柜台的宽度一般为600mm,高度以950mm为宜。柜台与柜台之间为人行通道,通道宽度不应小于1 800mm;柜台与货架间距一般在900mm左右。

(二)超级市场

超级市场的功能分区更具条理化、科学化。集中收款台一般设置在入口处,中心区为货架,商品分类放置。后场还设置有加工区、设备区、商品库房等。

双层货架的宽度一般为900mm,单层为350mm左右。货架间距以900mm为宜,供一人推手推车通行。

其他还有文化用品店、文玩店等,由于经营的商品不同,空间布置形式也各有特点。

二、商店的照明设计

商店照明的目的是为了吸引顾客并激发其购买欲,因此商店的照明设计必须从"人"和"物"这两个要素出发:一方面满足人们的生理和心理要求,一方面满足商品的照度要求。单从照明这一角度讲,满足人们的心理和生理要求是指要有适当的照度、协调的色彩、外形美观的照明器等;满足商品的照度要求是指顾客能够清楚地观看商品,光色能够正确反映商品的本来色彩。为了满足这些要求,商店的照明设计必须从照明质量、照明方式等多方面加以考虑。

(一)商店照明的分类

商店照明基本上是由一般照明、重点照明和装饰照明构成。

一般照明基本上能满足人的视觉作业要求,照度按照度标准选取,同时也要考虑商店的营业状态、商品特点、所在地区的条件、陈列方式等因素。

重点照明的目的,就是要把主要商品和主要场所照亮,吸引顾客的视线,增强其购买欲。重点照明的照度受一般照明照度的影响。如果一般照明照度取得高,那么重点照明的照度要取得更高。所以,重点照明和一般照明的照度必须相协调。一般来说,重点照明照度是一般照明照度的3~5倍。

重点照明的方法是以高亮度光源来突出商品表面的光泽,或者以强烈的定向光突出商品的立体感和质感。例如,在陈列橱、陈列架内设置荧光灯或吊灯,高处橱窗内设置聚光灯来重点照明。

装饰性照明是在合理的照度下,为了使采光方式更符合室内的造型设计要求,或者是为了制造空间意境和室内气氛而增加的特殊照明。它不能取代一般照明,只能以装饰为目的进行设计。彩图39为一大型购物中心,除了一般照明和重点照明之外,装饰照明更好地表现了建筑空间的形体特征和艺术效果。

(二)照明质量

要创造良好的室内照明环境,就必须提高照明质量。照明质量与照度、视野内的亮度分布、光的显色性及眩光等有关。

照度是决定受照物明亮程度的间接指标。要确定商店内合理的照度,必须根据商店的性质、环境及视觉条件合理选定照度标准。商店、百货店及其他的照度标准,见表6-3。

在室内应考虑主体陈列物与背景之间的亮度比、工作面亮度与最暗面的亮度比,使之保持最佳的亮度分布。光源的显色性,是指同一物品在不同光源的照射下将显示出不同的颜色。因此,为了真实地反映物品的颜色,商店内的一般照明通常选择显色性好的荧光灯或是普通型的荧光灯。对于重点照明,可选择对材料光泽、质感表现力非常好的反射型白炽灯或球型白炽灯。

在灯光设计中,应避免眩光的出现。可采用磨砂玻璃或乳白玻璃的灯具,也可以用透光的漫射材料将灯具遮蔽。另外,要合理选择灯具位置和最佳的灯具悬挂高度。

(三)照明设计方法

商店的照明设计是以顾客为主体来综合考虑的。

为了使顾客能够驻足浏览商品,必须强调橱窗照明。橱窗照明一般应为店内照明的3~5倍。橱窗的强光能够迅速反映出商店经营商品的种类,并使商品的立体感、光泽感、材料感等一览无遗,诱导顾客进入商店。在从商店的入口看进去的深处正面应采用明亮的照明,并把深处正面的墙面陈列作为第二橱窗考虑,照度一般取店内的2.5倍。灯光的布置从外观、橱窗、入口要各具特点,以便诱导顾客进入商店。

店内照明应采用多种照明组合的方式,通常有顶棚一般照明、商品陈列柜照明、柜台照明、墙面照明等。顶棚一般照明多选用嵌入式吸顶灯或建筑化照明方式,对于顶棚较高的商店,也可采用下吊式灯具;陈列柜照明和柜台照明要重点加强,可采用聚光灯等,以突出商品,吸引顾客的注意力。

三、商店的空间界面设计

(一)顶棚装饰

商店类建筑有着宽敞的空间,因而顶棚在人的视域中所占的比例较大,它的装饰是室内装饰中的一个重要组成部分。

商店的顶棚装饰应力求简洁、完整,不宜过分繁琐。顶棚的形式主要采用平滑式。平滑式顶棚构造简单,外观简洁大方,一般是由各种类型的装饰顶板拼接构成,也有表面喷涂、粉刷或裱糊壁纸等装饰而成。平滑式顶棚的装饰效果主要靠灯光、色彩和质地的有机配合。

顶棚上除了各种灯具外,还应配置通风口、烟感探头、喷淋头等通风、消防设备。顶棚装饰除了要注意满足这些设备的技术要求外,还要注意以恰当的尺度和构图方式来美化顶棚。

(二)地面装饰

地面作为陈列物品的背景,起着陪衬和烘托作用。它的色彩、质地和图案应和整个空间的用途、大小相协调。例如,超级市场的地面图案应是简洁并富有动感的,不宜过分抽象或带有太多的趣味性,应给顾客留下整洁、轻松的感觉;儿童用品专卖店的地面可选用一些动物、玩具图案,以增加趣味性。

(三)墙柱面装饰

墙面装饰也要与商品的性质、顶棚和地面的装饰形式及整个环境气氛相协调。柱面在室内有时成为装饰的重点,对柱的处理通常有两种办法:一种是夸张处理,即进一步强调柱的存在及其在空间中的作用,对柱面进行重点装饰;另一种则是有意减弱室内柱,常以镜面、不锈钢等反光材料使其消失于视线中。

第三节　旅游建筑室内装饰设计

旅游建筑包括各类酒店、饭店、宾馆、度假村等(以下简称"酒店")。酒店常以环境优美、交通方便、服务周到、风格独特而吸引四方游客,对室内装饰也因条件不同而各异。特别在反映民族特色、地方风格、乡土情调、结合现代化设施等方面,应予以精心考虑,使游人在旅游期间,除满足舒适生活要求外,还能了解异国他乡民族风格,扩大视野,增加新鲜知识,从而达到丰富生活、调剂生活的目的,赋予旅游活动游憩性、知识性、健身性等内涵。

对酒店来说,希望通过装饰档次来提高其级别,通过优美的环境和独特的装饰手法,使旅客对旅店的生活和观感能留下良好的印象和深刻的记忆,而激起以后再来的愿望。

一、酒店室内装饰设计的基本特点

(一)旅客的心理特点

酒店的服务对象是旅客,他们虽然来自四面八方,各有不同的要求和目的,但是也有共同的心理特点。

(1)向往新事物　旅客外出旅游观光,一般选择从未去过的地方,希望通过旅游,在异国他乡能获得对一些新奇事物的向往和期望。例如,对不同的地域环境、风景名胜、城市风貌、风俗习惯、古迹等,都会产生浓厚的兴趣,激发他们旅游的热情和力量,获得新鲜信息愈多,愈能感到满足,否则就会感到失望或扫兴。

(2)向往自然,调节紧张心理　外出旅游、度假,对于日常处于紧张工作状态的人来说,就是生活上的一种自我调剂,特别希望与大自然有更多的接触,得到大自然的阳光、空气、水的沐浴,享受秀丽的湖光山色,使生活更为轻松愉快、身心获得调剂,精神、体力得到恢复,以迎接新的工作、学习和生活。如果在旅途生活中依然紧张繁忙,就会感到事与愿违,因达不到旅游的预期目的而失望。

(3)向往增进知识,开阔眼界　"扩大眼界""见见世面",是旅游者的一般心理,外出旅游的举措本身是一种进取、积极的心理表现。不论男女老幼或从事不同的职业的旅客,都希望扩大自身的知识范围并使业务能力获得进一步提高,因此对与自己工作、学习或生活有关的事物会更敏感、更有兴趣。通过不同的信息交流,增长知识,增长才干,有利于自己的生存与发展。

(4)怀旧感和乡情观念 怀旧心理和乡情观念,是古今中外人类心理的共同特征。目前,除选择风景名胜外,对各地历史博物馆、名胜古迹、古玩市场等进行游览,已经成为很多旅游者的热点。现代人只有同时向前看和向后看,才能找到自己的确切位置,这是理所当然的。思乡之情也是我国和其他各国人民的固有感情,在异国他乡如能见到祖国亲人或同乡,以及家乡一切熟悉的事物,对异土乡情就会感到分外亲切。这和在国内时的心情是完全不同的。特别是在节日,身在异国他乡,更会有一种孤独感。"独在异乡为异客,每逢佳节倍思亲"就是这种心情的写照。

(二)酒店室内装饰设计的基本特点

根据旅客的特殊心理,酒店室内装饰设计应当具有下列基本特点。

(1)充分反映当地自然和人文特色。
(2)重视民族风格、乡土文化的表现。
(3)创造返璞归真、回归自然的环境。
(4)建立充满人情味以及思古之幽情的情调。
(5)创建能留下深刻记忆的难忘的装饰品格。
(6)充分体现"宾至如归"的服务特色。

二、酒店大堂的室内装饰设计

酒店大堂是酒店前厅部的主要厅室,常和门厅直接联系,一般设在底层,当然也有设在二层或和门厅合二为一的。大堂内部主要包括下列设施。

(1)总服务台。一般设在入口附近、大堂较明显的地方,使旅客入厅就能看到。总台的主要设备有:房间状况控制盘、留言及锁钥存放架、保险箱、资料架等。

(2)大堂副经理办公桌。布置在大堂一角,以处理前厅业务。

(3)休息座。作为旅客进店、结账、接待、休息之用,常选择方便登记、不受干扰、有良好的环境之处。

(4)有关旅店的业务内容、位置等标牌,宣传资料的设施。

(5)酒水供应或小卖部、商场;有时和休息座区结合布置。

(6)钢琴或有关的娱乐设施。

通向各处的公共楼梯、电梯或自动扶梯等交通枢纽和大堂有直接联系。

大堂内的各种设施相互间应有一定的联系。一般来说,进店旅客从大门进入大堂,找座位稍歇,安排行李,进行登记,再通过电梯、扶梯通向客房,而退房旅客路线与此相反。规模较大的酒店还常设邮电、银行、寄存、商务中心、美容等业务,并和大堂有方便的联系。因此,在设计时应根据不同活动路线进行良好的组织。

大堂是旅客获得第一印象和最后印象的主要场所,是酒店的窗口,为内外旅客集中和必经之地。因此,大多数旅店均把大堂视为室内装饰的重点,集空间、家具、陈设、绿化、照明、材料等之精华于一厅。很多把大堂和中庭相结合成为整个建筑之核心和重要景观之地。

因此,大堂设计除上述功能安排外,在空间上宜比一般厅室要高大开敞,以显示其建筑的核心作用,并留有一定的墙面作为重点装饰(如绘画、浮雕等)之用,同时还要考虑必要的具有一定含义的陈设(如大型古玩、珍奇品等)位置。在选择装饰材料上,显然应以高档天然材料为好。用花岗石、大理石等装饰材料可以起到庄重、华贵的作用;高级木材装修则显得亲切、温馨。至于不锈钢、镜面玻璃等,也有所用,但应避免商业气息过重,因为这些材料在商店中已广泛应用。目前很少见到以织物为主的装饰大厅,大概织物更宜于客房、包箱之类的房间,从而也能起到相互对比衬托之故。大堂地面常用花岗石,局部休息处可考虑地毯,墙、柱面可以与地面统一,如花岗石或大理石,有时也用涂料,顶棚一般用石膏板和涂料。大堂的总台大部用花岗石、大理石或高级木材装修。

三、酒店客房的室内装饰设计

酒店客房应有良好的通风、采光和隔声措施,以及良好的景观(如观海、观市容等)和风向,或面向庭院;避免面向烟囱、冷却塔、杂务院等。

(一)客房的种类和面积标准

(1)客房的种类 客房一般分为①标准客房:放两张单人床的客房;②单人客房:放一张单人床的客房;③双人客房:放一张双人大床的客房;④套间客房:按不同等级和规划,有相连通的二套间、三套间、四套间不等,其中除卧室外一般考虑餐室、酒吧、客厅、办公或娱乐等房间,也有带厨房的公寓式套间;⑤总统套房:包括布置大床的卧室、客厅、写字间、餐室或酒吧、会议室等。

(2)客房的面积标准 ①五星级客房一般为 $26m^2$,卫生间一般为 $10m^2$,并考虑浴厕分设。②四星级客房一般为 $20m^2$,卫生间一般为 $6m^2$。③三星级客房一般为 $18m^2$,卫生间一般为 $4.5m^2$。

(二)客房的家具设备

客房的家具设备主要包括①床。分双人床、单人床。床的尺寸,按国外标准分为:单人床 $100cm \times 200cm$;特大型单人床 $115cm \times 200cm$;双人床 $135cm \times 200cm$;王后床 $150cm \times 200cm$,$180cm \times 200cm$;国王床 $200cm \times 200cm$。②床头柜。装有电视、音响及照明等设备开关。③装有大玻璃镜的写字台、化妆台及椅凳。④行李架。⑤冰柜或电冰箱。⑥彩电。⑦衣柜。⑧照明。有床头灯、落地灯、台灯、夜灯及在门外显示"请勿打扰"的照明等。⑨休息座椅一对或一套沙发及咖啡桌。⑩电话、插座。

此外,还包括卫生间。卫生间的设备有①浴缸一只,有冷热水龙头、淋浴喷头。②装有洗脸盆的梳妆台,台上装大镜面。③便器及卫生纸卷筒盒。④要求高的卫生间,有时将盥洗、淋浴、马桶分隔设置,包括4件卫生设备的豪华设施。

(三)客房的设计和装饰

客房内按不同使用功能,可划分为若干区域,如睡眠区、休息区、工作区、盥洗区;客房内有时也可能容纳 1~4 人,有时几种功能发生在同一时间,如更衣和沐浴,睡眠和观看电视。因此,在客房的家具设备布置时,在各区域之间,应既有分隔又有联系,以便对不同使用者,有相应的灵活性和适应性。

酒店中一般以布置两个单人床位的标准客房居多,客房标准层平面也常以此为标准,确定开间和进深,开间的最小净宽应以床长加居室门宽为标准。混合结构一般不小于3 300mm,套间也常以二或三标准间联通,或在尽端、转角处常可划分出不同于标准间大小的房间作为套间之用。套间可分为左右套或前后套。前后套的设计为:前为起居室,后为卧室,卫生间布置在中间,通过中间走道联系。

因此,一般说来,客房标准层在结构布置上是同一的。客房约占旅店面积的60%,这样比较经济合理。

客房的室内装饰应以淡雅宁静而不乏华丽的装饰为原则,给予旅客一个温馨、安静又比家庭更为华丽的舒适环境。装饰不宜繁琐,陈设也不宜过多,主要应着力于家具款式和织物的选择,因为这是客房中不可缺少的主要设备。

家具款式包括床、组合柜、桌椅,应采用一种款式,形成统一风格,并与织物取得协调。

织物在客房中运用很广,除地毯外,窗帘、床罩、沙发面料、椅套、台布,甚至可包括以织物装饰的墙面。一般说来,在同一房间内织物的品种、花色不宜过多,但由于用途不同,选质也异,如沙发面料应较粗、耐磨,而窗帘宜较柔软,或有多层布置,因此,可以选择在视觉上、对色彩花纹图案较为统一协调的材料。此外,对不同客房可采取色彩互换的办法,达到客房在统一中有变化的丰富效果。

客房的地面一般用地毯或木地板。墙面、顶棚应选耐火、耐洗的墙纸或涂料。

客房卫生间的地面、墙面常用大理石或塑贴面,地面应采取防滑措施。顶棚常用防潮的防火板吊顶。

带脸盆的梳妆台,一般用大理石台面,并在墙上嵌有一片玻璃镜面。

五金零件应以塑料、不锈钢材料为宜。

四、酒店餐饮、娱乐场所的室内装饰设计

酒店餐饮、娱乐场所的室内装饰设计,详见本章第四节、第五节有关内容,在此不再赘述。

第四节 餐饮类建筑室内装饰设计

随着社会的发展和生活水平的提高,人们的生活方式和观念也在发生变化。餐馆已不仅仅是提供饮食的场所,人们更加关注其在文化、情感交流上的作用。这给餐饮类建筑的室内设计带来了一定的难度,但同时也给室内设计师提供了施展才华的机会。

按功能分类,餐饮类建筑可分为酒吧间、咖啡厅、餐馆与餐厅、快餐厅、宴会厅等。酒吧间和咖啡厅主要是公众性的休闲、娱乐场所,饮食文化特征比较明显。

餐馆与餐厅又可分为很多类,如中餐馆、西餐馆、日本式餐馆等;快餐是一种方便餐,它适应了现代人快节奏的生活方式;宴会厅则是为了满足特殊的要求而设置的,只适用于一些特殊的场合。

餐饮类建筑与其他类型的建筑相比,其室内设计更多地受到生活方式、文化、风俗习惯、宗教信仰、经济条件等多种因素的影响和制约,并且不同类型餐饮的差异也带来了装饰处理上的不同。

一、酒吧间与咖啡厅设计

酒吧间是人们饮酒、消遣、休闲的场所。其设置或是独立的酒吧间,或是在饭店、大型娱乐场所内的酒吧间。咖啡厅也是为人们提供休息或社交活动的场所,它和酒吧间一样,应为人们提供轻松愉快的环境。

（一）空间处理

酒吧间一般分吧台席和坐席两大部分,也有的酒吧间设置少量的站席。其他的功能空间还有办公室、厨房、音响间、化妆室等。通常,小型酒吧间内客席占整个建筑面积的70%左右,中型酒吧间客席占60%左右,大型酒吧间客席占45%左右。酒吧间的席位数一般是根据使用面积来决定,通常每席占 $1.1 \sim 1.7 m^2$ 的使用面积。

酒吧间在空间处理时,常把大空间划分成若干个小空间。分隔空间的形式可以是多样的,但要以方便和美观为原则。

咖啡厅由以下几个功能空间组成:客席区、服务台、柜台、厨房等。通常,小型咖啡厅的客席区面积占整个建筑面积的45%左右;中型咖啡厅客席面积较大,约占70%;大型咖啡厅由于增加了其他的功能空间,客席面积则相应地减少,约占整个面积的60%左右。咖啡厅内的坐位数应与房间大小相适应,一般每个坐位占 $1.1 \sim 1.7 m^2$ 的使用面积。

咖啡厅内的空间常由若干个小空间组成,小空间能给人以亲切感,并可减少视觉和听觉的相互干扰。

（二）照明

酒吧间和咖啡厅内照明强度要适中,所以白炽灯用得较多。柜台和陈列部分则要求有较高的照度,以吸引人们的注意和便于工作人员的操作,因此常选用显色性较好的荧光灯。酒吧台下可设置光源装置,照亮周围地面,给人以安定感。

此外,还可用一些装饰性照明,如在柜台上方挂一些小筒灯,既具有照明作用,又活跃了气氛。

（三）家具

酒吧间和咖啡厅家具的形状多以简洁明快为主,追求一种随意的气氛,这符合顾客的心理要求。主要家具有柜台、餐桌、酒吧座和普通座椅,其尺寸要根据功能要求和个体尺度的要求而定。一般确定柜台高度为 1 060～1 140mm,台面宽 450～610mm;酒吧座一般都设置得较高,在 760～780mm 之间,下部设搁脚。

彩图 40 为某西餐厅,具有古典与乡土主义色彩;配以绿色植物,使人感觉清新、舒畅。

二、餐馆与餐厅设计

餐馆和餐厅应为顾客提供良好的用餐和交往环境,不同的餐厅应该有不同的室内环境主题和风格。例如,四川的成都被称为"竹乡",成都岷山饭店的室内环境设计就是以竹子为主题:墙面用竹料及细卵石作饰面,天棚用竹制胶合板;家具全是竹制的;风味餐厅用大副竹画屏,隔断是竹帘式的;加上细竹编花灯具、细竹丝画等。整个室内环境几乎全由竹制品构成。其主题和风格非常鲜明,独具特色。

在主题和风格确定之后,对空间、照明、家具、陈设等方面应做出相应的处理,以进一步突出主题、深化主题。

(一) 空间处理

餐馆的功能空间一般有入口、接待台、客席、配餐间、厨房、服务台等。客席是餐馆最主要的功能空间,占整个空间面积的比例较大,也是装饰设计的重点。小型餐厅,客席面积占整个面积的50%左右;中型餐厅,客席面积占整个面积的70%左右;大型餐厅,客席面积占整个面积的65%左右。其次是厨房,所占的比重也较大,平均占整个面积的20%左右。

餐桌形式应根据客人对象而定。以零散客人为主的宜用4人桌,以团体客人为主的可设置6人以上席位。对于中餐厅来说,6人以上席位常用大圆桌,而西餐厅则多用长方形餐桌。

以便餐为主的餐厅可设置柜台席,柜台席通常布置在厨房边上。

服务台的位置可根据客席位置而定。小型餐馆只设置收款台,一般在餐馆入口一侧;中型餐馆和大型餐馆,要设置服务台;客席面积大的,要设置两个或两个以上的服务台,常设置在客席区边上。

图10-5为一小型餐馆的平面布置图。入口左上角为收款台;中间是厨房,周围布置了柜台席;下面部分是客人坐席,空间做了适当分隔;右上角设置一餐具柜,右下角是洗手间。整体布局紧凑,功能空间分隔自然。

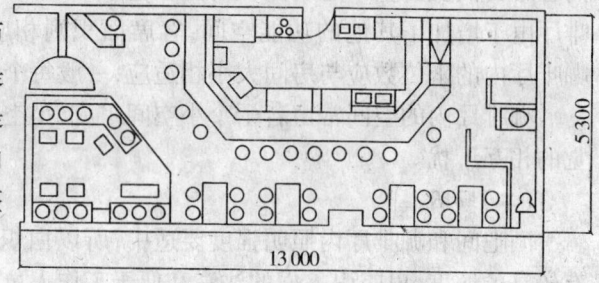

图10-5 某小餐馆平面布置

(二) 照明

为了创造一种舒适的整体环境气氛,餐厅照明的光源多用白炽灯。通常,在餐厅的四周布置间接光源,以强调墙壁的纹理和其他特征;在顶棚内或顶棚上布置一些背景光源。餐桌上部和座位四周的局部照明有助于创造亲切的气氛,可通过设置吊灯来实现;光线要柔和、呈暖色,这样有利于调节进餐气氛,增进食欲。餐厅内还可设置一些装饰性照明,使整个空间充满情趣。

餐厅内的照明形式可以多样。例如,风味餐厅是为顾客提供地方特色菜肴的餐厅,其照明则应采用具有民族特色的灯具,或者采用当地特殊的照明方式,使照明与装饰结合起来,以突出餐厅的特色。特色餐厅或情调餐厅的照明形式,应根据整体气氛来确定。例如,在顶棚布置星形小点灯给人以满天星的感觉,桌上用烛光作为装饰照明,可使整个空间亲切、自然,充满浪漫的情调。

(三) 餐厅设计实例

彩图41为某宾馆气派不凡的餐厅,室内的色彩基调笼罩在一片热情洋溢的紫红色氛围中。顶棚璀璨的灯饰与餐桌遥相呼应,富于节奏感和韵律美;复古的装饰柱配以精美的落地窗帘,营造出浪漫华丽的空间氛围。整个空间和谐统一,给人以庄重、典雅之感。

三、快餐厅设计

快餐厅以其便利快捷、服务上乘而被越来越多的人所接受,因此"快餐环境"也是树立良好的快餐形象的重要构成。这里的"快餐环境",指的是清洁明快、鲜明活泼的快餐厅的用餐环境。这正是快餐厅装饰设计的目标。

(一)空间处理

快餐厅在内部空间的处理上应简洁明快,除去过多的层次。一般的快餐厅设置有以下几个功能空间:入口、收款台、柜台、配餐间、坐席、厨房、办公室。

整个空间组成应比较简洁。收款台一般布置在入口边上,柜台常设置在座席的中央,便于服务人员工作。快餐厅的食品多为半成品,厨房可向客席开敞,以增强顾客的食欲。

用桌席位以2人、4人和6人桌为主,整齐排列。柜台式席位类似酒吧柜台,常设置成长条形,也可做成半圆形。在半圆形中央是服务柜台,快餐通过托盘滑道送至每一个服务柜台,再送到每个顾客手中。

(二)照明与色彩

快餐厅应采用简练而现代化的照明形式。快餐厅内利用射灯进行纯功能性照明,简洁明确。此外,还可以用一些装饰性照明或广告照明等,创造具有现代感的光环境。

快餐厅用色可比较鲜明,常以红、橙色用于餐桌、柜台等部位。此外,色彩的指示性也很明显。

四、宴会厅设计

(一)空间处理

由于宴会厅的功能特殊,除了要布置坐席区外,还要设置固定或活动的小舞台,以便发言或是表演;相应地还要设置演员用的休息室、更衣室。此外,还要有接待门厅、服务台、洗手间、储藏室等。

宴会厅餐桌一般有6人桌、8人桌、10人桌和10人以上桌。在举办冷餐会时,常以长条桌和圆桌混合布置,以长条桌为中心,周围布置若干圆桌;若举办茶会,则全部布置成长条桌。

(二)照明

宴会厅内的装饰通常比较豪华,照明需采用大型吊灯或晶体发光玻璃珠帘灯。宴会厅照度要求较高,一般达750lx,所以要设有总体照明控制装置和调光装置,以便对环境照明用荧光灯、筒灯、球灯或局部射灯等加以控制,使照度、色彩可以有不同的组合,以适应不同活动场合的需要。

第五节 娱乐性建筑室内装饰设计

娱乐是人们生活的重要组成部分,它可以给人们带来欢乐和喜悦,消除身心的疲劳与烦恼。娱乐性建筑就是要为这种活动创造一个积极的活动空间,让人们在其中通过活动得到休息和放松,并获得精神上的享受。

娱乐性建筑主要包括舞厅、卡拉 OK 厅、KTV 包房、台球厅、棋牌室、游戏室等。现代娱乐设施的发展趋势是向综合方向发展。

一、舞厅设计

(一)舞厅的空间组织

舞厅是大众性的娱乐场所,它的空间应该灵活多变,有利于形成欢快热烈的气氛。

舞厅的主要功能空间由舞池和坐席两部分组成,有的还设有吧台等。从舞厅的使用特征看,其主要功能空间首先必须是完整的,但在使用上应分得开。即坐席区应与舞池置于同一空间内,一起感受欢歌劲舞的气氛,但坐席不能影响舞池中起舞的人们。所以,舞池与坐席间常以象征性的手法来分隔为两功能片区。有的舞厅在舞池周围设置低矮栏杆以界定空间边界;有的将舞池做下沉式处理;有的则以不同的地面铺设或以不同质地、图案以示区分,并借助灯光共同界定空间。内部空间的划分要自然,如坐席区面积太大,可通过家具、帷幔或其他手法构成尺度较小的空间,给客人以亲切感。

舞厅的功能空间除了舞池、坐席以外,还有声光控制室、衣帽间、厨房间等辅助用房,各部分所占面积比例为:小型舞厅,客席占总面积的 40% 左右,舞池占总面积的 20% 左右,其他占 40%;中型舞厅,客席占总面积的 45% 左右,舞池占 20%,其他占 35%;大型舞厅,客席占总面积的 55% 左右,舞池占 15% 左右,其余占 30%。由此可见,越是大型的舞厅,客席量越大,而舞池面积则相对减少。

对于一些大型舞厅,根据其空间形式可设置 2~3 个舞池,主要的大舞池边上可设一小型舞台。较远处可设小舞池,周围布置坐席和声光控制台。

舞厅的人流集散较为集中,设计中应按消防要求布置出入口,并有醒目的指示标志。

(二)舞厅的照明

舞厅的照明相当重要。通过现代化的照明手段,利用不同的灯光,可以创造出欢快、迷人的空间气氛。

舞厅内的照明设备有光源总控制器,它包括效果控制器和调光控制器。常用的灯具有组合聚光灯、追踪聚光灯、旋转效果聚光灯、反射型水晶球灯、下射型筒灯、霓虹灯等。

舞厅内舞池的照明属重点照明。因为舞池是娱乐的中心,也是人们的视觉中心,同时又是音响效果最佳的位置。通常在舞池的顶棚装饰各种灯具,发出色彩各异、变幻莫测的灯光,既突出了舞池的中心位置、丰富了空间层次,又增强了舞池气氛。

舞厅内的坐席区要求光照度较低,通常在顶棚上布置少量的投射灯,或采取间接照明的方式。

吧台处应保证一定的照度,除了有划分空间的作用外,还能引起注意,并便于操作。

(三)舞厅室内设计实例

彩图 42 为某舞厅内景:舞池上方顶棚布置的密密排列的星光灯,仿佛是满天的星斗;周围双层霓虹灯管呈圆弧状,既丰富了顶棚的层次,又暗示着舞池的范围;坐席区用了装饰性的球形灯,与圆桌、圆椅、圆形舞池相呼应;吧台区的光照较强,区域划分明显。整个舞厅以橙黄色调为主,气氛欢快热烈。

舞池区和坐席区的地面使用不同的地面材料,除了和空间的功能相协调外,还自然划分了空间。座椅与地面材料的质感相近,图案也相似,既统一又协调。

整个舞厅的空间划分自然、色彩协调、装饰统一,形成了良好的舞厅空间气氛。

二、卡拉 OK 厅、KTV 包房设计

卡拉 OK 厅以视听为主,一般设有舞池、视听设备和沙发、桌台等。规模较大的卡拉 OK 厅常与餐饮大厅相结合。

KTV 包房专为家庭或少数亲朋好友自唱自娱之用。设有视听设备、电脑点歌和沙发、茶几、衣架等。

卡拉 OK 厅、KTV 包房的墙面装饰,一般多采用以织物为主的"软包装";灯光照明与舞厅类似。

三、台球厅室内设计

台球厅室内主要布置台球桌,人的注意力也都在桌上,所以整体空间的处理应简洁,环境要宁静。

功能空间有台球桌、接待台、饮料柜台、休息区、球杆架等。休息区可以单独划出一个区域,附设饮料柜台。中间区域一般为台球区,附设饮料柜台兼收款台,周围是休息区。

在台球区,要避免交通路线的干扰,合理安排球桌与休息座。

台球厅室内照明分区性强。台球桌属重点照明区,顶棚上多布置聚光灯、直射筒灯或台球桌专用灯具;饮料柜台处照度也高,常用荧光灯或装饰性灯具照明;休息区光照可低些,也可不设置灯具。

第六节 办公建筑室内装饰设计

根据使用性质的不同,办公建筑可分为下列三类。

(1)行政办公建筑 即各级机关、团体、事业单位、工矿企业的办公楼。

(2)专业办公建筑 即设计机构、科研部门、商业、贸易、金融、投资信托、保险等行业的办公楼。

(3)综合办公建筑 即含有公寓、商场、金融、餐饮娱乐设施等的办公楼。

办公建筑就其使用管理的方式而言,还可分为单位或机构的专用办公楼,以及以完善的设施、优质的服务吸引客户的出租办公楼。出租办公楼可分层或分区出租给不同的客户,设计时应尽可能为客户按各自的需要自行分隔和装修创造条件。

一、各类用房的组成与总体设计要求

(一)各类用房的组成

(1)办公用房 办公建筑室内空间的平面布局形式取决于办公楼本身的使用特点、管理体制、结构形式等。办公室的类型有:小单间办公室、大空间办公室、单元型办公室、公

寓型办公室、景观办公室等。此外,绘图室、主管室或经理室也可属于具有专业或专用性质的办公用房。

（2）公共用房　为办公楼内外人际交往或内部人员会聚、展示等用房,如会客室、接待室、各类会议室、阅览展示厅、多功能厅等。

（3）服务用房　为办公楼提供资料、信息的收集、编制、交流、贮存等用房,如资料室、档案室、文印室、电脑室、晒图室等。

（4）附属设施用房　为办公楼工作人员提供生活及环境设施服务的用房,如开水间、卫生间、电话交换机房、变配电间、空调机房、锅炉房以及员工餐厅等。

（二）总体设计要求

（1）室内办公、公共、服务及附属设施等各类用房之间的面积分配比例、房间的大小及数量,均应根据办公楼的使用性质、建筑规模和相应标准来确定。室内布局既应从现实需要出发,又应适当考虑功能、设施等发展变化后进行调整的可能。

（2）办公建筑各类房间所在位置及层次,应将与对外联系较为密切的部分布置在近出入口或近出入口的主通道处。例如,把收发传达室设置于出入口处；接待、会客以及一些具有对外性质的会议室和多功能厅设置于近出入口的主通道处。对于人数多的厅室,还应注意便于安全疏散通道的组织。

（3）综合型办公室不同功能的联系与分隔应在平面布局和分层设置时予以考虑。当办公与商场、餐饮、娱乐等组合在一起时,应把不同功能的出入口尽可能单独设置,以免干扰。

（4）从安全疏散和有利于通行考虑,袋形走道远端房间门至楼梯口的距离不应大于22m,且走道过长时应设采光口,单侧设房间的走道净宽应大于1 300mm,双侧设房间时走道净宽应大于1 600mm,走道净高不得低于2 100mm。

提高办公建筑室内环境的质量,充分关注现代办公建筑的发展趋势,是办公建筑室内设计必须着重考虑和了解的内容。

现代办公建筑趋向于重视人及人际活动在办公空间中的舒适感和和谐氛围。因此,设置室内绿化、布局上强化室内环境的处理手法,有利于调整办公人员的工作情绪,充分调动工作人员的积极性,从而提高工作效率。

二、办公室室内设计

办公室的室内设计应以所设计办公楼的具体功能特点和使用要求、柱网开间进深、层高净高的尺寸(或由承重墙、剪力墙等围合成的已有空间)、选定的设施设备条件以及相应的装修造价标准等因素作为设计的依据。

（一）设计要求

（1）办公室平面布置应考虑家具、设备尺寸；办公人员使用家具、设备时必要的活动空间尺度,各工作位置；依据功能要求的排列组合方式,以及房间出入口至工作位置、各工作位置相互间联系的室内交通过道的设计安排等。

（2）办公室平面工作位置的设置,按功能需要可整间统一安排,也可组团分区布置(通常5~7人为一组团或根据实际需要安排)。各工作位置之间、组团内部及组团之间既要联系方便,又要尽可能避免过多的穿插,减少人员走动时干扰办公工作。

(3)根据办公楼等级标准的高低,办公室内人员常用的面积定额为 $3.5\sim6.5m^2$/人,据上述定额可以在已有办公室内确定安排工作位置的数量(不包括过道面积)。

(4)从室内每人所需的空气容积及办公人员在室内的空间感受考虑,办公室净高一般不低于 2.6m,设置空调时也不应低于 2.4m;智能型办公室室内净高,甲、乙、丙级分别不应低于 2.7、2.6、2.5m(参见上海市《智能建筑标准》DBJ08—47—95)。

(5)从节能和有利于心理感受考虑,办公室应具有天然采光,采光系数窗地面积比应不小于 1:6(侧窗洞口面积与室内地面面积比);办公室的照度标准为 100~200lx,工作面可另加局部照明(《民用建筑照明设计标准》);智能办公室甲、乙、丙级室内水平照度标准分别不小于 750lx、650lx、500lx;室内空调气温分别为冬 22℃/夏 24℃、冬 18℃/夏 26℃、冬 18℃/夏 27℃(参见上海市《智能建筑标准》DBJ08—47—95)。

(二)布置分类

(1)小单间办公室 小单间办公室,即较为传统的间隔式办公室,一般面积不大(如常用开间为 3.6m、4.2m、6.0m,进深为 4.8m、5.4m、6.0m 等),空间相对封闭。小单间办公室里,室内环境宁静,少干扰,办公人员具有安定感,同室办公人员之间易于建立较为密切的人际关系;缺点是空间不够开敞,办公人员与相关部门及办公组团之间的联系不够直接与方便;受室内面积限制,通常配置的办公设施也较简单。

小单间办公室适用于需要小间办公功能的机构,或规模不大的单位或企业的办公用房。根据使用需要,或机构规模较大,也可以把若干个小单间办公室相组合,构成办公区域。

(2)大空间办公室 大空间办公室亦称"开敞式"或"开放式"办公室,起源于 19 世纪末工业革命后。由于经营管理的需要,办公各部分与组团人员之间要求联系紧密,并且进一步要求加快联系速度和提高效率,传统间隔式小单间办公室较难适应上述要求,由此形成少量高层次办公主管人员仍使用小单间,大量的一般办公人员安排于大空间办公室内。早年莱特设计的美国拉金大厦(Larkin Building,1904)即属早期的大空间办公室。

大空间办公室有利于办公人员、办公组团之间的联系,提高办公设施、设备的利用率。相对于间隔式的小单间办公室而言,大空间办公室减少了公共交通和结构面积,缩小了人均办公面积,从而提高了办公建筑主要使用功能的面积率。但是大空间办公室,特别是早年环境设施不完善的时期,室内嘈杂、混乱、相互干扰较大,近年来随着空调、隔声、吸声以及办公家具、隔断等设施设备的优化,大空间办公室的室内环境质量也有了很大提高。

据国外有关专家提出,基于保证室内具有一个稳定的噪声水平,建议大空间办公室内不少于 80 人。通常大空间办公室的进深可在 10m 左右,面积宜不小于 $400m^2$。

(3)单元型办公室 单元型办公室在办公楼中,除晒图、文印、资料展示等服务用房为公共使用之外,单元型办公室具有相对独立的办公功能。通常单元型办公室内部空间分隔为接待会客、办公(包括高级管理人员的办公)等空间,根据功能需要和建筑设施的可能性,单元型办公室还可设置会议、盥洗、厕所等用房。

由于单元型办公室既充分运用大楼各项公共服务设施,又具有相对独立、分隔开的办公功能,因此,单元型办公室常是企业、单位出租办公用房的上佳选择。近年来兴建的高层出租办公楼的内部空间设计与布局中,单元型办公室占有相当的比例。

(4)公寓型办公室 以公寓型办公室为主体组合的办公楼,也称"办公公寓楼"或"商住楼"。公寓型办公室的主要特点为该组办公用房同时具有类似住宅、公寓的盥洗、就寝、用餐等的使用功能。它所配置的使用空间除与单元型办公室类似，即具有接待会客、办公（有时也有会议室）、厕所等空间外，还有卧室、厨房、盥洗等居住必要的使用空间。

公寓型办公室提供白天办公、用餐，晚上住宿就寝的双重功能，给需要为办公人员提供居住功能的单位或企业带来方便。办公公寓楼或商住楼常为需求者提供出租，或分套、分层予以出售。

(5)景观办公室　景观办公室为景观办公建筑中的主体办公用房。景观办公室室内家具与办公设施的布置，以办公组团人际联系方便、工作有效为前提，布置灵活，并设置柔化室内氛围、改善室内环境质量的绿化与小品，景观办公室应有别于早期大空间办公室的过于拘谨划一，片面强调"约束与纪律"的室内布局。

景观办公室的构思应适应时代的发展，在办公功能逐渐摆脱纯事务性操作的情况下，创造较为宽松的环境着眼于新的条件下发挥办公人员的主动性以提高工作效率。景观办公室组团成员具有较强的参与意识，组团具有核准信息并作出判断的能力，景观办公室家具之间屏风隔断挡板的高度，需考虑交流与分隔两方面的因素，即使办公人员取坐姿办公时由挡板隔离相邻之间的干扰，但坐姿抬头时可与同事交流，站立时肘部的高度与挡板高度相当，使办公人员之间可由肘部支撑挡板与相邻人员交流。

景观办公室较为灵活自由的办公家具布置，常给连通工作位置的照明、电话、电脑等管线铺设与连接插座等带来困难，采用增加地面接线点或铺设地毯覆盖地面走线等措施，能有所改善上述不足。

(三)界面处理

办公室室内各界面的处理，应考虑管线铺设、连接与维修的方便，选用不易积灰、易于清洁、能防止静电的底、侧界面材料。界面的总体环境色调宜淡雅，如中间略偏冷的淡水灰、淡灰绿，或中间略偏暖的淡米色等，为使室内色彩不显得过于单调，可以在挡板、家具的面料选材时适当考虑色彩明度与彩度的配置。

(1)底界面　办公室的底界面应考虑行走时减少噪声，管线铺设与电话、电脑等的连接等问题。底界面可为水泥粉光地面上铺优质塑胶类地毯，或水泥地面上实铺木地板，也可以面层铺以橡胶底的块毯，使扁平的电缆线设置于地毯下。智能型办公室或管线铺设要求较高的办公室，应于水泥楼地面上设架空木地板，使管线的铺设、维修和调整均较方便，但设置架空木地板后的室内净高也相应降低，高度仍不应低于2.40m。由于办公建筑的管线设置方式与建筑及室内环境关系密切，因此室内设计时应与有关专业工种相互配合和协调。

(2)侧界面　办公室的侧界面处于室内视觉感受较为显要的位置。造型和色彩等方面的处理仍以淡雅为宜，以有利于营造合适的办公氛围，侧界面常用浅色系列的乳胶漆涂刷，也可贴以墙纸，如隐形肌理型单色系列的墙纸等。装饰标准较高的办公室也可用木胶合板做面材，配以实木压条，根据室内总体环境以及家具、挡板等的色彩和质地。木装修的墙面或隔断可选用以柳桉、水曲柳为贴面的中间色调，或以桦木、枫木为贴面的浅色系列。色彩较为凝重的柚木贴面，通常较多地用于小空间、标准较高的单间办公室内。

为使通往大进深办公室的建筑内走道能有适量的自然光，常在办公室内墙一侧设置带窗的隔断(当内墙为非承重墙时可设隔断;为承重墙时则应在结构设计阶段考虑预留窗孔),通常设置高于视平线的高窗,或按常规窗台高低(900~1 200cm 高)以乳白玻璃分隔,使内走道具有间接自然光。

(3)顶界面 办公室顶界面应质轻并具有一定的光反射和吸声作用,设计中最为关键的是必须与空调、消防、照明等有关设施工种密切配合,尽可能使吊平顶上部各类管线协调配置,在空间高度和平面布置上排列有序。例如吊顶的高度与空调风管高度以及消防喷淋管道直径的大小有关,为便于安装与检修还必须留有管道之间必要的间隙尺寸,同时,一些嵌入式的歇顶灯,灯座接口、灯泡大小以及反光灯罩的尺寸等也都与吊平顶具体高度的确定直接有关。轻钢龙骨和吊筋的布置方式与构造形式也需与吊平顶划块大小、安装方式等统一考虑,吊平顶常用具有吸声性能的矿棉石膏板、塑面穿孔吸声铝合金板等材料,具有消防喷淋设施的办公室,还需经过水压试测后才可安装吊顶面板。

(四)室内物理和心理环境

对办公人员的身心健康和工作效率关系最为密切、影响最大的因素,是办公室室内的物理和心理环境。

(1)办公物理环境 办公室室内的热、光、声、空气质量等物理因素的综合,构成办公室室内的物理环境。现代办公室的室内环境设计,十分重视各项设施、设备的合理选用和配置,以创造符合人们卫生要求和舒适程度的室内物理环境。表 10-1 所列为办公室室内物理环境各项标准定量要求的参考数据。应当指出,表中所列的噪声标准适合于大空间开放型办公室;对设计室、制图室推荐为 40~45dB,小单间办公室可为 35~40dB。

从室内设计与装修构造及选材的角度,办公室内风口位置的合理布置,门窗的密闭性和选用合适的窗帘遮阳,界面选材的隔声及吸声效果等,都将与办公室内物理环境的整体品质密切关联。

表 10-1 办公室内物理环境标准(供参考)

内容	卫生标准(适应标准)	舒适标准
温度/℃	17~28(空调)	坐姿 24~27(夏) 轻活动 20~25(夏) 20~23(冬) 18~20(冬)
气流/m/s	<0.5(空调)	<0.5
湿度/%	40~70	50~60
CO_2 含量/%	<0.1	<0.1
CO 含量/$\times 10^{-6}$	<10	<10
空气量/m³·人	>10	>10~13
换气量/m³·人·时	—	30
照明/lx	75、150、300(自一般至精细要求)	100~200、300~500、1 000~3 000(同前)
噪声/dB	<55	<50
浮游粉尘/mg/m³	<0.15	<0.15

(2)办公心理环境 影响室内办公人员心理感受的因素很多,室内空间的大小和形状,室内采光照明和界面选材等形成的整体光色氛围,人们工作处看到和触及的家具、办

公设施的形状、材质、色彩等的视觉感受,以及这些家具设施和办公人员身体各部位接触时的感受等等。合适的空间尺度比例,明快和谐的色调,以及简捷大方的造型和线脚,常会给办公人员带来愉悦的心理感受。一定比例的自然光、室内绿色植物、家具挡板中适当配置木质材质,以及透过窗户映现的天空和自然景色,常给室内人们带来亲切、自然、轻松的感觉,人和环境之间能够建立良好的和谐关系。

办公人员和工作组团的组织安排时,家具、挡板的布置,既需要考虑办公人员个人的私密性要求和领域心理,又要注意人员之间人际交往的合理距离,三面围合和合适高度的挡板,常能兼顾上述两方面的心理要求。

三、会议室、经理或主管室室内设计

办公建筑的室内设计,除上面已述的组成主体——办公室之外,还有在使用功能和室内布局方面都具有特点的会议室以及主管或经理室等用房。

(一)会议室室内设计

会议室中的平面布局主要根据已有房间的大小,要求会议入席的人数和会议举行的方式等来确定,会议室中会议家具的布置,人们使用会议家具时必要的活动空间和交往通行的尺度,是会议室室内设计的基础。

会议室底界面的选材及做法基本上可参照办公室底界面的做法;侧界面除以乳胶漆、墙纸和木护壁等材料的装饰做法以外,为了加强会议室的吸声效果,壁面可设置软包装饰,即以阻燃处理的纺织面料包以矿棉类松软材料,以改善室内的吸声效果,会议室语言的清晰度也会有所提高;顶界面仍可参照办公室的选材,以矿棉石膏或穿孔金属板(板的上部可放置矿棉类吸声材料)做吊平顶用材,为增加会议室照度与烘托氛围,平顶也可设置与会议室桌椅布置相呼应的灯槽。

(二)经理或主管室室内设计

经理或主管室为机构或企业主管人员的办公场所,具有个人办公、接待等功能,其平面位置(虽也兼具接待功能)应以办公楼内少受干扰的尽端位置为宜。根据主管办公室的规格和管理功能的需要,有时需配置秘书间,室内通常设接待用椅或放置沙发茶几的接待区。经理或主管室室内设计和建筑装修所确定的风格,选用的色调和材料,施工制作的优劣,即室内整体的品位,也能从一个侧面较为集中地反映机构或企业的形象。经理或主管室界面装饰材料的选用,地面通常可为实铺或架空木地面,或在水泥粉光地面铺以优质塑胶类地毡或铺设地毯。墙面可以夹板面层辅以实木压条,或以软包做墙面面层装饰(需经阻燃处理),以改善室内谈话声响效果。

复习思考题

1. 居住建筑各功能空间的设计有什么特点?
2. 简述商业建筑室内设计应注意的问题。
3. 旅游建筑室内装饰设计有何特点?
4. 餐饮类建筑的室内设计有什么特点?
5. 简要说明舞厅的室内照明特点。

第十一章

建筑室外装饰设计

第一节 建筑室外装饰设计概述

建筑室外装饰设计是建筑装饰设计的重要组成部分,它与建筑设计一起树立了建筑的外部形象。这种形象正是人们认知、了解该建筑的第一印象,同时也对一定范围的空间环境发生作用。从这种意义上讲,建筑外部装饰的重要性甚至要超过室内装饰设计。当然,室内的装饰设计除具有精神意义外,还直接影响到人们的使用,因此应做到表里一致,内外统一协调,共同创造美好的建筑形象。

一、建筑室外装饰设计的目的和任务

建筑室外装饰设计包括建筑外部设计和建筑外部环境设计,其目标是创造一个优美的建筑外部空间环境。

建筑外部空间环境的主体是该建筑自身,它决定了该空间环境的空间性格和空间气氛。外部环境则是建筑外部空间环境的重要组成部分,一方面,它加强了由建筑形成的空间环境的气氛和趣味性;另一方面,它则是人与建筑、建筑与外部空间的过渡。

建筑的外部形体是建筑内部空间合乎逻辑的反映,它的形体与式样充分体现了该建筑的功能特征和个性。这也是同一种类型建筑构成在外部形式上类同的根本原因。例如,教学楼的简洁明快、横向大窗;体育馆的高大、雄伟等。同时,建筑的外形也应是特定环境的产物。因为建筑的用地大小、形状、周围建筑的气氛等,在设计中都应予以充分考虑。也就是说,一座成功的建筑,并非孤立地指它自身构图多么完美,而必须是在特定环境中最合适的。建筑的外观与观赏者的位置相关,这里主要有方位、距离、高度等因素。距离因素对建筑效果影响较大。当人们在远处观赏某建筑时,它的体量、造型与周边建筑的关系是视线关注的重点;而当稍微接近它时,则建筑的各部分关系、建筑构图的总体效果等能得到较好的体现;当人们与建筑更为迫近时,建筑的局部则成了视线的中心,这时人们关注的是建筑材料的质感、色彩、细部处理等,并真正感受到建筑实体和室内空间的存在。因此,建筑的细部处理和材料的质感及色彩的搭配与建筑的总体构图一样重要,这些也正是室外装饰设计中建筑外部设计的主要内容。

建筑外部环境,是指与该建筑相关的外部环境,它主要包括室外地面铺设、道路、广场的安排、绿化、户外家具及设施的布置,以及户外陈设(雕塑、喷泉等)和小品的运用等方面。建筑外部环境设计即如何合理组织和安排好这些要素,与建筑外部一起构成统一协调的室外空间环境,并解决好人流的出入和车辆的停放等问题。

二、建筑室外装饰设计的原则

建筑室外装饰几乎涉及了造型艺术的所有形式,因此在设计中首先应该满足各自的设计创作准则,同时,为了让所有的艺术手段在建筑外部和外部环境中获得整体的艺术效果,通常必须考虑以下原则。

(一)与"大环境"的协调

建筑室外装饰设计属于环境设计的一个部分。从环境的角度去理解,建筑与其相关的室外空间所构成的室外空间环境只是一个小环境,而这种小环境必定处于某个特定的环境内,可以将这个特定的环境称为"大环境"。这个"大环境"可能是城市的某个片区、某条街道,或是某个风景区、保护区,甚至可能是山冈、田野。因此,在设计前,必须对这种"大环境"的特征、气氛及相关要求做相应的了解,以免在设计中出现"大""小"环境间的冲突和不协调。

(二)总体风格上的统一

建筑室外空间环境与建筑的外观、室外小品、陈设、绿化等都有密切的关系,而这些又都与建筑的风格有着直接或间接的关联,所以在设计中应注意力求总体风格的统一。这种统一并不意味着绝对的同一,而是指在一种主导风格的统一下的适当变化。为此,应注意避免因过多风格的运用而造成无风格或总体关系的混乱。

(三)室外环境应与主体建筑相称

建筑室外环境应在规模、内容等方面保证与主体建筑建立良好的关系。在小型办公楼前留出大片空间或大型剧院前无广场或场地,这样处理就连正常的使用都无法满足或适应,也就更谈不上什么效果了。在室外环境的内容选用上也应注意与主体建筑的一致性。若在纪念性建筑前用上一组大型音乐喷泉,在气氛上显然不协调,只会造成主题的削弱。

(四)建筑外部装饰应有助于体现建筑的性格

建筑的性格是指不同类型建筑所呈现的不同的外部特征。它体现了不同建筑的使用特征,同时也是建筑可识别性的基础。因此,在建筑外部装饰处理上应根据不同的建筑做不同的处理。若将商业建筑外部的富丽、醒目用于居住建筑上,则大大破坏了居住的安宁气氛。可见,并非投资大、用材高档便一定能获得好的效果,而应把握该建筑的性格特征,做到恰如其分。

(五)避免过多的视觉中心

室外空间环境设计是通过外部环境的处理烘托主体建筑的气氛;在外部环境的处理上,应注意有主有次,重点突出。切忌将各处均做重点处理,造成过多的视觉中心点,冲淡主体气氛,同时也应避免出现无趣味中心的现象。

第二节 建筑造型和装饰

一、建筑造型和装饰的构图规律

在室外装饰环境中,建筑的造型与装饰具有举足轻重的作用。其一是因为建筑具有较大的体量尺度,它往往占据外部环境的主要空间,成为外环境的主体;其二是因为建筑是外部环境的基本单元,是构成外环境的主要元素,它的数量最多,对人们的欣赏有一定的强制性。因此,建筑造型与装饰的好坏直接影响到整个外环境的质量,甚至可以这样说,只要建筑的造型与装饰成功了,外环境的装饰就基本上成功了。建筑装饰由于不同流派、不同类型、不同民族和不同欣赏层次,主张可以是多元化、多变化的,形式可以百花齐放,千姿百态,但是,它必须按照美学规律来创造。所以,研究建筑造型与装饰不能离开对形式构图规律的研究。

所谓形式构图的规律,就是指造型构成诸要素的对立统一规律,即它们之间既相互区别、又相互联系的关系,也就是形式间的异和同的有机整体和谐关系。具体可以概括为五个方面。

(1)对比 表现建筑形式诸要素间彼此相反的形式对照关系,具有很强的视觉冲击力,使建筑形象生动感人,富于生命力。

(2)统一 求得建筑形式诸要素间相互联系的同一关系,能使建筑形式产生和谐效应。

(3)韵律 通过建筑形式诸要素的有规律的重复和变化,使建筑形式具有抑扬的律动关系,进而产生抒情的韵味。

(4)均衡 求得建筑造型诸要素之间构成中的平衡关系,目的是使建筑造型形式具有视觉上的安定感。

(5)比例 一种以数的关系来处理建筑造型与装饰形式的法则,使各种建筑造型要素之间具有一定的数量比例关系,目的是使建筑整体造型具有一定的逻辑性和抽象性的美感。

上述各要素是分解开来阐述的,在进行建筑造型与装饰设计时,决不能单一地应用某一要素,而必须综合地整体地运用。建筑造型与装饰的原则规定了设计的整体性方法,即"整体—部分—细部—整体"的原则。具体地说,首先必须从整体意向效果出发,处处把整体造型与装饰的宏观关系放在首位,其次才是各个部分的具体设计。在进行部分设计时,又要不忘其在整体意向中的地位和要求。既要考虑部分与整体之间的相互关系,又要注意部分与部分的相互关系。同时,部分还有待于深化到细部的各个领域之中。反之亦然,在进行细部装饰时,又要注意细部与部分甚至与整体的相互统一关系。

二、不同类型建筑的室外装饰设计手法

(一)商业建筑造型与装饰

商业建筑包括的内容是很广的,大到高层的综合宾馆,小到民间的杂货店,凡是从事

商品交换、货币流通、物资交流、产品购销等领域的专业性建筑均属此类。这类建筑虽然各有不同特征,但就总体建筑造型与装饰讲,同其他类型建筑相比仍具有自己的特殊性。

首先,从造型与装饰的特点上讲,商业类建筑具有富丽、璀璨、醒目的特点。在构图形式上多采用非对称的自由式体型,与建筑的使用性质相结合,附加一些装饰形式。在色彩设计上也要求与之相得益彰,无论在色调和色彩关系上都十分强调对比效应,对视觉具有很强的冲击力。

其次,这类建筑造型还应有强烈的装饰性。除建筑造型本身非常重视构成的形式感外,主要立面的艺术处理和细部装饰均力求精致、细腻,尤其强调建筑材料精细之感的表现,在感观上使建筑具有华贵之感。

由于商业性内容的限定,还应具有明显的广告性。这不仅从建筑的造型和装饰形象中表现出来,还往往从新奇的构思中加以显示。有的建筑师为达到广告宣传的目的,不惜挖空心思去标新立异。例如,为迎合顾客的猎奇心理,故意将饭店的造型倒置过来,甚至连室内装修都搞成上下颠倒的形象,进而达到招揽生意的目的。有的皮鞋店索性设计成一只硕大靴子的形象,既别出心裁,又具有很强的识别机能。总之,商业建筑造型的这种广告性特征是颇为普遍的。

商业建筑造型与装饰的特点,使之产生出一种特有的轻快、活泼、清新、亲切和光彩照人的形象。

(二)居住建筑造型与装饰

居住建筑可分为独立和集合式两大类。具体包括公寓、别墅、职工住宅、单身宿舍等等。这类建筑虽然类型不算多,但它与人们的生活关系十分紧密,数量也是相当大。随着城市人口的迅速增长,对建造速度的要求也愈来愈高。所以,这类建筑的造型与装饰与其他建筑相比也有其自身的特点。

首先,居住建筑造型比较简洁。因为,居住建筑实用机能很强,人们每天多数时间都要生活在家庭之中,对于休息、娱乐、睡眠、茶炊、游戏、会客等多种机能及与之相应的室内空间的关系要求十分严格,这就迫使建筑师在设计时不得不对建筑的每一个微小部分精心推敲。这样,不仅限制了建筑的外部造型,同时,对于花钱较多的建筑装饰也不得不忍痛割爱了。有些地区为了较快地建造大量住房,甚至采用工厂化的手段,建造标准化的住宅,这在客观上就对居住建筑造型的变化和装饰增加了限制条件。尽管如此,在精心地保证实用机能的同时,还应在造型手法上另辟蹊径,即多采用避繁就简的手法,通过对各种点、线、面要素的巧妙构成,创造出风格清新的带有抽象色彩的简洁之美。

其次,居住建筑造型的识别性很强。这也是与它在机能上的同一性有关的。如生活阳台、公用楼梯间和门厅等,都是居住建筑不可缺少的组成部分,它的外部造型往往都是在这些方面处理其构成关系,万变不离其宗。所以,无论居住建筑的外部造型与装饰怎么花样翻新,都会很容易地被人们凭直觉识别出来。

居住建筑也并非绝对如此,有些居住建筑,如别墅的建筑造型与装饰就大不相同,它不仅造型多变,装饰丰富,而且对造价的限制也是比较宽容的。所以,尽管它也属于居住建筑之列,但在造型特点上确是多变的。

总之,居住建筑的造型与装饰处理难度是比较大的,造型的自由度是很有限的。

(三)其他类型建筑造型与装饰

博览建筑由于其自身集世界各国高层次科技文化艺术成果之大成,因此要求其具有强烈的时代感,并表现出深刻的文化内涵,同时也要求其展区之间有机组合,展示内容的空间秩序富有戏剧性、创造性,如巴塞罗纳博览会的德国馆,由于其流通空间的设计而为以后的设计开拓了新的天地,成为现代建筑的典范,并至今还在影响着新一代的建筑师。

其他类型的建筑无论其内容如何繁杂,在室外空间构成上都以适当的形式表达其各自的内容,并力求与周围环境取得形式上的"对话",注重解决"建筑与人""建筑与环境""建筑与城市"的关系,力求创造出感人的建筑形象。尽管有些建筑体量不大,内容也不十分显要,但是"室雅何须大,花香不在多"。处理得当的建筑往往由于其立意和构思新颖而备受社会和人们的关注,成为世界建筑发展的前卫。

总之,无论是博览建筑还是其他类型建筑,它们要表现的文化艺术内涵要比商业、住宅等其他各类建筑强烈一些,在设计中要求具备哲学、社会心理学、经济学及各种空间造型艺术方面的广博知识,这样才可能发挥其想像力和创造力,在城市环境这个大舞台上,呈现给社会和人们一个形象各异、五彩缤纷的新世界。

第三节 建筑局部装饰设计

建筑局部装饰设计是通过对建筑特殊部位的重点处理,以丰富该建筑的艺术表现力。建筑局部装饰的主要部位包括入口、阳台、檐口以及外墙面等。

一、入口装饰设计

入口是建筑中人流的主要通道。它是建筑中与人关系最为密切的部位,是室内外空间的转换点,同时也是整个建筑构图的重点部位。入口的位置和数目,通常在建筑设计过程中已经确定,在装饰设计中一般不做调整,因为它涉及外部人、车流组织,建筑自身的使用关系等问题。入口的装饰设计通过建筑装饰手段加强、突出入口的形象,使整个构图更加生动。当然,对入口的装饰应注意装饰对象的使用性质和规模,使入口的形式与内部使用相统一。入口的装饰设计处理手法常有以下几种。

(一)升高入口

通过入口与地面的高度差、地面与入口的梯步过渡处理入口,使升高的入口在视觉上更加明显,让人一目了然。升高的入口通常与一组台阶相结合,大型公共建筑中为了便于疏散,台阶常常做得较宽大。这时,上升的台阶具有一定的导向性,这些都进一步强化了入口。对称构图的升高处理还能增强建筑的雄伟、庄重的气氛。

(二)夸张入口

夸张入口是通过对入口的夸张处理以强调入口在建筑中的位置,这种夸张入口往往也成为该建筑构图的中心。它能增进空间的层次,加强室内外空间的交流,同时为建筑立面上大块面虚实对比关系的建立提供了可能,并能造成建筑的宏大气势。这种手法常用于大中型公共建筑上,有的对入口作适当的夸张,使之得到一定的强化;有些则将入口夸张至建筑的整体,使入口成为建筑形式的表现中心,以符号化入口的建筑构图表明了建筑的公共性和开放性。

(三)凸出、凹进的入口

将入口部分做凸出或凹进的处理,也是处理入口的常用方法。凸出处理由于建筑实体的外突,使入口自然"跳"出建筑主体,其突出的效果自然而得。入口凸出的处理常表现为与入口相关的建筑形体的突出、入口上部外挑的处理和入口前廊道处理等三种方式。凹进的入口方式则较含蓄,它是通过入口的退让产生一种容纳和欢迎的暗示。凹进的入口常通过柱、花坛、台阶的配合以加强引导性。

(四)非矩形入口

非矩形入口是通过入口及与入口相关部分几何形体的变化来强化入口的处理方法。常用的几何形状有三角形、圆拱形等。这种处理手法应注意入口与建筑整体构图上的协调。

入口的处理手法很多,远远超出以上四种,且在实际的处理中,经常会出现不同手法的混用或多种手法的结合。总之,在入口的装饰设计中,应协调好入口与环境和建筑的关系,采用恰当的手法,以达到强化入口和美化整体的目的。

二、墙、柱面装饰设计

墙、柱面是建筑外部的表面层,它具有保护墙体和装饰立面的功效。外墙面装饰,应先满足其防雨、耐暴晒、耐腐蚀和耐久等方面的性能要求,并在此基础上考虑其装饰性的效果,使两者构成有机的统一体。

墙、柱面装饰既可以参与整体立面构图,也可以通过局部的变化以强调重点。这种局部强调多用于建筑的底层和二层,因为它与人的关系较近,人们能直接地感受到这种变化所产生的效果。在墙柱、面装饰设计中,应处理好材质、色彩、分格线三者的效果和相互关系。

(一)材料与质感

可用作外墙装饰的材料种类较多,如石材、砖、金属面板、陶瓷类面砖、水泥砂浆、涂料等。不同的装饰面材具有不同的质地,同种材料加工方法不同也可获得不同的质感效果,如混合水泥砂浆通过拉毛、抹光、弹涂等不同的施工处理可获得不同的装饰质感。外墙材料的光洁与粗糙是其较为明显的两种质感特征。粗糙的石材、砖、拉毛混凝土常给人以粗犷和力度感;而金属面板、玻璃、面砖、涂料表面则较光滑、细腻,常给人精细的感觉。

从建筑构图上,通常应上轻下重,所以光洁材料常用于建筑上部,粗糙材料常用于建筑下部,以加强其稳定性。从视觉上,材料的粗糙感只有在人与墙面较近时才能感受到,这也正是粗糙材料常被用于底层的原因。此外,粗质材料常用于体量较大的建筑上,以加强其高大和雄壮的效果,若用于小尺度建筑上,则可能在视觉上造成混乱。

墙面装饰材料质感的对比能加强其装饰效果,材料的粗糙和光洁是相对的。将面砖、玻璃、金属面板同时在某墙面上使用,则很难体现其光洁的效果;若将玻璃与石材配合使用,则两者的质感都能得到充分的发挥,见彩图43。这种对比在建筑局部装饰中运用得当,可以获得较好的效果。

(二) 色彩

色彩是装饰设计中最活跃、最积极的因素,外墙、柱面的色彩处理很容易产生较为强烈的效果。因此,对色彩的应用必须得当,否则就会给人们带来视觉上的不适和心理上的不良反应。

在外墙、柱面的色彩处理上应注意以下几个问题。首先,应注意与周围环境色的协调统一。建筑外墙色彩基调的确定,一定要注意与周围环境色的关系,应使基调色彩与环境色相协调。大片墙面的用色不宜采用纯度高的颜色,也就是说整个外墙的色彩宜清新、淡雅些,重点色可用在小面积墙、柱面上,这样才能保持总体的色彩效果。其次,外墙用色宜少不宜多,且应以其中一种为主,其他的作为配角。多种颜色交织使用在总体上很难协调,且容易造成繁琐和杂乱。因此,建筑用色常以同一色彩的明暗变化或以某个灰白色调进行处理,这样可以获得较为协调的色彩关系;不同的色彩,特别是对比色的应用必须慎重,在设计中应多推敲,多做色调方案比较,以获得良好的色彩关系。霍顿购物广场在多色彩的运用上是一个成功范例,该建筑以四种基色调配出的28种色彩,丰富了建筑立面,增添了该组建筑的热烈欢快的气氛。

(三) 分格线

外墙面装饰中分格线的应用,能产生一定的装饰效果,如分割大片的墙面,打破其呆板和乏味,增强外墙面的方向感,整理、统一外墙面构图。分格线是从装饰效果出发,结合墙面施工缝线对墙面进行的划分处理。分格线在外墙上以凹进或不同的色彩加以强调,可根据外墙构图的需要做水平线、垂直线、方格网、矩形网格和其他几何形状的分格。分格的大小应与建筑的体量、尺度相称,格缝的宽度则应考虑到人的视觉感受。

第四节 商业店面装饰设计

商业店面,是指商业营业性建筑的外表面。店面装饰设计是建筑外部装饰设计的一个特殊部分,它在建筑外部装饰设计中占有很大的比重。同时,商业店面对一个城市而言,它犹如城市的橱窗,不仅标志着商店的经营特色和状况,还反映了店主的文化品味和志趣,同时也是城市的社会、经济和文化状况的综合体现。

店面的装饰设计,其根本目的是为了招徕顾客,以期获得良好的经营效益。因此,在装饰设计中,奇特、新颖、变化便成了追求的目标,呈现了商业店面的五光十色、千姿百态。从商业行为来分析,顾客的购物有主动和被动两种方式,主动购物即顾客有意图、有准备的购物行为;被动式购物,是指无购物意图的顾客在购物环境的刺激下进行购物的行为。因而,店面的装饰效果应体现在店面的识别性和店面的招徕性这两方面,即如何以店面丰富的造型和完美的装饰,展示商店的功能内涵和特色,诱发人们的购物意识和行为,对顾客的购物行为产生积极的影响。因此,店面的装饰怪异并非是其目标,过分追求造型的奇特、运用过多的手法以及大量的高档材料,不但得不到理想的效果,反而会给人以华而不实、庸俗繁琐之感。

店面装饰设计也可看做是商业建筑设计的有机组成部分,它是商店外部设计的深化和继续。该过程可以与商店建筑设计合为一体，一次完成，也可以分为两段，做二次装饰。此外，店面装饰面临较大量的任务是对旧建筑的改、扩建，这里包括原有店面的重新装饰和非营业性建筑的改建等情况。但无论是属于哪种情况的店面装饰，都必须能够吸引顾客、美化商店，表达对顾客的友好和尊重，并能丰富城市的景观。

一、商业店面装饰设计的原则

（一）商业店面装饰设计的基本要求

商业店面装饰设计表面上看只属于建筑局部的装饰设计，实际上它与城市景观、商业建筑造型以及该建筑自身有着直接的关联。因此，在设计中必须满足以下基本要求。

(1)与周围的环境气氛相协调　它是城市商业区还是居住区，是大城市还是小城镇，是位于江苏还是西藏，这些不同的环境各具特征。因此，在设计中应注意与这种特定环境气氛相协调。

(2)反映商业建筑的特征　反映商业建筑的特征是建筑设计中形式与功能统一的要求，也是提高商业建筑可识别性的根本。

(3)经济合理性　门面装饰的经济合理性，就是以较少的投资获得较好的效果。在设计中，应避免形式的繁琐和杂乱，并注意用材搭配的合理性。

（二）商业店面装饰设计的基本原则

商业店面在规模、经营内容、装饰标准等方面都具有较大的差异，但在设计中也存有许多共向点，几乎所有商店均可适用，这也就是商业店面装饰设计的基本原则，通常包括以下几方面。

(1)构图完整、统一　店面的设计构图包括店面自身构图、细部构图与周围建筑(包括上部的主体建筑)的构图几个方面。它必须在形式、风格上统一协调，尺度上亲切宜人，并具有良好的对比变化关系和韵律感。

(2)手法简练、明确　店面装饰即如何通过不同的处理手法以获得理想的装饰效果，其处理手法的使用必须遵循简练、明确的原则，避免用得过多、过杂。某店面若将所有处理手法都用上，试想会得到什么效果。在处理手法上应有明确的主导，其他手法只做陪衬，这样才能表现出一定的主题，体现装饰的性格。

(3)重点突出、醒目　店面装饰中应避免用"力"平均而造成整体效果的平淡、乏味。店面中的入口和橱窗与人发生着最为密切的关系，无疑应作为装饰的重点来处理，要在用材、用色和其他手法上加以强化，使其更为突出、醒目。

(4)加强识别性、招徕性　店面的识别性是店面具有让人直观地了解其经营内容、性质的一种形象特征；招徕性是指吸引招徕顾客的特征。这两种功效是商业店面装饰应具有的，因而在设计中应予以强化。识别性可通过店面的造型特征、店徽、橱窗、标志物等形成。招徕性则可通过视线、路线、空间三方面的处理来获得。连锁快餐麦当劳就是以其明显的标志物获得了识别性和招徕性的双重功效，成为了这方面成功的代表。

二、入口、橱窗装饰设计

入口与橱窗是店面的关键部位，它组织着商店人流的出入，展示商店的经营内容和特色,具有鲜明的广告性和识别性,同时也是商店室内外空间的过渡。因此,将它们作为商业店面、甚至整个商业建筑的装饰重点都不为过。

店面装饰应引人注目、供人观赏,但其根本目的是要能让顾客停留驻足,并诱发其购物欲。对此,入口和橱窗起着主要作用。入口的处理应该醒目、开敞、亲切;橱窗则应明亮、诱人、丰富多彩,与入口一起吸引、引导顾客进入商店。

把入口与橱窗的装饰作为店面的重点,并不意味着装饰的繁琐,它同样应以简洁为本,辅以恰当的点缀,同时还应注意与整个店面的风格、设计手法相协调,形成统一完整的美。彩图44就是装饰处理简练得当的某时装店。

(一) 入口

店面入口首先应满足商店的人流出入与疏散的要求,应根据商店的性质、人流情况与道路的关系等合理确定入口的数量、大小等等。在入口装饰处理上,通常有以下几种常见手法。

(1) 加строн入口雨篷以强调入口位置。这是店面装饰中最常见、常用的手法,它通过入口上部雨篷的特殊处理以获得效果。雨篷对于建筑来说,其本身就是入口的象征和暗示,加之外突的形象更容易引起人们关注,所以这无疑是一种入口处理的有效手段,且无须对店面做大"手术"。雨篷的形式多样,可实可虚,可选材料范围也很广,呈现了极为丰富的变化。

(2) 夸张入口。在空间和尺度上对店面入口做夸张处理,以加强入口的分量,增强对人流的吸引力。这种手法通常是将上下两层做一整体处理,也有在入口上以构架在横向或竖向上进行虚扩,也可获得良好的效果。

(3) 入口后退与凹进处理。入口的后退或凹进,在其前面形成了一个缓冲空间,这在拥挤的街道空间中非常难得,而且它本身的空间特征便暗示了对顾客的容纳与接受,能产生较好的诱导作用。当后退空间较大时,还可引入绿化、小品、标志物等,以加强与顾客的情感交流与沟通,使商店更显亲切、自然,易于亲近;局部的凹进则带有一定的神秘色彩。

(4) 打破传统立面构图,增强视觉冲击力。传统的入口在人们心中已形成固定模式,因此在入口的处理上应采用非常规的构图,如菱形、不规则形等,以引起人们关注,起到强调入口的作用。

此外,在入口装饰中还应注意安全性。首先,不应随意减少出入口的数量或缩小出入口,以免造成使用的不便或带来不安全的因素。其次,入口上有外挑、外突处理的部分,一定要保证其结构的安全可靠性,以避免意外事故的发生。

(二) 橱窗

橱窗的主要功能是陈设和展示,让人通过橱窗能直观地了解到商店的营业项目和内容等。橱窗的开设应结合经营特点作出不同处理,如服装类、日用品商店的橱窗则以大为好,以充分展示所售商品的风采。而有些商品则不一定要开大橱窗,相反小而精致却更恰当,如珠宝首饰店、精品专卖店等。这些原则在设计中应充分把握,并注意橱窗与入口的统一,使它们在暗示和引导方面起到积极的作用。

橱窗的装饰设计手法,常用的有以下几种。

(1) 与入口合一的橱窗 为加强店面的总体效果,在构图上将入口和橱窗作为一整体进行处理。这种手法在中小店面上较多采用。这是因为,在较窄的店面上将入口、橱窗分开处理,往往会造成零乱、琐碎的现象,无法建立较为完美的总体形象。

(2)凸出的橱窗　凸出的橱窗是将橱窗作突出墙面的处理手法,它的优点是为橱窗的展示增多了视角,加强了展示效果,常被对陈设要求高的商店(如高档时装、鞋帽店等)所采用。外突部分可以是矩形、三角形或其他形状,其形状变化能使人获得较强的视觉感受。但是,凸出的橱窗通常易被损坏,对使用的环境要求也比较高,因而使用得不是很普遍。

(3)常规的橱窗　常规的橱窗,是指不打破总的构图、不改变结构特征与墙、柱关系对应的橱窗。这种橱窗应用最普遍,具有经济、安全、加工简单等优点。但由于应用较多,其个性不够鲜明,常通过墙、柱面的材料、色彩、风格变化加以强调,也可通过橱窗立面形状和分格的变化以获得较好的效果。

三、装饰构配件与店面装饰设计

店面的装饰构配件,主要是指商店的店牌、店徽、广告、标志物等。它们与入口、橱窗一起构成了商店的识别性特征,为主动购物者提供选择的方便,同时也能激发被动购物者的购物欲望。

(一)店徽与标志

店徽与标志是标明商号、商店经营特色、经营内容的标志物。它的设计、制作精致,构思、构图巧妙,而且具有较强的可识别性。店徽与标志的意义远远超过其识别性,它还能反映商店的历史、信誉、影响等等。这也就使之具备了广告性。老字号店徽、招牌的广告作用是多少广告也无法达到的。

店徽,是指以图案或简略的文字作为标志商店的符号。标志则可以不受图案造型的限制,它的表现方式也很多,是能较为直观地表明商店状况的符号,如幌子、招牌、实物标志等。

根据店徽与标志的表现特征,可将它们分为徽章类、招牌与幌子类和实物类三种,店面装饰中应分别做不同处理。

(1)徽章类　徽章类标志多为几何形体或浮雕。徽章在店面中的位置应视其造型、尺度、材料等因素而定,可位于店面上部或入口处的实墙面上,也可用于商店店牌上。它的运用应注意以突出明显为目标,通过色彩、材质的对比加以衬托。

(2)招牌与幌子类　该类标志物多以金属、塑料、布等材料制作,悬挂于店前独立支架或建筑物出挑部位。招牌常以直观的形象暗示着经营商品的内容,具有较强的广告性和识别性。幌子是我国传统店铺常用的标志物,在用色和形式上常是约定俗成的。例如,红蓝两色常用于餐饮店,并以幌子的数量表示该店的规模和等级。

(3)实物类　实物类是指以商店的商品形式作为商店的标志,以明示商店的经营项目。这里既有用实物的,也有用大比例的实物模型来加强视觉效果的。实物标志常以入口处理、店牌等有组合构图的方式出现。

(二)店牌与广告

现代商业中,商业广告对经营的作用越来越大,在店面设计中也已成为必不可少的组成部分。店牌是对商店经营的文字性说明,同样具有广告意义。

店牌与广告的安排同样应醒目突出。在店面上的位置,可根据视线特征和店面立面构图综合考虑,其大小应与店面的尺度相协调。

店牌与广告的形式多样,一般可分为悬挂、支架、贴附式三种形式。

(1)悬挂式 悬挂式是指悬挂于建筑的出挑部分下部的广告或店牌。悬挂式形式新颖活泼,较能引起人们注意,但店牌、广告的尺寸受到一定限制。

(2)支架式 支架式是指在屋顶、入口出挑上部或店面外墙以支架支承店牌或广告。它在尺寸上不受限制,并常结合发光方式,使白天黑夜都能获得较强的效果,丰富了店面和城市景观。

(3)贴附式 贴附式是指将店牌或广告直接贴附在墙面或玻璃面上的方式。该方式较为经济、灵活,如果构图和色彩运用得当,同样可获得较好的效果。

此外,以室外为主的布置方式,在用材和加工上还应具备一定的耐久性。

复习思考题

1. 建筑室外装饰设计包括哪些内容?
2. 建筑外墙装饰设计的要点有哪些?
3. 商业店面装饰设计的基本要求与设计原则是什么?
4. 试列举店面入口、橱窗的不同处理方法。
5. 店面装饰的构配件有哪些?它们在设计中是如何运用的?

参 考 文 献

1. 房志勇,林川 . 建筑装饰——原理·材料·构造·工艺 . 北京:中国建筑工业出版社 .1992
2. 彭一刚 . 建筑空间组合论 . 北京:中国建筑工业出版社 .1983
3. 程大锦 . 室内设计图解 . 乐民成编译 . 北京:中国建筑工业出版社 .1992
4. 宋德柱 . 建筑装饰设计 . 北京:中国建筑工业出版社 .1995
5. 马怡红,张敛敏,陈保胜 . 建筑装饰设计 . 北京:中国建筑工业出版社 .1995
6. 史春珊,袁纯 . 现代室内设计与施工 . 黑龙江:黑龙江科学技术出版社 .1993
7. 赵国权 . 建筑室内装饰设计 . 北京:中国建筑工业出版社 .1992
8. 朱保良,朱钟炎 . 室内环境设计 . 上海:同济大学出版社 .1991
9. 张绮曼,郑曙阳 . 室内设计资料集 . 北京:中国建筑工业出版社 .1991
10. 张绮曼,郑曙阳 . 室内设计经典集 . 北京:中国建筑工业出版社 .1994
11. 小富容一 . 室内设计资料集 . 阮志大,王炜钰译 . 北京:科学出版社 .1994
12. 浙江美术学院环境艺术系 . 图解室内装饰设计方法 . 浙江:浙江美术学院出版社 .1990
13. 许金华 . 现代商业室内设计 . 上海:上海科学技术出版社 .1992
14. 李雄飞,巢元凯 . 建筑设计信息图集 . 天津:天津大学出版社 .1995
15. 黄居祯,柳军,孙清军,赵滨江 . 店面设计与装修 . 北京:中国建筑工业出版社 .1990
16. G·M 派瑞金 . 室内装饰设计与施工 . 杨运均,丁济新编译 . 天津:天津大学出版社 .1992
17. 高军,俞寿宾 . 西方现代家具与室内设计 . 天津:天津科学技术出版社 .1990
18. 来增祥,陆震纬 . 室内设计原理(上、下) . 北京:中国建筑工业出版社 .1996
19. 屠兰芬 . 室内绿化与内庭 . 北京:中国建筑工业出版社 .1996
20. 克利夫·芒福汀 . 美化与装饰 . 北京:中国建筑工业出版社 .2004
21. 陈一才 . 装饰与艺术照明设计安装手册 . 北京:中国建筑工业出版社 .1991
22. 方伟,居震霄 . 现代家庭居室装潢 . 上海:上海科学技术出版社 .1999
23. 郝维刚,郝维强 . 建筑室内设计 . 天津:天津大学出版社 .2000